住房城乡建设部土建类学科专业"十三五"规划教材

城市政策分析

童　明　高　捷　李凌月　著

中国建筑工业出版社

图书在版编目（CIP）数据

城市政策分析 / 童明，高捷，李凌月著 . —北京：中国建筑工业出版社，2019.2

住房城乡建设部土建类学科专业"十三五"规划教材

ISBN 978-7-112-23095-2

Ⅰ.①城…　Ⅱ.①童…②高…③李…　Ⅲ.①城市建设—政策分析—高等学校—教材　Ⅳ.① TU984.2

中国版本图书馆 CIP 数据核字（2019）第 281432 号

　　为更好地支持本课程的教学，我们向使用本书的教师免费提供教学课件，有需要者请与出版社联系，邮箱：jgcabpbeijing@163.com。

责任编辑：徐明怡　徐　纺　杨　虹
责任校对：党　蕾

住房城乡建设部土建类学科专业"十三五"规划教材

城市政策分析

童　明　高　捷　李凌月　著

*

中国建筑工业出版社出版、发行（北京海淀三里河路9号）

各地新华书店、建筑书店经销

北京雅盈中佳图文设计公司制版

北京建筑工业印刷厂印刷

*

开本：787×1092毫米　1/16　印张：16¼　字数：325千字

2019 年 12 月第一版　2019 年 12 月第一次印刷

定价：39.00元（赠课件）

ISBN 978-7-112-23095-2

　　　（35264）

目录

第1章

城市发展与城市政策

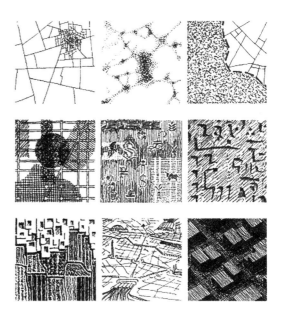

1.1 城市与政策

1.1.1 公共政策与现实世界

1. 城市现实是各类政策行为的相应结果

在日常工作与生活中，我们经常接触到公共政策。

公共政策是一个应用得极其广泛的概念，它既可以指宏观抽象的国家政策，也可以指具体的政府行动。尽管公共政策看起来很抽象，与人们身边发生的事情相距很远，但是在现实社会中，特别是在我们所处的城市环境里，人们所接触到的事务几乎都深受公共政策的影响。

例如，日益繁忙而拥挤的城市交通正困扰许多大型城市，这一现象其实也可以视为被公共政策影响的结果。除了城市道路系统自身的结构、体系、密度、尺度外，许多非空间性的城市政策所带来的影响也不容忽视。一些城市侧重于道路、交通等基础设施的建设，通过提高机动车交通出行效率来实现经济发展战略，但却常常忽视了系统地发展城市公共交通、减少不必要的长途出行，并在总体层面鼓励了小汽车的进一步普及和城市蔓延，从而加剧城市内部交通拥挤的状况；另一方面，市民出行需求的增加，以及上下班通勤距离的加长，又与城市功能布局的状况密切相关。许多新型产业的相关经济政策，鼓励了大量新建企业迁往城市远郊，促进了城市交通规划向机动车交通的倾斜。以小汽车为主导的城市发展，又引发了低密度的蔓延方式，导致交通流量的不均衡分布，以及交通出行需求的增大。

住房问题目前也正在成为城市生活中非常值得重视的领域。房价上涨幅度越来越大，使得众多的工薪阶层对于购置刚需住房，或者改善住房条件望而却步。尽管我国自 20 世纪 90 年代住房商品化以来，各个部门就一直不断出台各种用于稳定房价的政策，但随着房地产开发浪潮的不断迭起，许多城市的房价不仅未受控制，而且日益攀高。

越来越多的研究表明，近年来中国城市房价的高企，与许多城市盛行的土地财政相关，而土地财政又与国家和地方的税收政策相关。❶ 如果从微观的角度讲，住房价格的问题又与周边的商业配套相关，与教育设施以及医疗设施相关，而这些因素又间接地与各类商业政策、教育政策、医疗政策紧密联系。这说明，住房问题不仅是城市用地、住房供给本身的问题，它与城市其他领域的各类政策之间，都存有千丝万缕的复杂关系。而这一切因素，都对该地区的居民工作与生活产生了深远的影响。

许多日常生活中发生的事情背后都存在着复杂的因素，它们并非"自然"地发生，而是受到来自于政府有意识的干预或者不干预的决定的影响，或者说是某种公共政策的结果。各类公共政策所导致的事务以及产生的结果，在一定时期之后不仅成为某种行动标准，甚至对于城市风貌也会带来较大的改变。

例如，复折式屋顶是巴黎建筑的一种特色，这种特点来自于建筑师弗朗索瓦·曼萨特（François Mansart）针对巴黎的建筑不能超过五层这一规定发明而来。建筑物的业主总是希望在日益拥挤的城市中拥有更多的空间，因此设法在"屋顶"下隐藏额外的房间。由于屋顶不能算作一层楼，因此，实际上六层的建筑可以按照五层来验收。❷ 由此看来，政策制度在执行一定时间后，导致的行为以及所产生的结果不仅成为一种标准，而且还引起审美观念的变化（图 1-1）。

再如纽约曼哈顿近年来出现的很多细长型的高层建筑，也是政策影响下的一种结果。开发商巧妙地利用了新近开发的高层建筑建造技术，以及在城市区划条例中所规定的"空权"（air rights）要求，对于空中开发权进行了重新解释，从而以一种不同于以往的方式，极大地改变着纽约当前的城市面貌（图 1-2）。

在很多情况下，人们一般认为城市形态是经某些设计师精心规划与设计而来，或是由于城市的复杂功能所致。但事实上，来自各种政策方面的内容与规定，在很大程度上影响了更为广泛的城市形态及其外观。公共政策在很大程度上影响并决定着现今的城市环境，尽管许多政府行为及其政策是抽象而笼统的，但是其对于城市面貌所产生的影响往往比更为具体的建设行为还要大很多。

2. 城市的发展需要政策研究

近年来，许多理论研究对于公共政策倾注了越来越多的注意力，公共政策研究在社会科学中已成为一个令人瞩目的焦点。由于公共政策在各种领域对于人们的日

---

❶ 赵燕菁，庄淑婷.基于税收制度的政府行为解释 [J]. 城市规划，2008，4：22-30.

❷ （美）丹尼尔·W.布罗姆利.经济利益与经济制度——公共政策的理论基础 [M]. 陈郁，郭宇峰，汪春译.上海：上海三联书店，上海：上海人民出版社，1996：47.

图 1-1 巴黎市中心鸟瞰全景。复折式屋顶已经成为巴黎建筑的普遍特色，其来源于建筑师为了在
灰色屋顶下增加一层面积，同时又不违反限高规定而采取的一种对策
资料来源：作者自摄

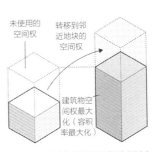

可转移的开发权
允许土地所有者从相邻建筑物
购买未使用的空间，以增加其
自有地块的可开发量

图 1-2 纽约曼哈顿的天际轮廓，本质上是由于社会经济发展的动力，以及区划条例等因素的规制
所共同形成的结果，而不是一种刻意的设计。近年来，由于建筑技术的发展、经济力量的推动以及
"空权"制度的互动关系，导致城市形态发生变化

常生活有着巨大的影响，有关公共政策的研究也显得越发重要。

　　与其他类型的公共政策相比，涉及城市领域的公共政策对于社会而言尤为重要，因为这类的政策效应在日常生活中是视而可见的。它们涉及道路交通、房地产开发、建筑风貌、公共环境、空间感受等各个领域，最终形成了市民可以感知并能看见的具体现实。

与此同时，公共政策也越来越频繁成为应对城市问题的重要选项。例如有关如何解决城市交通的拥堵问题，除了进一步完善城市道路规划之外，许多城市也通过控制小轿车的牌照发放、私人交通限行，或者通过收取拥堵费、停车费，以及引入智能化管理来缓解交通出行压力，并且取得了很好的效果；而有关住房短缺问题，除了建造更多的住房之外，也可以通过住房补贴、收取房产税等方式来缓解。

随着我国当前社会经济格局的转型，城市更新正在成为许多城市的核心议题。除了针对建筑及其环境本身的修缮与重建等方法之外，一项城市更新工作的成败与否，更加取决于相关的经济、人口、管理等各类政策，而不是狭义的城市设计。因为这项事业与政府和市场能够为城市更新地区投入的资金相关，与市民的参与意愿相关，也与政府为此而制定的财税制度以及相应的规划政策相关。

一项政策的正面效应需要经过一段时间，甚至很长时期才能体现出来，而且很难令人察觉。但是市民对于一项政策所引发的负面效应却很敏感，城市政策所犯的错误也很难隐藏。对于普通市民而言，公共政策的制定过程难以触及，因此在现实中，经常也会听到市民对于不良政策的抱怨。他们经常将关于政策制定的过程描述为"混沌的""模糊的"或者"主观的""随意的"。

在许多场合中，公共政策问题往往并没有得到很好的处理，也很少能仅通过单纯技术性或者行政性的手段就可以解决，它们更加需要依托于广泛的公共参与；并且通常在得以实施之前，很难被证明是正确的或错误的，解决问题的办法一般很难做到效果既好、成本又低；人们也没有什么确定的方式能够保证获得预期的结果，其公正性也难以得到客观评价。

即使对于参与制定政策的各类相关部门以及人员而言，城市政策的制定过程经常也是含糊不清的。主导城市政策制定的是在设计部门工作的规划师？还是在政府部门工作的各类官员？他们将依据什么样的信息进行决策，按照什么标准，如何做出合理的决定？这些问题对于每一个涉及政策制定过程的人员而言，由于难以触及全过程，因而也不太容易明确。

1.2 城市规划向城市政策研究的转向

1.2.1 现代城市规划的转向

整体社会思潮转型也体现在现代城市规划的角色转变上。在第二次世界大战之前，大多数国家的城市规划实质上是一种空间设计，侧重于编制非常精细的大比例图纸，表示出各种用地、配置功能和建议开发项目的分布状况。第二次世界大战之后，城市规划领域的基础思想以及具体实践发生了重大的转变，政府部门以一种与以往不同的方式介入到城市规划与管理事务之中。

特别是自 20 世纪 60 年代以来，随着大量传统的物质性规划手段在实践中越来越缺乏有效性，人们开始针对城市规划的本质进行深刻反思，精英模式的城市规划遭到了多方质疑。与此同时，城市规划专业也对自身进行了大量的反思：现有的城市规划体系是否反映了现实中的政治、经济、社会、空间以及精神上的要求？城市规划是否能够真正有效地、系统性地处理这些问题？这些问题也意味着，与城市规划相关的大量社会现实问题，需要从超越专业自身的角度进行思考。由于城市规划在技术和方法上不断演变，城市规划专业的研究范围也在不断扩展。

城市规划专业一方面更加关注于社会科学，从专注于物质环境的蓝图设计，转变到更为理性、综合的系统性规划；另一方面，这也导致了城市规划从一种专业导向的工作，逐渐转变为实践导向的事务；从以建筑师、工程师为主体的状态，转变为融合各种专业，尤其是社会科学的全方位协作（图 1-3）。

图 1-3　长期以来，城市规划师的角色就有如在一种于第二次世界大战后出版的读物中所描绘的，刚从战场中回来的战士脱下军装，根据他在战争中的构想，开始设计城市重建的方案：抹去一个旧世界，代以一个整体的、理想的新世界

资料来源：（意）L. 贝纳沃罗. 世界城市史 [M]. 薛钟灵等译. 北京：科学出版社，2000：980.

人们逐渐认识到，城市规划需要更多地重视广泛的现实问题，而不仅是具体设计的细节；城市规划应该强调实现目标的具体路径以及时间顺序，而不仅是详细地表述所希望达到的最终状态；城市规划应当进一步从注重设计手法，转变到注重政策研究。这些转变相应也促进了城市规划师的角色变化。

（1）从作为创意设计者的规划师，转变到作为科学分析和理性决策者的规划师

以往人们一般认为，城市规划是一种关于整体城市或者建筑组群的设计，这样

一种基于美学视角的工作蓝图，所描绘的是一种静态的、最终的城市状态。在 20 世纪 60 年代中期，许多理论家基于系统理论和理性规划模型对这一概念进行了挑战，并逐渐形成了"系统工程"和"理性程序"的理论观念，与当时基于设计的规划观念形成了根本的差别。城市被视为各种相互关联的活动系统，处于不断变化的状态之中，而这一持续性的过程需要不断地进行科学分析。

（2）从作为技术专家、总体控制者的规划师，转换到作为管理者和沟通者的规划师

传统规划理论中一种被广泛采纳的观点认为，规划师的专业职责应当是在吸取广泛意见的基础上，针对规划过程进行管理。根据这种观点，规划师应该是广泛参与过程的促进者，而不是将个人观点或者某种知识体系强加于某项决策之中。

英国城市规划理论家帕齐·希利（Patsy Healey）提出了协作规划（collaborative planning）的概念，以及规划师作为沟通者和实施者的观点，即在规划的过程中，不仅有市民的参与，也有利益相关者的参与，而规划师的工作就是制定一种起着沟通交流作用的规划。❶美国规划理论家朱迪思·英尼斯（Judith Innes）和大卫·布赫（David Booher）认为，协作规划对于解决复杂的城市问题至关重要 ❷（图 1-4）。

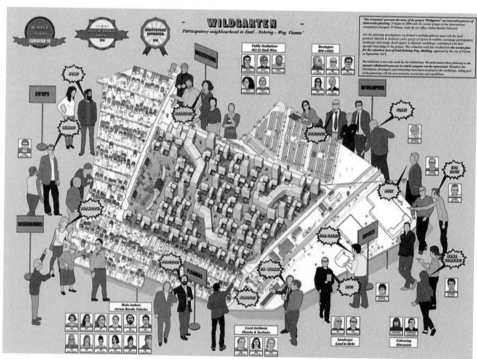

图 1-4　维也纳维尔德加顿（Wildgarten）2015 年总体规划中的协作规划过程

资料来源：http://www.morethangreen.es/en/wildgarten-collaborative-planning-process-for-vienna-by-arenas-basabe-palacios/

---

❶ PATSY HEALEY. Collaborative planning in a stakeholder society[J]. TPR，1998，1.

❷ RICHARD T. LEGATES, FREDERIC STOUT. The City Reader Fifth Edition[M]. London：Routledge, 1996：387.

尽管如此，规划师的作用也不尽然，只是从技术专家转变为策划者、沟通者、管理者。在城市规划过程中的沟通与管理虽然很关键，但是城市规划仍然需要具体而实质性的内容，以便公众以及利益相关者、决策者们能够理解各种行动方案的相关后果，从而制订出更好的行动计划。

（3）社会背景及思想的转型

从更为宏观的角度来看，现代城市规划在20世纪60年代的角色转变，体现着当时整体社会思潮的转型。自20世纪初发端的现代主义运动浪潮开始消退，偏好极简主义的美学、倾向功能组织的设计、倡导科学思想的程序，在现实环境中呈现出越来越多的问题。

图 1-5　城市空间与其中的市民

资料来源：（丹麦）扬·盖尔. 交往与空间 [M]. 何人可译. 北京：中国建筑工业出版社，2002：12.

后现代主义城市理论开始崭露头角。其中主要的代表人物如简·雅各布斯在《美国大城市的死与生》一书中，强烈谴责现代城市规划采用单一功能和整体设计的简单思想去构想城市，她提倡采用混合而复杂的城市功能系统，主张土地混合使用，对于所谓的贫民区采取包容态度。❶ 克里斯托弗·亚历山大则批评现代城市规划在城市中采用简化的"树型"结构的思想，提倡采取包含着复杂性和混沌性的"半网络"模式，以促进既有城市地区的微妙社会和经济结构的活力。❷ 凯文·林奇（Kevin Lynch）、威廉·怀特（William Whyte）、阿兰·雅各布斯（Allan Jacobs）、唐纳德·阿普尔亚德（Donald Appleyard）以及扬·盖尔（Jan Gehl）等学者进一步发展了相关的城市设计理论（图 1-5）。

导致这一转型的原因有很多，其中比较重要的因素在于：作为规划对象的现代城市发生了很大转变，随着城市规模的不断扩大，城市本身就已经变得极为复杂，城市中的生活方式日趋多元；同时，随着城郊化进程的发展，城市的边界变得越来越模糊，城乡对立的关系逐渐消解，甚至如何清晰界定城市都成了问题。

与之相应，基于物质性设计的传统规划方法，以及基于系统工程和理性程序的观点都假设了规划师拥有充分的专业知识和实践技能。但在现实中，城市规划方法仍然停留在一种相对简单和单纯的状态，而一个从未经历过专业学习的社区居民，可能会比一名职业规划师更有条件去表达一个社区的未来发展愿景。

从更为宏观的角度而言，这一转变与当时的社会思潮有关。在 20 世纪 60 年代，

❶（加拿大）简·雅各布斯. 美国大城市的死与生 [M]. 金衡山译. 南京：译林出版社，2005.

❷（美）克里斯托弗·亚历山大. 城市并非树形 [J]. 严小婴译. 建筑师，1985，24：218.

城市研究也发生着重大转型，随着广泛社会运动的推进，城市规划与社会政治因素的关系逐渐紧密。当时诸如亨利·列斐伏尔（Henri Lefebvre）、大卫·哈维（David Harvey）和曼努埃尔·卡斯特尔（Manuel Castells）等新马克思主义理论学者认为，规划师应该关注社会正义和公平。保罗·戴维杜夫（Paul Davidoff）、雪莉·阿恩斯坦（Sherry Arnstein）等学者则强调城市规划应当将更多的穷人和弱势群体纳入到思考范畴之中，并且在规划过程中去了解他们的利益。

尽管社会公平、社会参与等议题越来越成为城市规划领域的关注焦点，城市规划需要针对文化差异性投入更多的关注，但城市规划的综合、总体的范式结构和价值取向仍然不可或缺，需要由政府部门采用措施去付诸行动（图1-6）。

图 1-6　一座城市是由它的历史、文化、经济等多方面的因素聚合而成

资料来源：https://www.10wallpaper.com/hk/view/Shanghai_Huangpu_River_Lujiazui_Skyscrapers_Morning.html

1.2.2　现代城市规划的社会实践的属性

1. 当代城市规划具有社会实践的属性

早期现代城市规划往往就是一幅或详或略的蓝图，用以呈现某种未来理想，并且用以改造现实世界，使之营造出规划师所认为、所赞赏的形式和品质。这些蓝图不仅包括建筑、住房以及总体形象的设计，而且还规定了应当包括哪些公共设施，以及从中体现出来的市民精神。这些蓝图不仅是街道规划、建筑设计或用地情况的详细说明，而且也是关于城市变革的说明。在这里，现代主义建筑思潮起到了先锋性的作用。

然而，蓝图式城市规划方案的缺点往往在于，它们经常缺乏详细说明，去解释应当如何实现这些城市发展目标。直到20世纪60年代，城市规划所要做的基本上就是去呈现一种"所希望的未来状态"，但缺乏关于从目前状况向未来状况过渡的有效方法的考虑。现代城市规划理论经常强调规划的总体性和长期性，但却往往忽略了现实环境中的特殊性和即时性问题，同时也缺乏能力去合理地解决这些问题。它假设了在提出终极状态的总体规划后，城市其他部门就可以自动地去制订计划、策略、机制、程序、进度去实现它。这一思想的另外一种假设在于，城市就是一种物质的、中性的、自在的客观物体，它拥有自身的运行规律，而城市规划的任务，就是把握这种规律性，并且进行适当的引导和控制。

同时，蓝图式规划在政治维度上代表了集中主义，它将自己视为公众代表，表达着公众利益。是由规划师来决定社会目标？还是由人民自己来决定目标？这在不同的社会政治环境中是不同的。例如爱德华·班菲尔德（Edward C.Banfield）认为："英国仍然保持着对政府权威的信任，美国则宁愿在市场化的语境中进行'规划'，而不是将规划权力集中于公共权威的单线体系中。"❶

为了回避困难的价值判断问题，在很多城市规划中，有关社会价值的探讨（也就是社会政策）已经十分微弱。班菲尔德认为："在美国，城市规划几乎就是一种关于过程的技术性行为。"❷ 由于在规划体系和专业中往往缺乏对自身角色的清楚认识，因此导致规划方案经常在实践环节中与社会实际脱节。

但是，现代城市所包含的巨大复杂性，使得人们在城市规划中关于价值判断的讨论比技术的详审更为重要。在城市规划中，"如何完成某件事情"与"为什么这样去做"以及"为谁去做"这样的问题无法分离。

城市规划蓝图式的思维方式过分注重完美目标，但对社会现实缺乏观察。规划师以及许多决策者大都以广大市民的代理人自居，对于社会中存在着的不同需求、愿望和感情却视而不见，经常不自觉地认为自己的主观偏好是客观的、普遍的。在这种思想状态下，许多规划师理所当然地认为"我们代表着人民"。这也常常使得规划师和决策者低估了公众对社会变革的接受能力，并且导致对规划目标的过高估计。

2. 如何应对多元性与复杂性的发展目标

在人类社会逐渐步入高度城市化的今天，城市已经成为人类文明进步的象征，其发展状态对于一个民族、一个国家乃至全球的进步与发展，所产生的影响和作用是毋庸置疑的。世界上的每个地区在社会、经济、文化等方面都越来越受到城市发展状态的深刻影响。因此，城市规划行为也就越来越体现出自身的价值和重要性。

一个"好"的城市规划可以对城市社会经济的提高与发展，人民生活的舒适与

---

❶ EDWARD C. BANFIELD. Ends and Means in Planning[M]// A. FALUDI. A Reader in Planning Theory. Oxford: Pergamon Press，1973 : 142.

❷ 同上。

安宁，交通运输的便利与迅捷产生巨大的推进作用。然而，城市规划中的任何偏差与失误，都可能招致适得其反的效果。并且，城市规划不同于经济政策这样的事务，可以及时得以调整并加以变更，以适应形势的发展变化。它是一个难以逆转的过程，一旦付诸实施，所形成的物质环境在相当长的时期内不可能推倒重来，从而对国民经济和社会现实产生深远的影响。因此，城市规划的制定应当是一项非常审慎的行为。

在一个资源稀缺普遍存在的环境中，城市规划决定了有限的社会资源优先权的安排：在什么地方进行建设？建设什么？如何操作？谁负责提供经费？公共资金如何筹措？公共利益如何限定？什么机构负责处理日常公共事务？……这些问题在城市规划的制定过程中同样也需要妥善考虑。

现代城市规划的制定与实施是一项庞杂、繁复的社会行为，但是，这种社会行为的本质，以及对它进行分析研究的复杂性至今未能得到广泛的认识。几乎所有的城市规划师都不可能认识到城市规划的每一个方面，只能考虑自身领域中的事务，因此往往不能将城市作为一个有机整体来考虑，他们只是分别考虑自己的行动范围、研究领域中的内容以及相关理论的重要性。

在当前城市的发展格局中，社会、经济和文化领域都正在经历着日新月异的变革，新技术的飞跃性发展，在为社会带来重大变革的同时，也产生了日益增加的新问题，这些都预示着城市规划方法也需要进行不断的变革与发展。许多城市规划理论家逐步认识到，一个"好"的城市规划不仅来自于一个"好"的规划理论，而且也来自于一个"好"的规划过程。城市规划不仅包括理想蓝图的绘制，也包括一种动态的调整、适应的过程（图1-7）。

图 1-7　1877 年，波士顿正处于从一座港口贸易城市向工商产业城市的转型期，大量的填海工程为这座城市带来了深刻的转型

资料来源：（美）斯皮罗·科斯托夫. 城市的组合——历史进程中的城市形态的元素 [M]. 邓东译.
北京：中国建筑工业出版社，2008：46.

选择适用于一个特定情况的方法，不只是依赖于人们可以称之为技术的专业因素，它还取决于一些标准，这些标准是属于政治负责人，并且涉及连接研究、协商、行政手续以及最终实地行动等几个阶段的长期过程的引导方式。可以认为，各类大量的城市规划方法是在特定的历史和社会经济背景下形成、发展起来的，这些背景在很大程度上决定了城市规划方法所要针对的问题、预定的判断标准，乃至决策的方式。

由于只关注蓝图式愿景，规划人员一般不太注意到那些影响到总体规划实施的真实环境、操作手段、时间因素以及顺序因素。但是在现实中，城市规划一般都需要将总体的和特殊的、战略的和战术的、长期的和短期的、操作的和制定的、当前的和终极的之间的关系协调起来。

1.2.3　城市政策研究与分析的难点

1. 城市规划的决策思维与技术思维之间的差别

所谓的决策，就意味着如何作出决定（decision making）。

在某一具体的城市规划项目中，规划师在某种意义上是一项规划设计的决定者。然而如果放大视角范围，将城市规划的委托、编制、批准以及实施都纳入到考虑范围中时，规划师一般并不占据主导，来自公共部门的行政官员显然起着决定性的作用。

安德烈·费鲁迪（Andreas Faludi）将规划师与政府官员之间的关系视为服务员与顾客（servant and master）的关系，或者政策建议者和政策制定者之间的关系，这也意味着，城市规划所做的工作，就是为了执行、落实来自政府部门的各项需求。同时，城市规划只需准确地执行政策意图，而不用过问政策意图本身是否恰当，因为政策意图前提性地被认为是正确的。❶

但是如果以更为宏观的视角来看，城市规划的中性立场在现实中只可能是理想状态。城市规划不可能脱离所处的社会环境，也不可能脱离某种社会组织的控制、操作来进行。与之相应，只有当谁参与制定规划？谁对决策过程起决定作用？运用什么理论来制定规划？等这些现实问题得到妥善回答之后，城市规划才可能找到合理性的方向。因此，城市规划过程与城市规划本身具有同样的重要性。

保罗·拉卡兹认为，"在现实中的城市规划过程与其他方法相反，它不会听凭人们将它禁锢在科学的或内部专业的逻辑中，其知识不能通过大学之类的教育来传授，而且不能对城市改善方案的理由进行论证。我们将要看到，决策方式问题有其社会和政治的参考标准。这个问题十分重要，因此，人们不能将城市规划简化成一种自身拥有论据的方法。"❷

城市规划教育也常常过分强调具体的专业特征，而未能指出规划师的责任与职

---

❶ ANDREAS FALUDI. A Reader in Planning Theory[M]. Oxford：Pergamon Press，1973：2.

❷ （法）让·保罗·拉卡兹. 城市规划方法 [M]. 高煜译. 北京：商务印书馆，1996：8.

能。传统城市规划主要关心住房、设施、用地、规划技术、交通等具体问题，这使许多规划师只具备单一技能而缺乏全局观念。规划教育较少注意"确定目标"和"从目标中引导手段"等政策方面的问题。这些问题的改进都有待于来自于理论基础方面的探讨。

与之相应，在一个城市规划项目中，如果规划师除了技术环节外，还能够关注更为综合性的问题，往往就可以有效拓宽思考的范围。例如，交通规划不再仅限于道路系统的思考，而更多需要关心今天出行的目的以及社会公平问题；用地规划也不再局限于用地本身的数量计算及其配合，而需要更为详细地研究城市的功能及其与用地指标之间的关系；服务设施的规划也不再仅限于指标的统计和计算，而需要更多关注于设施配置的合理性与有效性。只有这样，一项城市规划的编制才能真正获得较为良好的社会效果。

这些问题的思考更多是在一种复杂的状况中进行权衡而来的结果，而不只是停留于某个计算公式所形成的抽象数据。这相应解释了为什么有些在图面中显得良好的"城市规划"，在现实中举步维艰，而有些未经正式规划的地区，却有了意想不到的良好效果。

实际上，每一个看似简单的规划实践行为往往都涉及无数相关的政治社会学理论，如果在城市规划领域内不能建立起有效的理论体系，那么城市规划的综合性角色和社会责任就难以体现。城市规划和一些社会分析必须研究如何配置社会资源，以实现政府的目标和决策；城市中各种各样的要素和行为必须综合考虑，以减少社会冲突和资源浪费；城市规划必须是持续性的，以保证城市发展目标在一段时期内的连贯性。这就需要一个有力的理论基础来支持众多的决策和行动，保持城市规划的综合性行为和连续性过程。

2. 技术合理性与社会合理性

在解决某些城市中的诸多现实问题时，现代城市规划在满足程度上是十分成功的。但是，城市规划并不是万灵药，在解决空间环境这样相对明确的问题时，现代城市规划并没有形成一个明确的、有效的操作体系，去解决所有遇到的问题，其工作方法也经常停留在经验决断、主观判断的水平上。

城市规划理论与实践脱节的问题长期以来困扰着城市规划学科的发展与完善，使之无法成为一门严密科学。

对于一门严密科学而言，它的理论研究应当是从大量客观现象中抽象出具有普遍意义的规律，从而形成可靠地、真实地反映了事物运动变化本质过程的知识体系，并根据这种知识体系形成有效的方法程序，指导具体的实践行为。但是这种特征并未在城市规划领域中得到完全的体现，在具体实践中，理论研究的作用与人们的期望相去甚远，其作用往往得不到体现。

这种现象并不是城市规划研究领域所独有，但凡任何涉及人类社会研究的学科，几乎都面临着这样的难题。其根本原因在于主观世界与客观世界的本质及其衡量标准得不到统一的解释。

近代自然科学的飞速发展使人们习惯性地将自然科学研究的思维方式运用到各个学科领域中去。但是作为人类自身的产物，人类社会的形成与发展并不是一个自为、自在的过程，必然受到人类主观意志的作用控制，人类社会中事物的形成发展受到各种行为主体的意志、各种价值目标以及复杂多样的环境因素的影响。社会领域研究的困难性在于人类价值系统的复杂性，正是因为这种复杂性深深地影响了社会领域中规律性的掌握（图 1-8）。

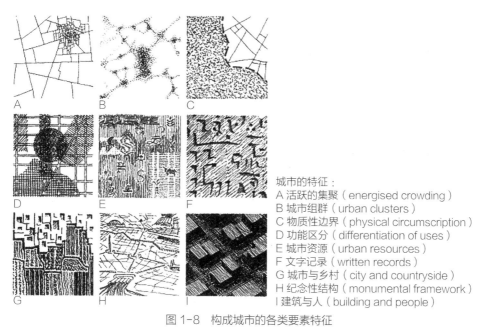

城市的特征：
A 活跃的集聚（energised crowding）
B 城市组群（urban clusters）
C 物质性边界（physical circumscription）
D 功能区分（differentiation of uses）
E 城市资源（urban resources）
F 文字记录（written records）
G 城市与乡村（city and countryside）
H 纪念性结构（monumental framework）
I 建筑与人（building and people）

图 1-8　构成城市的各类要素特征

资料来源：（美）斯皮罗·科斯托夫．城市的组合——历史进程中的城市形态的元素 [M]．邓东译．北京：中国建筑工业出版社，2008：39.

为什么人类的价值系统是复杂的？法国社会科学家涂尔干（Emile Durkheim）认为，社会价值系统的复杂现象来自于"与高度分工相联系的、正在增长的异质性与个性"，他认为，"随着社会分工的发展和集体意识重要性的削弱，人们的差异会变得越来越大"。❶ 这种差异使得社会价值观念得不到统一。一件事物对于一部分人来说是好的，而对于另一部分人来说则是不好的。价值观念没有稳定的衡量标准，这在一定程度上造成了行为混杂的局面。

---

❶ （美）D.P. 约翰逊．社会学理论 [M]．南开大学社会学系译．北京：国际文化出版公司，1988：236，转引自何景熙，王建敏．西方社会学史说 [M]．成都：四川大学出版社．1995：4.

科学行为可以在一种限定的、平衡的、稳定的环境中进行，而社会研究则必然是在日常生活中进行，社会价值观的不统一使得社会研究的环境不稳定，从而容易陷入于混杂的状态。

从基本道理的角度来讲，为了保证规划的公正性，任何个人和机构都不应当从自身的角度出发来制定规划，而应当以客观的立场来进行，使规划所涉及的对象都得到相应的对待。但是现实环境的复杂性使得城市规划既不能完全从物质功能主义出发，也不能单纯以某一社会机构或个人的价值为标准。由于价值体系的复杂性，任何价值目标都不能从单一的立场来判定是"正确的"，还是"错误的"。

1.3 城市政策分析的视角

1.3.1 城市政策分析的视角

从公共政策的角度来看待、分析现代城市规划，就意味着采取一种与技术性的城市规划有所区别的角度，去观察、理解、调整、应对人们在处理城市问题、管理公共事务、构想未来愿景时所从事的各种工作，并且尝试着去形成一种新的研究框架体系，从而获得城市规划专业的新理解。

在这一框架体系中，城市规划的制定与实施是现实性的，它涉及具有公共政策愿望的、互有矛盾的个人和集体之间的冲突和斗争。因此在这一过程中，不能单纯地为了保证操作的"纯正性"，或者由于不喜欢、不接受某些价值倾向，而将社会政治因素排除于框架体系之外。因此，从城市政策的角度来探讨城市问题将会是一种现实性的视角。

首先，现代城市规划是作为一项重要的政府行为而兴起的，它在某些领域非常成功地解决了许多社会所面临的问题。这是一项带有理想色彩的行为，并且以理性思想为其基本特征，从而成为一项已经得到普遍接受的社会基本事务。因此，尽管城市规划是需要一定的技术性措施，并且涉及许多公共项目与设施的设计行为，但是它在本质上带有与公共政策相同的明确特征：

（1）它是关于未来将要采取行为的计划；

（2）它是建立在合理地掌握知识、并合理地运用知识的基础之上；

（3）它拥有正式的组织形式，起着对有关公共政策、公共服务这些设施及功能的资金的管理和分析的功能。这些行为被认为是内在于政府概念之中的。

其次，从本质上来讲，任何一项公共政策行为都是相对的、因时而异的，因此针对政策行为的分析，在注重其程序特征的基础上，还需要关注它在基础思想方面的特征。基础思想并不是关于某种具体事务的操作行为，它包含了大量对城市生活的理解，城市空间的解读，及其背后所包含的社会哲学与多种综合因素，它是用来指导人们从事实际操作的基础因素。

目前，越来越多的理论研究关注城市公共政策的实质性内容，关注所采用战略的适宜性，关注所涉及的管理机制，关注如何在特定社会环境中开展规划，如何进行社会规划。城市公共政策研究的趋势表明，必须将经验领域里的社会研究成果结合进来，形成新的方法体系，才能为城市规划理论提供坚实的基础。

与宏观的城市公共政策有关的理论，很自然地要比那些为了特殊操作的应用型理论更加抽象，它们比那些适用于某个城市、某个政府组织或某个特殊行为，在不同国家和文化、不同经济发展阶段和不同的现实情况中的、更加详细的城市规划理论更加基本。这是一个总体、宏观系统理论的领域。与许多具体领域的研究方式不同，它所注重的不完全在于研究的精确性，而是在于研究的逻辑性。它需要在基础理论建设中融入更多的社会科学的内容，才能有效地进行。

另外，从公共政策的角度来理解城市规划，将会是一种综合性的视角。实际上，许多公共政策领域的事务的基础部分都存在很大的一致性，例如城市用地规划、国家经济规划、商务规划以及其他众多的计划，它们都是一种确立目标及实现手段的过程，同时在一些涉及政治经济的思想要素方面也是相同的，如它们都需要思考集中与分散、民主与专制、计划与市场等不同选项中的利弊关系。

通过这一框架，我们可以把握政策过程中相继出现的一些活动，并对于一些非常规的问题作出恰当的判断。在资料收集和分析方面，无论是定量的、法律的、规范的还是其他的，均可以参照一定的模式。同时，这一框架强调了政策过程动态和发展的方面，而不是静态性的规划蓝图。它强调政治现象之间的关系，而不是简单地列举各种要素，或者提出分类结构。这种有序的方法可以不受地区文化、社会、经济背景的限制，适用于各种类型的政策分析，并且着重关注以下一些问题：

（1）在波及整个世界的现代化进程中，社会结构发生了哪些根本性的转变？这种结构性的转变对城市发展意味着什么？它导致现代城市出现了哪些与传统社会不同的问题？这些问题如何引起一些思想家的思考以及广泛的公共关注，并成为正式的城市规划以及政策所需要针对解决的问题？

（2）政府在应对或解决城市问题时的一般思想形态是什么？这些思想在不同的历史阶段、社会环境中是如何演变的？它们针对什么样的问题采取了一些什么样的措施？这些政策是如何制定的？并且如何实施的？

（3）在现实环境中，城市规划及政策的实施效果如何？它在现实中往往体现出什么样的特征？规划政策及其效果之间的关系是怎样的？它又如何影响到政府所进一步采取的措施？

（4）如何评价政策的现实作用及其效果？通过对社会基本组织理论的理解，如何看待现实世界中城市政策的作用及其效果？

所有这些问题都与现代城市规划的思想基础存有密切的关系。它们影响到人们所看到的、所关心的城市问题，影响到采取的规划政策的类型，以及应用它们的方式，并影响到最终所产生的结果。

在一个多元化复杂的现实环境中，城市规划的制定将会存在着不同的选择，并且，这些选择项经常是复杂的、平行的。为了使规划在现实中更加有效，我们必须研究以往的城市规划，分析它们的方法和技术、规划形成的环境以及它的程序和最终目标，并将这些考虑因素与在规划过程中所遇到的真实情况相比较。假如可以采用一种简单的比较方式来表达，那么如果规划所预期的目标实现了，就可以认为这个规划是成功的；如果预期的目标没有实现，也就不难发现它的失败之处。

事实上，城市规划的结果并非简单地体现出一种黑白关系，在现实世界中，如果不进行限定，没有一件事情可以被称之为绝对"好"的，或绝对"正确"的。例如，某一项城市规划在某个地方的实施效果是较为成功的，然而一旦被应用到别的城市中时，却遭遇重大失败。或者，某一项城市规划的有效性只是存在于某一时间段内，一旦过了这个阶段，政策的负面效应又会显现出来……与此相应，由于城市规划的有效性往往只是针对某个局部，它的失败也并不表明需要彻底否定。

人们应该可以看到，任何一种城市规划措施都不可能完全有效，或者即便是有效的，也是相对而言。城市规划的作用往往是有限的，相互矛盾的，甚至有时可能会产生副作用。单纯地、抽象地评价一个城市规划是否有效，或者优劣与否，往往缺乏实际意义。

作为一种政府行为的城市规划，意味着它不可能存在最终答案，也不存在最终真理。基于这种信念，从政府角度来看待城市规划行为，其目的就是针对公共政策的复杂性、矛盾性及其原理作出一定的、初步的认识；对形成现代城市规划的基础思想及其环境的进行理解，因为它构成了规划及政策形成的环境，影响着人们的具体行为操作（图 1-9）。

1.3.2 城市规划专业的新维度

1. 政策科学的新方式

当前，城市规划专业正在发生着广泛的变革，城市规划师对于自身专业的认知也发生着很大的变化。20 世纪初，当现代城市规划专业刚刚开始兴起时，人们经常试图把城市的规划设计与行政体系隔离开来，尽量保持规划设计专业的纯粹性。与行政体系之间的关系也仅仅体现在规划师向政府部门的某些规划委员会汇报工作，随后的深化和落实则由政府相关部门去承担。在随后的几十年，这一认知一直成为主导，甚至直至今日。

图 1-9 《好政府和坏政府的寓言》，1339 年安布罗焦·洛伦采蒂绘于意大利锡耶纳。画面选择光
线良好的墙面来表现好政府及其影响，在有阴影的一侧表现坏政府的描绘。好政府的一侧歌舞升平、
秩序井然，社会生活中"没有恐惧，每个人都能自由地出行，耕者有其田"。在这幅图景象征的政
体统治下，这些景象皆能实现，因为她已将罪恶的因素彻底消除。在阴暗处则是乡间盗匪横行，城
中秩序混乱，建筑破烂失修

资料来源：https://en.wikipedia.org/wiki/The_Allegory_of_Good_and_Bad_Government

在随后的发展过程中，人们逐渐认识到，既然城市规划的决策最终取决于政府
的行政部门，将城市规划专业隔离于行政体系之外，则会使得人们对于城市规划方
案的理解降低很多，导致城市规划专业难以被其他领域所理解。因为在现实环境中，
针对城市规划方案作出评判的专业委员会，往往来自于其他专业、部门或者群体，
他们很可能会以自己的视角，站在自身利益的基础上，向规划师提出完全不同的建议，
而这样的一种事务，实际上就是一种政治性的决策过程。而城市规划师所要面对的，
则是来自于各种部门的政府官员、其他领域的专业技术人员、规划所涉的利益相
关者以及普通市民。

近年来，随着人们更加深入认识到规划专业与政府系统之间关系的重要性，对
于城市规划与政治之间关系的认识较之几十年以前有了很大的不同。

从政府的角度来看待城市规划行为，就意味着需要将城市规划作为决策的一种
特殊方式来分析，研究政府为何以及如何调动包括在这个专业领域的权能来处理某

些类型的城市问题。城市规划所奉行的研究态度是政策科学的方式，政策科学的客观性是指研究者与大众希望达到的目标取得相似的结论。这里所关心的是研究者、决策者与政策对象（公众），在政策目标、实施方式等方面意见的一致性，而并不是有关政策绝对的正确性（即公共政策与物质环境特征的一致性）。❶

一旦能够接受这一观点，就不难认清这一问题的性质，也就是各类公共事务所拥有的那种特有机制。

（1）所有相关的政策参与者，无论是政府官员、管理人员还是专业人员，实际上都处在同一个事务领域中。对于某一现实中存在的问题，需要具体地决定做或者不做，这样做还是那样做，在这里做还是在那里做，立即做还是稍后做，以这种方式做还是以那种方式做……这些思考与决定，都将成为讨论中的重要内容。甚至是否决定不去做某一件事，或者否决去做这件事的必要性，也就是决定听凭这一现实问题自行化解，或继续恶化下去，这其实也是一种作出选择的决策方式。在这其中涉及一种社会政治的行为逻辑，一种公共责任的错综复杂关系，一旦进入到这一状况之中，每一个相关的个人或者部门，实际上都不是孤立的。

（2）理论上而言，制定一项城市规划或者城市政策，需要辨清这项规划或政策给社会可能带来的各种利弊效应。然而这个基本诉求在现实中是难以实现的，因为很难存在某种有效的方法供人们进行最佳的选择。许多研究者借助于综合理性的方法，或者技术辅助工具，就如大多数工程技术在实践中所表现的那样，去从事分析性工作。但是实际上，这些概念往往建立在一种假设之上。

（3）社会领域中很多事务的合理性往往体现于社会共识，而不在于技术方法，也就是说，社会事务的仲裁往往在于相对关系的权衡，而不来自于中性的合理依据。这意味着在现实中，一项城市规划的成果不太可能使得开汽车的人和步行的人同时满意，因为物质性的交通系统必然有所侧重；也不太可能使得有房者和无房者同时满意，因为大家对于房价上涨的观点截然不同；也不太可能使得产业人士与生态学家同时满意，因为其中存在着不同的价值导向；也不太可能使得年轻人和老年人同时满意，因为大家在现实生活中的需求不尽相同。因此，即便最精细的城市规划成果，也莫过于能够准确分辨各种需求，考虑所采取的决定可能给各类相关市民带来的利弊而已。

因此在城市事务中，决策的方式比决策的结果更为重要。与一次性构想出来的城市规划方案不同，城市政策难以将若干参与的必选方案进行客观性比较而制定出来，或者根据事先确定的技术标准、财政标准进行确定，它经常是在过程中，根据决策程序中相关参与者可以逐渐达成的共识性进行确定。从这一角度而言，城市规

---

❶（法）让·保罗·拉卡兹. 城市规划方法 [M]. 高煜译. 北京：商务印书馆，1996：11.

划最终具有公共政策的属性,因为这是一项公共事务,需要通过公共性的程序来完成,从而与工程师或经济学家所坚持的技术经济效率标准有所不同。

总而言之,从政府角度来看待城市规划行为,所采取的政策研究的态度、所关注的问题是那些受政策具体影响的人所希望去做的事情,而不是去执行被正统理论研究认为的正确的事情,政策所追求的最终目标,应该与那些参与、涉及决策过程中的人们所认为的重要目标相接近。

2. 规划师多元化的新角色

城市的多样性与复杂性,从本质上也就决定了规划师所扮演的角色也是多样而复合的。尽管时至今日,各类院校在城市规划教育过程中所强调的仍然是较为传统的规划设计技能,但是,城市规划领域也在一直不断吸收着许多其他学科的知识与内容,原先并不被认为是专业性的代理机构和咨询机构也在逐渐加入到城市规划的编制过程中。

对于重要性高、涉及面广、复杂程度高的综合性总体规划项目,人们可能会聘请有经济学或者统计学专业背景的人员加入,组成分支研究机构;而承担交通规划的专业部门可能会聘请有计算机工程,特别是信息处理技术背景,甚至有编程和数据处理专业知识的人员,以便处理大量的基础分析数据。

对于较为具体或者较为专业性的城市规划而言,从事环境规划的部门则可能聘请生物、化学、环境科学和遥感方面的人才;城市规划也会涉及到许多法律问题,特别是涉及土地利用和环境保护方面,许多律师和具有法律和规划双重知识背景的人员也会加入到规划的编制过程中……事实上,今天的城市规划师的身份已经非常多元化,不仅包含传统意义上的城市规划设计师,而且也包含人文地理学者、数据分析及制图人员、经济产业分析人员等,许多大学的城市规划专业教育已经完全不同于以往的传统思路。

从本质方面而言,大多数的城市规划项目来自于政府,主要是地方政府,即城市、县、镇以及其他专业性质的政府机构。政府部门也会委托规划师去为一些其他非城市规划类的事务提供咨询和指导。近年来,很多城市规划专业的学生也可以进入政府管理部门,直接从事与规划相关的城市管理工作,这使得城市规划专业所扮演的角色越来越多元化 ❶（图 1–10）。

尽管如此,当今的城市规划专业也存在着一种逐渐增强的"挫折感",因为对于城市规划师而言,他们已经不太可能像他们的前辈那样,通过富有个人想象力的设计,为城市的未来描绘一幅具体而美好的发展蓝图。他们的工作有时会在规划编制的过程中受到重视,但是在越来越多的有其他大量专业共同参与的场合中,他们所扮演

---

❶ （法）让·保罗·拉卡兹. 城市规划方法 [M]. 高煜译. 北京：商务印书馆，1996：5.

图 1-10　城市环境中的市民。城市环境是由市民活动及其空间载体共同构成的，针对城市空间的
规划，需要深入考虑不同类型市民活动在其中所产生的影响

资料来源：（丹麦）扬·盖尔. 交往与空间 [M]. 何人可译. 北京：中国建筑工业出版社，2002：28.

的角色也在不断遭到削弱。在规划设计从蓝图到具体落实的过程中，规划师富有创意性的思考结晶，经常面临着很大的改动。同时，当前的城市规划也逐渐变得越来越模棱两可，因为许多城市问题当远距离观看时，似乎是黑白分明的，然而一旦走近，人们就会发现它既不是全白，也不是全黑，而是处在不同程度的灰度之中。

　　但是从另一角度而言，城市规划又是一门特定的专业，具有其他专业所不具备的特殊技能：城市规划既需要预见性，又需要针对性，具体的规划项目有时需要针对城市隐含着的问题作出预测，有时也需要针对已经发生的问题作出反应，而这种综合性的能力，只有通过综合性的城市规划专业训练才能够具备。

　　无论怎样，城市规划都是以"公共利益"为导向的。正因为"公共利益"是一个在现实中难以界定、易发争论，但又非常关键的概念，城市规划师才被社会赋予重要的使命，当城市规划能够为公共利益作出应有的贡献时，这会成为一个非常具有成就感的领域。而这样一种认知，需要城市规划走出传统的封闭领域，超越单向度的物质环境设计，进入到更为广阔的公共事务之中。

第 2 章

城市政策及其研究

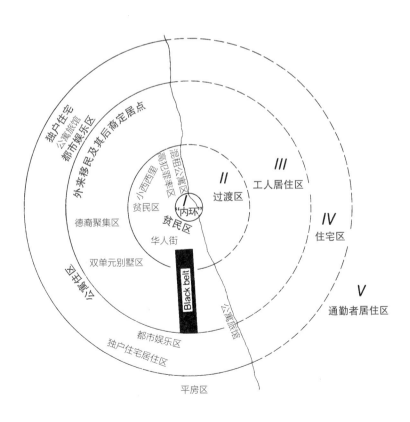

2.1 公共政策的概念

2.1.1 政策研究与政策科学的兴起

1. 政策与政策研究溯源

从最宽泛的意义上说，政策和政策研究的历史几乎与人类文明一样久远。伴随文明的出现，尤其是阶级和国家的形成，人类社会就需要处理社会公共事务，也就需要政策的相关知识和政策研究活动。不少学者认为，政策研究的传统最早可以追溯至西元前1800年巴比伦王国制定的《汉摩拉比法典》（The Code of Hammurabi）❶。这部法典被视为米索不达亚（现在的伊朗西部）文明的经典之作，其涉及社会、政治、经济等多个领域的规范。

作为世界文明古国之一，中国在漫长的历史中产生了大批与政策和政策研究密切相关的思想、言论和著作。古代那些"策""论"就是公共政策的著述，例如，《战国策》专门记录了策士们的言论和行动，是我国历史上较为完整的政策研究及政策咨询著作；《史记》《资治通鉴》等著作更是记载了许多与政策研究相关的真知灼见。❷

---

❶ 这部法典由当时统治者撰写，目的是要建立统一、公正、必要的社会公共秩序，让城市居住聚集地的经济和社会得以稳定地发展。《汉摩拉比法典》以条约形式，规定了政府责任、官员行为和公民权利等内容。此外，还有不少早期文明地区所颁布的法典，在维护社会稳定，调节生产与公共事务之间的矛盾，起到了非常积极的影响。——参考自郭巍青，卢坤建. 现代公共政策分析 [M]. 广州：中山大学出版社，2000.

❷ 陈振明. 政策科学 [M]. 北京：中国人民大学出版社，1988：3.

中国古代那些辅佐统治者审时度势、运筹帷幄的"智囊"阶层❶，以及西方和其他文明中的"智者"❷均可视为早期的政策研究者。随着城市文明的扩散与分化，公共事务管理日趋复杂。一方面，巩固社会既有的文明成果需要新的措施，例如提供社会财富分配方案、保障对内和对外安全等；另一方面，受过教育的专业群体不断壮大，开始以阶层整体性的方式介入法律、财政、战争等政策制定过程，极大地促进了政策制定、研究等相关知识的发展，以及制度和机构的建设❸。

2. 现代政策研究与学科的诞生

虽然关于政策及政策研究的相关话题十分古老，但严格意义上的政策科学或政策研究（政策分析）兴起于第二次世界大战后的美国，属于一个跨学科的全新领域。它的出现被誉为当代西方社会科学，尤其是政治学和行政学领域的一次革命性变化❹。

19 世纪以前，人们对于政策及其在社会中的作用往往以权威、礼仪和哲学的原则进行考察和解释。19 世纪之后，经验主义的实证方法与量化统计分析方法在政策分析和政策制定中占据越来越重要的地位。在 20 世纪中后期，系统科学、行为科学、管理科学等研究均有重大突破；与政府决策相关的组织理论、决策心理学等在社会科学领域得到广泛运用；同时，哲学、经济学、数学、统计学在理论和方法上也有不少新的发展。这些都为将政策科学建构成一个完善的学科体系奠定了基础❺。

现代政策科学之所以能够得到迅速发展，除了得益于社会科学❻相关理论研究的扩展，还源于美国当时社会实践中的现实背景。

从 20 世纪 60 年代开始，欧美国家出于政治、经济、文化的需求，开始重视对军事防御、国际战略、环境保护、种族关系、经济技术发展等一些具体社会政策问题的研究。70 年代以后，面对贫富差距、资源短缺、环境污染、信仰危机、种族矛

---

❶ 我国很早就出现了"智囊"阶层，如夏商时期的家臣，西周时期的命士，春秋战国时期的食客、策士、谋士等。

❷ 这些早期的政策"专家"中，最著名的当属古代印度的高提雍（Kautilya），古希腊的柏拉图、亚里士多德，以及后来的马基雅维里。柏拉图和亚里士多德都曾积极地承担过当时统治者顾问或导师的角色。

❸ 我国从东汉开始，出现了正式的智囊制度，如，东汉、三国、东晋时期设立监察军务的"军师"；汉以后实行的宰辅制度；清代地方官吏设立的幕府，实际上就是地方政府的政策研究机构。

❹ 用德洛尔的话来说是一次"科学革命"；用里夫林的话来说是"当代社会科学发生的一次静悄悄的革命"；国际政治学会主席冯贝米称"政策分析的发展是国际政治学会成立 20 年来最重大的突破"；罗迪则称"当代公共行政学最重要的发展是政策研究的兴起"。

❺ 也有些西方学者把 20 世纪中叶的相关学科发展称为"前政策科学运动"（pre-policy science movement）。

❻ 20 世纪上半叶，社会科学中的两个研究方向推动了政策科学的发展。一是以拉斯韦尔为代表的"政策科学运动"，另一个是以美国政治学家梅里安为首的"芝加哥学派"发动并领导的"行为主义"革命。前者是美国知识分子尤其是社会科学家通过对第二次世界大战后美国"重建"和 20 世纪六七十年代社会改革运动的批判反思，希望能创立一门实用的、以行动为导向的、跨学科的社会科学；后者强调以客观的、价值中立的立场研究政治行为，由此也出现了"分析中心"研究流派，使政策分析研究走向技术化和数学化。不过，"政策科学"与"分析中心"并未完全对立，之后，更为积极地倾向是将两者结合，使政策科学的模式趋于成熟。如叶海卡·德洛尔（Yehezkel Dror）的政策科学"三部曲"、林德布罗姆（Charles E.Lindblom）的决策过程研究都可视为两派的结合。

盾等一系列新的社会问题，政府相应的对策
又捉襟见肘。对此，政策科学作为一种理论
与实践的中介机制，为解决错综复杂的社会
问题发挥了实际和有效的作用。正是政策科
学在这一时期带来的社会效益和影响，迅速
提高了自身在社会科学中的地位。

政策科学对各国政府的政策制定和社
会进步影响深远。虽然国内外学者对政策科
学的界定有差异，但人们普遍认为，政策科
学是综合运用各种知识和方法来研究政策系
统和政策过程，探求政策本质、原因与结果
的学科❶。有的学者，譬如，D.拉纳（Daniel
Lerne）将政策科学视为整个当代社会科学
的核心；还有一些政治学家和行政学家甚至
主张用其取代传统的政治学和行政学研究；
W.H.拉姆布莱特（W. Henry Lambright）曾说：
"公共行政就是公共政策制定"❷。言下之意，
行政学就是政策科学。由此可见，政策科学

图 2-1 《1896 年的巴黎景观》，作者阿道
夫·门采尔。在画面中，巴黎城市正在经历
着一场巨变，新式楼宇取代旧有建筑，城市
也变得更加繁华起来。城市的现实景象是城
市中各种作用力所共同形成的结果，如何分
析并理解它们，不仅是理解城市的基础，也
是理解城市变革的基础

资料来源：（美）斯皮罗·科斯托夫.城市的组
合——历史进程中的城市形态的元素 [M].邓东
译.北京：中国建筑工业出版社，2008：284.

在当代西方社会科学特别是政治学和行政学中的显著地位（图 2-1）。

3. 政策科学的学科特征

政策科学是以社会政治生活中的政策领域，即现实的政策实践、政策系统及政
策过程作为研究对象。它的基本目标是端正人类社会发展方向，改善公共决策系统，
提高公共政策制定质量。因此，政策科学有自己相对独立的研究领域。这是作为一
个独立学科的政策科学形成和发展的基本前提。政策科学作为一个学科，有如下四
个基本特征：

首先，政策科学是一个综合性、跨学科的新研究领域。政策科学形成和发展是

---

❶ 按照拉斯韦尔的界定，政策科学是"以制定政策规划和政策备选方案为焦点，运用新的方法对未来
的趋势进行分析的学问"。德洛尔认为，政策科学或政策研究的核心是把政策制定作为研究和改革的
对象，包括政策制定的一般过程，以及具体的政策问题和领域；政策研究的性质、范围、内容和任
务是理解政策如何演变，在总体上特别是在具体政策上改进政策制定过程。S.S.那格尔（Stuart S.Nagel）
说："政策研究可以总的定义为：为解决各种具体社会问题而以对不同的公共政策的性质、原因及效
果的研究。"克朗认为，政策科学是通过定性和定量的方法，探求对人类系统的了解与改进，它的研
究焦点之一是政策制定系统。
❷ 1968 年，一些年轻的行政学者在锡拉丘兹大学的明诺布鲁克会议中心组织了一场学术会议，为公共
行政学的发展写下了浓墨重彩的一笔，后被世人称之为"新公共行政运动"。W.H.拉姆布莱特作为会
议组织者之一，在系统梳理和总结会议内容的基础上，重新撰文明确了"公共行政就是公共政策制定"
的主张，反对主流研究逃避政策问题的倾向。

以吸收其他学科，尤其是政治学、经济学、社会学、管理学、心理学、哲学、统计学、运筹学、系统分析等学科的知识和方法为基础。同时，政策科学是将这些学科的知识和方法纳入一个新的学术框架和研究体系，并非简单的拼凑或堆砌。更为重要的是它的研究方法提倡以问题为中心，而不是以学科为中心，是为了改进公共决策系统，提高政策质量。因而，其他学科的理论和方法在政策科学框架中具有新的意义。

其次，政策科学是一门理论与行动高度结合，应用性较强的学科。政策科学从一开始就具有明确的实践方向，既在实践中产生，又在实践中得到应用和发展。它不是纯理论科学或基础研究，而是以发现和解决社会的政策问题为宗旨，需要有效地指导政策制定、执行和评估等相关活动；同样，政策科学的理论也需要在政策活动中不断检验、完善和发展。

再者，政策科学不仅是描述性学科，而且也是一门规范性学科。现实中，政策科学的研究关乎一般选择理论，而选择均以价值（观）作为基础。因此，政策科学不能仅仅是关注事实本身，更应当注重关心价值和行动。相应地，政策科学除了描述公共政策性质、原因和结果等相关知识，还需要凸显规范中的价值取向和价值评价。因此，公共政策价值观或公共政策与伦理的关系问题在政策科学中占有极为重要的地位。

最后，政策科学是当代软科学的一个重要分支。软科学在不同发展阶段具有不同的重点。如果说软科学在 20 世纪 50 年代的重点是科学社会学，60 年代是运筹学，70 年代是未来学或预测学，那么到了 80 年代，其重点已经转向了政策科学。政策科学实际上是构成决策科学化和民主化的主要支持学科，它在解决政策问题和促进社会发展方面的重要作用正被越来越多的人认识。

2.1.2　公共政策的定义

进入 20 世纪 80 年代中后期，政策科学出现了一些新的研究趋势，包括：更加注重对政策价值观的研究，即公共政策与伦理关系的问题；政策科学与公共行政学更紧密地融合，并开始用"公共事务"（public affairs）统括这两个领域的新趋向 ❶。从各国政策研究的文献来看，"政策科学" ❷（policy science）"政策分析"（policy

---

❶ "公共行政""公共政策"和"公共事务"三个概念可以视为同一个研究领域在不同时期的名称，20世纪 60 年代以前流行"公共行政学"概念，20 世纪七八十年代许多人更喜欢称之为"公共政策学"，随后学界倾向将二者合而为一，统称"公共事务学"。由此看来，从公共行政到公共政策再到公共事务，实则反映的是同一学科发展的不同阶段。参考自陈振明. 美国政策科学的形成、演变及最新趋势 [J]. 国外社会科学，1995，11：2–5.

❷ 1943 年，美国政治科学家哈罗德·拉斯韦尔（Harold Lesswell）在一个备忘录中率先提出"政策科学"的概念。1951 年，斯坦福大学出版了他和 D. 拉纳（Daniel Lerner）合著的《政策科学：范围和方法的最新发展》一书，书中首次提出了政策科学的概念和体系，标志着现代政策研究作为一个独立研究领域，开始具有科学的形态。

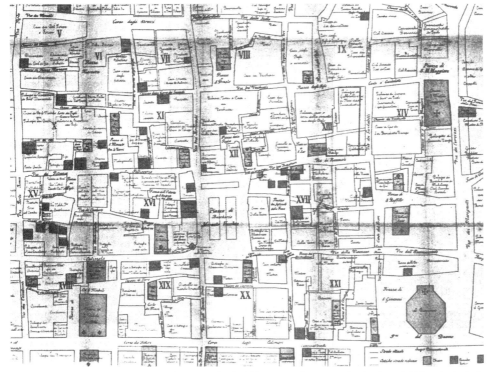

图 2-2　佛罗伦萨（意大利）。这幅 1427 年的地籍平面图（catasto），据称是欧洲第一幅以税收
为目的评估私人财产而特别制作的土地测量图，体现出中世纪对古代罗马城市结构的调整

资料来源：（美）斯皮罗·科斯托夫. 城市的形成——历史进程中的城市模式和城市意义 [M]. 单皓译.
北京：中国建筑工业出版社，2005：51

analysis）[1] "政策研究" [2] "公共政策学"（public policy）和 "公共政策分析" 是几个经
常用来表示这一学科领域的术语。这些术语有时被当作同义词而加以交替使用，有
时则被有区别地加以界定。

　　在政策分析学科领域，没有特别说明的情况下，"政策" 通常指 "公共政策"。但是，
显然 "公共政策" 并不完全等同于宽泛意义上所讲的 "政策"。无论是在日常生活还
是学术领域，"政策" 一词还没有统一的界定，有时还存有颇多歧义。不十分严格地
讲，相较之下，"政策" 多泛指各类社团和组织为完成特定目标或者在特定活动领域
中采取的行动。而公共政策的制定和实施首先是一种政府或公共部门的行为，是针
对社会生活中的公共问题所做出的回应，即，公共政策的权力关系内在于政府的概
念之中（图 2-2）。

　　1. 对公共政策的定义述评

　　公共政策的跨学科特征及其在社会生活中的广泛应用，使得对公共政策概念的

---

[1] "政策分析" 一词出现于美国经济学家林德布洛姆在 1958 年发表的《政策分析》一文中，他首先使
用了 "政策分析" 一词，用来表示一种将定性与定量相结合的渐进比较分析的类型。

[2] 有些学者认为政策分析并不直接面向行动，比基础研究更具技术性；而政策研究则是直接面向行动
又具体解决基本社会问题特征的研究活动。

解释很难形成统一。从公共政策不同的研究理论、分析方法、政策实践得出的定义不胜枚举。根据表述的侧重点可以将公共政策的定义大致归纳为以下四类：

政策过程型。这类定义强调公共政策是一个行为过程，或是一个行为方式，而不单单是一个关于做什么事情的决定。拉斯韦尔（Lasswell）、卡普兰（Kaplan）、安德森（Anderson）、詹金斯（Jenkins）和弗里德里希（Carl J.Frendrich）是这类定义的代表❶。他们进而指出，公共政策由不同要素和内容构成的系统，既要体现目标和价值，又应具备不同策略，是一种包括规划、决策、实施等连续活动的过程。以政策全过程来定义往往过于宽泛，容易混淆公共政策与公共管理、政治学研究之间的区别。

管理职能型。这类定义认为公共政策是政府的一种具体管理行为，是为了解决社会问题而采取的一系列规范、控制手段。这类观点以伍德罗·威尔逊（Woodrow Wilson）、皮得斯（Peters）和戴维·伊斯顿（David Easton）为代表❷。当中暗含的假设是，利益及利益关系是社会活动基础，政府的基本职能是对以利益为核心的价值进行社会性分配，公共政策就是政府对各种利益进行协调和分配的手段。然而，这种理解会忽视公共政策的其他社会作用，例如社会价值的创造、对社会问题的规范和引导等。

政府行为型。此类定义以托马斯·戴伊（Thomas R.Dye）❸为代表，关注政府做什么、为什么这么做，以及产生的效果。这里的政府行为除了主动的作为，还包括准备终止的行动以及对事情选择不作为的方式。有研究者认为，这种定义进一步扩大了公共政策的外延，但现实中的政府往往会采取习惯性或非正式的行动，而不一定形成某个具体的政策。

行为准则型。在综合和分析西方学者对公共政策的定义后，国内不少研究者结合我国国情，将公共政策界定为引导个人和团体行为的准则，为公共部门或公共组织提供行为计划或指南，从而实现或服务社会发展目标。持有这类观点的学者有张

---

❶ 例如，拉斯韦尔和卡普兰认为，公共政策是"一种含有目标、价值和策略的大型计划"，包括政策的制定、宣传和执行。安德森强调公共政策应具有明确的行动方向，作为政府有目的的活动，必须以法律为基础，体现相当的权威性。詹金斯将公共政策定义为政治行动主体在特定情境中依据权限范围和职责所选择的目标和手段。弗里德里希认为，政策是"在某一特定的环境下，个人、团体或政府有计划的活动过程，提出政策的用意就是利用时机、克服障碍，以实现某个既定的目标，或达到某一既定的目的"。

❷ 伍德罗·威尔逊从政治与行政两分法出发，把公共政策看作是由政治家（具有法权者）所制定，而由行政人员执行的法律和法规。他认为突出政治家和行政人员的权威，可以让公共政策具有权威性。皮得斯将公共政策作为政府活动的总和，无论行为是直接还是代理，都会对公民生活造成影响。戴维·伊斯顿认为，"政策是对全社会的价值做权威性的分配"。他强调政策的"价值分配"功能，把指导行动的准则等同于行动本身。威尔逊和皮得斯将公共政策宽泛地界定为一系列法律法规和政府行为，伊斯顿的定义更针对公共政策的价值分配。

❸ 托马斯·戴伊认为，"凡是政府决定做的或不做的事情就是公共政策"。

金马、陈振明、宁骚、谢明、陈庆云等 ❶。

上述这四类对"公共政策"的解释虽有差别，但总体上存在：主体（公共权力机关、政党、权威人士 ❷、其他政治团体或非官方参与者）、客体（针对的社会问题、相关人群、机构或团体）、目的（解决问题、实现目标、创造价值、利益分配等）、社会作用（规范、引导、管控等）、形式（法律法规、部门与地方规章等）和影响范围（执行的时效和适用地区）共七个方面的内容。

2. 公共政策的含义

如果要对公共政策及其形成过程进行系统性分析，可以从其含义着手：

首先，公共政策有明确的目的、目标或者有明确方向，而不是无意识或盲目的偶然行为。并且，公共政策是一系列活动组成的过程。

其次，公共政策是政府官员的活动方式或活动过程，即由正式的组织机构和程序来制定、实施政策，而不是其他人所做的那些单独的，彼此毫不相关联的决定。例如，一个政策不仅包括就某一问题而通过某一法律的决定，而且还包括随之而来的关系到这一法律的贯彻、实施的那些决定。再者，公共政策要考虑应用性和实施性，不能是虚无缥缈的意向和构想。

此外，公共政策是对社会所做的权威性价值分配。而价值问题是政策科学的基础问题，也是公共政策最本质的规定。

最后，公共政策可以是积极的行动，也可以是消极的形式。积极的公共政策要获得权威性就应该以法律为基础。

2.2　城市政策相关概念

2.2.1　城市与政策

从词源上来讲，物质环境属性的城邦、城市（polis）与统领管治属性的政治（politics）、

---

❶ 张金马认为公共政策是党和政府用以规范、引导国家或地方有关机构团体或个人行动的准则或指南。陈振明认为"政策是国家机关、政党及其他政治团体在特定时期为实现或服务于一定社会政治、经济、文化目标所采取的政治行为或规定的行为准则，它是一系列谋略、法令、措施、办法、方法、条例等的总称。"宁骚提出，"公共政策是公共权力机关经由政治过程所选择和制定的为解决公共问题、达成公共目标、以实现公共利益的方案"。谢明将公共政策定义为："社会公共权威在特定情境中，为达到一定目标而制定的行动方案或行动准则。其作用是规范和指导有关机构、团体或个人的行动，其表达形式包括法律法规、行政规定或命令、国家领导人口头书面的指示、政府大型规划、具体行动计划及相关策略等"。陈庆云强调公共政策是政府、非政府公共组织和民众，为实现特定时期的目标，管理社会公共事务所制定的行动准则。

❷ 戴维·伊斯顿认为："这些权威人士处理着政治系统中的日常事务，而在政治系统中的大部分成员认为他们对这些事务负有责任。这些权威人士还将针对这些事务采取行动，而且，只要这些权威人士的活动不超出其职权范围，政治系统中的绝大部分成员在大部分时间里，将承认这些活动对他们的约束力。"——参见 DAVID EASTON. A System Analysis of Political Life[M]. New York：Willy Publishing，1965：212.

图 2-3　古希腊时期的城市被称为 polis，与今天所用的 policy 有着字源上的密切关联性，意味着
城市空间与城市治理之间存在的本质性联系

资料来源：JEAN CLAUDE GOLVIN. Ancient Cities[M]. Thalamus Publishing, 2007：74.

政策（policy）拥有同样的根源。在某种意义上，政治依托于城市进行表达，而城市政策的根本目的，则在于一种政治管理。城市的重要职能在于做出公共决策的能力。

同样，由拉丁词源构成的 civilization 与 urbanization 具有相近的含义。city 一词的概念源自于罗马时期的拉丁文 civitas，其意为在一种城市属性的空间中存在的一种生活共同体。O. 斯宾格勒（Oswald Spengler）曾指出："人类所有的伟大文化都是由城市而来的"，"世界史就是人类的城市时代史。国家、政府、政治、宗教等，无不是从人类生存的这一基本形式（城市）中发展起来并附着其上的。"❶（图 2-3）

亚里士多德曾言，"人是政治的动物"，实质上意指："人是这样一种动物，其特征就在于生活在城邦之中。"在古希腊时期，城市环境意为市民社会生活的重要场所。在这个意义上，政治来自"polis"（城市）的存在，是城市中大多数成员存在的载体。

因此，城市管理和政策制定可谓历史久远，必须将一系列复杂、多变的元素编织成整体。而从另一角度而言，城市是政策活动的载体，同时也是它的成果。

1. 城市形成与发展

为了能够更好地理解有关城市的公共政策，理解公共政策在城市发展过程中为什么如此重要，首先需要对城市的本质有更好地理解。

常规而言，城市的形成，是社会生产力发展到一定阶段的产物，而城市的发展，则与社会进步密切相关。可以说，人类社会的多重原因促成了城市（图 2-4）。

❶（德）O. 斯宾格勒. 西方的没落 [M]. 齐世荣等译. 北京：商务印书馆，1991：206.

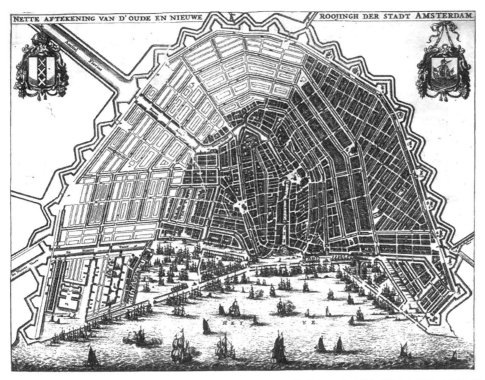

图 2-4　1536 年由 C. 安托尼兹 (C. Anthonisz) 所作的阿姆斯特丹鸟瞰图，同时表现出 1663 年
城市的现状和扩建规划。阿姆斯特丹从阿姆斯特尔河上的一座 13 世纪村庄开始发展，1607 年的
扩建规划提出在低地上填筑建设用地，以网格结构为基础，将城市面积扩大了 4 倍

资料来源：（美）斯皮罗·科斯托夫. 城市的形成——历史进程中的城市模式和城市意义 [M]. 单皓译.
北京：中国建筑工业出版社，2005：137.

　　"城市"的基本含义是进行防御和交易的场所。在不稳定的世界中，城市是提供
庇护的中心；城市也是贸易和制造的中心；此外，城市还是人口聚集的中心，为人类
文化的发展提供了肥沃的土壤，并且，作为交流中心，将新的想法和信息传播到周围
的领土和外国土地。由此，城市也成为政府行政和管理的中心。芒福德从历史观察的
角度，曾将城市理解为"人类社会权力和历史文化所形成的一种最大限度的汇聚体。
在城市这种地方，人类社会生活散射出来的一条条互不相同的光束，以及它所焕发出
的光彩，都会在这里汇集聚焦，最终凝聚成人类社会的效能和实际意义。"❶

　　城市并不是独立于人类社会之外的一个客观物体，它是人类社会自身的产物。
在世界范围内，既存有经历数百年，甚至上千年的漫长岁月演化而来城市，也有诸
如巴西利亚、深圳这样，在极短时期内，因国家战略需求而快速形成的城市。城市
不只是一种功能性的空间物质，它正在成为与自然环境相融合的人类文化主体。

　　芝加哥学派的著名学者 R.E. 帕克曾言："城市，决不仅仅是许多单个人的集合体，
也不是各种社会设施——诸如街道、建筑物、电灯、电车、电话等的聚合物；城市

❶ （美）刘易斯·芒福德. 城市文化 [M]. 宋俊岭等译. 北京：中国建筑工业出版社，2009：1.

也不只是各种服务部门和管理机构，如法庭、医院、学校、警察和各种民政机构人员等的简单聚集。城市，它是一种心理状态，是各种礼俗和传统构成的整体，是这些礼俗中所包含，并随传统而流传的那些统一思想和感情所构成的整体。换言之，城市绝非简单的物质现象，绝非简单的人工构筑物。城市已同其居民们的各种重要活动密切地联系在一起，它是自然的产物，尤其是人类社会的产物。" ❶

可以说，城市是在一次又一次的社会性决定中形成的。人类社会的发展状况、制度结构从根本上决定了城市的命运。同样，城市环境与人们的日常生活息息相关，城市是人类从事社会活动的载体和工具。因此，城市要有更好的管理，为市民提供更为美好的生活。即，为了共同利益的公共决策能力。

2. 现代城市化运动

现代城市的形成是社会经济多方面因素所促成的。例如，英国城市化进程可以追溯到历史上的"圈地运动" ❷。美国在19世纪的快速城市化进程也与从欧洲到美洲的移民潮、美国废除黑人奴隶制、当时的工会运动和妇女解放运动密切关联。在1920年之后，新的金融资本和大众商业营销形式让城市中产阶级乃至产业工人的生活水平大幅提升，更是起到了推波助澜的作用。

除了工业化进程的影响，现代城市的发展还与人们对于更高的生活水平的要求密切相关。例如，城市公园的引入，供水和公共卫生系统，对贫困救济和模范住房的鼓动，甚至是完美社会的乌托邦愿景。自第二次世界大战以来，人们在处理现代城市问题时，逐渐发现所面对的实质上是一种前所未有的变革与格局。城市物质环境飞速发展，也带来城市社会结构的巨大变化，并引发了社会隔离、城市贫困等诸多城市问题，对城市形态也带来了极大的影响，例如19世纪开始的郊区化和城市蔓延。这些现象又无不与当时的城市政策息息相关。

随着人类社会的不断进步，科学技术的日新月异，人类生产、生活空间的不断延伸和扩展，城市不再局限在某些特定的空间范围内。城市内部、城市与城市之间的联系日益紧密，区域化、全球化活动加强，这都需要在城市政策中予以回应（图2-5）。

2.2.2 城市规划与城市政策

1. 城市与规划

任何一座城市的良好发展，都离不开制定恰当的城市规划（planning）。在学术

---

❶ （美）R.E.帕克等.城市社会学[M].宋俊岭等译.北京：华夏出版社，1987：1.

❷ 在十四五世纪农奴制解体过程中，英国新兴的资产阶级和新贵族通过暴力把农民从土地上赶走，强占农民份地及公有地，剥夺农民的土地使用权和所有权，限制或取消原有的共同耕地权和畜牧权，把强占的土地圈占起来，变成私有的大牧场、大农场。

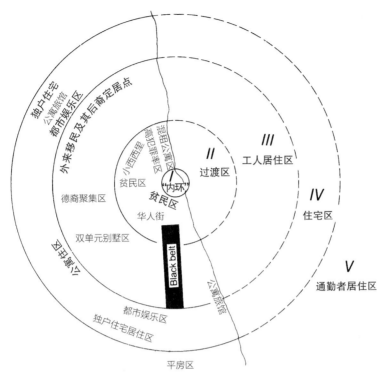

图2-5 欧内斯特·伯吉斯绘制的城市同心圆结构图，呈现出城市在扩张过程中，社会空间所发生的相应变化

资料来源：PAUL KNOX. Urban Social Geography: An Introduction 2nd Edition[M]. New York：John Wiley&Sons Inc.，2002：60.

界，"城市规划"这一概念还存在着诸多争议，至今尚未形成一种公认的、完善的知识体系，其难点主要在于"规划"本身是一个非常模棱两可、难下定义的词。

对于不同行业的人而言，"规划"（planning）具有不同的内容和含义。例如，五角大楼（The Pentagon）曾雇用众多的军事规划师；许多企业都会制定针对未来发展的规划；就个人而言，人生发展、出游旅行也需要规划。即便是经济规划师，也有不同的理解。通常，研究国家或国际宏观经济发展的经济规划师需要关注各行业的经济结构的演变、生产要素的组合、流通和交换等问题；而区域经济规划师在考察相同事物之时，更侧重对特定空间的影响。

同样，社会规划师的研究重点往往侧重于个人和集体需求、人口结构变化、职业流动以及这种流动对生活方式和住房形式的影响等问题。相比之下，城市规划部门的社会规划师在研究同样的事物时，看问题的角度往往带有空间成分，例如，要研究职业流动对内城（相对于新的郊区而言）家庭结构变化的影响，而这种变化又影响着城市中心附近的住房市场，要研究低收入家庭在就业岗位迁往城郊后，交通费等支出对家庭经济的影响。因此，规划就其本义而言是一项无处不在的活动。但无论何种专业或学科，无论国家政府还是企业个人，"规划"都有某种相似性，即作为政策的决定过程。

城市领域中的规划有其特殊性。这种特殊性在于它的复杂程度以及不确定性。以中小学教育设施规划为例，为一定地区内适龄儿童配置教学机构，其数量和用地需要满足九年义务制教育的要求；而一个地区的教育是否满足当地适龄儿童的规模，也取决于当地可获得的教师资源。如果该地区存在着生育率下降、人口外迁、人口老龄化等现象，则可能导致该地区教育水平的下降，而教育水平的下降，又可能进一步导致人口的外迁以及教育资源的流失，从而导致教育规划整体上的失败。或者说，规划对此需要有一个更为明确的政策目标（图 2-6）。

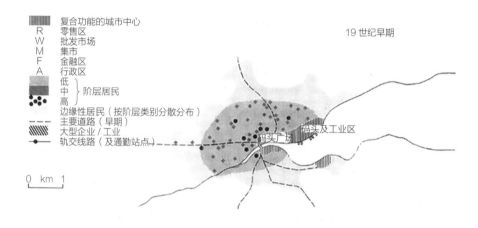

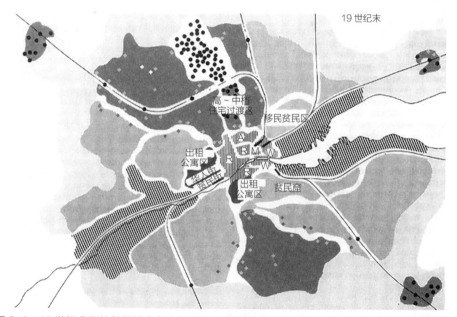

图 2-6　19 世纪典型的美国城市在土地利用方面的转变，显示了城市如何从一开始的一种简单、匀质的小型港口城市，逐渐发展成为一座交通发达、地域广阔，各种空间功能发展完善的大型城市

资料来源：PAUL KNOX. Urban Social Geography: An Introduction 2nd Edition[M]. New York：John Wiley&Sons Inc., 2002：13.

但是，这个政策目标有可能是一个为了适应某种外界情况，面向未来十年的发展预期，而非针对现状所提出来的。那么首要的是，慎重地预测从现在到预期的逐年情况、在校学生的人数，以及了解为满足义务教育规定的任务需要设置哪些课程。据此，可以描述出相对应的建筑、教师、设备等需求。然后，对应这些需求，也存在若干规划方案和实施方式。譬如，增加教师数量和提升互联网教学的比重，哪个更经济且有效？是否充分利用现有校舍，调整新建校舍规模？通过比较分析寻求选择最佳方案。

在计划执行过程中，还要加强检查、监督，密切关注一些意外和变化，包括与规划方案相背离或可能失败的因素。在整个复杂的规划流程中，需要表述具体形象的东西可能是新校舍设计，或电视系统的设计，以及其他细节的设计，但这些都只是总体计划中的一小部分，且属于计划大纲确定之后的后期工作。

总体而言，作为一项普遍活动规划，是指编制一个有条理的行动流程，使预定目标得以实现。它的主要技术成果是书面文件，适当地附有统计预测、数学描述、定量评价以及说明规划方案各部分关系的图解。可能还有准确描绘规划对象的具体形象的蓝图，但是，它不是必不可少的。纵观规划的全部类型，肯定有其共同点。归纳起来，规划是一项有意识的系统分析过程，通过对问题的思考以提高决策的质量。

2. 规划的两种类型

现实中，一项政府公共政策的形成，本身就可能涉及大量不确定因素，更不用说政策实施遇到的复杂环境和社会背景。因此，为了增强规划的有效性，规划理论不仅要关心规划"之内"的事情，更要关心关于规划"过程"中的事情。前者可称为规划中的理论，后者可视为关于规划的理论。

规划中的理论与关于规划的理论在形式与内容方面均有所不同。前者重点研究规划本身，而后者的研究对象侧重于整个规划过程和环节。很多时候，某项城市规划政策在理论层面看似完美，但实际的执行效果却并不理想。譬如，针对城市某个商业中心选址，人们可以通过科学的方法，建立规划模型论证其定位、规模和布局，然而在建设过程中可能会发现阻力重重，或者是根本无法实施。虽然从理论依据来看，这个规划政策可行且有效，但是，有可能项目的出发点是存在一定的问题，也可能是政策执行环节偏离了政策的目的。这类问题的根源多出现在规划的过程。

因此，如果对这两种类型的规划理论不加以区分，则会导致规划政策"无效"或"失效"等不良后果，也会降低规划的影响力，无法发挥应有的社会作用。传统意义上，理性的、科学的方法是期望提供一种公正的、不以人们的价值观为转移的、机械操作性的手段或工具，尽可能地不受人们主观上的干涉与影响，从而提升规划政策的应用性和有效性。然而，城市规划的制定、实施是一个社会政治过程，这种理想主义的方法显然不符合现实情境中的人类行为方式。

将这两种理论从概念上进行区分，并不意味着两者的对立，也没有主次、优先层级之分，而是强调两者应形成系统性的紧密联系。有不少规划研究将涉及规划全过程的部门统称为"社会－技术综合体"（social-technical complexes）。这反映出人们已开始关注规划过程的环境以及规划理论工作的状态，更加重视规划预测的准确性，或者认识到现有成果中的不确定性。只有在两者之间形成有效的结合，尤其是加强对规划过程和所处环境的研究，才能真正实现将规划视为一项公共政策，开始从公共政策过程的一般规律与程序来看待规划行为。

因此，"规划"通常兼有两种含义：一是指刻意去实现的某些任务，一是指为实现某些任务把各种行动纳入到某些有条理的流程中。实际上，一种是说规划所包括的内容，另一种是说规划通过什么手段来实现。

3. 城市规划是一种政策表达方式

城市规划是一项高度复合化的行动。这使得城市规划不同于城市地理学、城市经济学、城市社会学等领域。当然，地理学也包括许多方面。每一方面又与一门相关学科有着空间上的关系。经济地理学分析地理空间和距离对生产、消费和交换机制的影响；社会地理学阐明地理空间对社会关系方式的影响，政治地理学注意的是地理位置对政治行动的影响。根据上述情况，可以认为，空间规划或城市与区域规划实际上是把上述不同方面的人文地理学应用于实际行动，以实现某一特定目标（图 2-7）。

图 2-7 旧金山的城市中心，爱德华·贝内特（Edward Bennet）和丹尼尔·伯纳姆（Daniel Burnham）规划设计，1912 年。该图显示出一种较为传统的城市规划方法：尽量优美地描绘城市发展的未来

资料来源：（美）斯皮罗·科斯托夫．城市的组合——历史进程中的城市形态的元素 [M]. 邓东译．北京：中国建筑工业出版社，2008：117.

城市规划是一种预测，服务于有关部门和地区制定措施。城市规划即是按照城镇的性质规模和条件，确定各个功能区的布局和城市各要素的布置，为城市建设的各个方面制定措施服务。从这种意义上讲，公共政策是城市规划的重要组成部分。

城市规划是一种综合研究。城市规划要将城市与其周围影响地区作为一个整体来研究，其目的是为了保证居住、工作、游憩和交通四大活动的正常进行；后者强调城市的有机组织，以及生活环境和自然环境的和谐。

城市规划是一种权衡，包括在政治、经济、观念、法律以及通过特殊的决策，导致谁受益或谁受损的问题。这也使得各领域之间的冲突得不到合理的解释，在某个领域视为合理的行为，可能在另一个领域看来却是不合理的：某个满足交通要求的规划，在用地布局上可能不合理；符合经济计划目标的方案，可能违背了历史文化保护方面的要求。这些现象也使得城市规划学科很难得出一个清晰的界定，并造成一定的思想混乱，导致城市规划研究也表现出诸多的矛盾性。

4. 城市规划是一系列公共政策

现代城市规划的诞生就是为了应对工业革命带来的一系列城市问题。显然，城市规划的概念、社会职责和工作重点也在随着时代的变化不断发展。当人们对城市问题的认知从囿于物质空间转向关注社会价值，经济发展、社会保障、空间正义等问题也不断被纳入城市规划的研究领域。城市规划逐渐从"关注物质空间"向"重视社会经济"，再向"作为公共政策的城市规划"演变。同时，面对日趋复杂的城市问题和社会矛盾，政府以城市规划为政策工具，并凭借立法手段，极大地影响着城市的发展和城镇化进程。

实际上，政府及公共部门的职能内涵要借由一系列公共政策来演绎，并通过一定行政程序来落实。城市公共政策内容覆盖了经济、社会和国际等诸多方面。因此，从政府视角来看待城市规划，则必然涉及到公共政策研究领域中的相关内容。

阿兰·布莱克（Alan Black）认为："综合性规划或总体规划是由一个政治实体的立法或政府部门所宣布的政策，一般通过一个授权部门来编制这个政策文件，也就是一个政策宣言。"❶一般来说，在政府和相关公共部门中，只有受过专业教育和专业实践的专家才能有资格来制定规划，只有受到指派，或经过公共选举产生的政府官员才能有权将规划采纳为针对未来需要采取措施的公共文件。而在现有的众多研究中，政策与规划之间存在着大量的重叠。很多理论对于两者的概念描述经常是含混的：或者将规划看作是一种政策行为，或者将制定政策看作是一种规划。例如，"规划是一个为未来地位作出一系列决策的过程，指明通过良好手段来实现目标"。❷"规划是一个组织动用社会资源来确定国家政策的行为。"❸

城市规划具有公共政策属性，在城市公共政策中占据十分重要的地位。这里除了指城市规划本身就具有公共管理的一些特征，还应注意城市规划与城市其他公共政策紧密关联。由于城市规划的内容涉及方方面面的公共政策，而这些政策也直接影响城市规划的编制和实施，甚至很多时候，会决定城市规划的具体内容。例如，国家或区域的产业政策、土地政策、环保政策等。因此，城市规划的政策性内容要

❶ ALAN BLACK. The Comprehensive Plan, Urban Planning Theory[M]. New York：Melville C. Branch, Pennsy Lvania：Dowden Hutchingon & Ross，1975：219.

❷ YEHEZKEL DROR. The Planning Process: A Facet Design[M]//ANDREAS FALUDI. A Reader in Planning Theory[C]. Oxford：Pergamon Press，1973：323.

❸ CHARLES E.MERRIAM. The National Resources Planning Board，Planning for America[M]. New York：Herry Holt & Co.，1941：486.

与城市其他公共政策相匹配、相融合，要反映城市各个领域的政策取向，并与其他城市公共政策共同推动城市的健康发展。从公共政策的视角来看待城市规划，应理解为以公共政策的方式来看待规划的行为过程和活动过程。

P. 戴维多夫（P.Davidoff）认为，规划是通过一系列选择行为，来确定一个适当的未来行动的过程。这其中包含了三个层次：关于目标与标准的选择；辨别出与这些总体原则相适应的选择集，并确定一个手段；以这个手段选择指导行为来实现目标。❶ 就城市公共事务的管理而言，现代城市规划作为政府及相关公共部门的一项职能，其规划行为是以专业的方式处理各类问题，为政府和管理部门的公共决策提供基础，或为行政和立法机构提供相应的决策分析。

因此，从公共政策的角度来看待城市规划，是摒弃那种把规划当作未来理想蓝图的旧概念，将规划视为对某一地区的发展施加一系列连续管理和控制，并借助模拟发展过程，使这种管理和控制得以实施。这彻底改变了规划师的工作顺序。首先，城市规划的活动就如同其他类型的公共政策那样，处于政治、经济和法律权力分散的环境；其次，城市规划也是一种过程，不具有某种明确的约定。即，由谁，按照什么目标来制定规划？一种更为现代的观点认为，好的规划来自社区本身。按照这种观点，规划师的作用应该是为规划活动提供便利，并用自己的专业知识为社区规划提供帮助，而不是送去现成的规划。

总之，城市规划与更为广义的公共政策概念密不可分。从更为本质的层面而言，城市规划成果不仅隶属于政治学，而且它与法律密不可分。很多规划争论的最终仲裁者是法院。并且很多案件涉及大量公共资金和资本投资，即使不表现为公共支出，规划决策也会造成一部分群体享受巨大收益，另一部分群体承受巨大损失的情况。因此，一个人要了解规划，他就必须要了解一些存亡攸关的经济和财政问题（图 2-8）。

2.3　城市公共政策的类型

按照不同的标准和依据，城市政策可以形成不同的类别，也为城市政策研究提供不同的角度，各有其意义。以下为三种最基本的分类方式。

2.3.1　横向议题分类

根据政府部门的职能和现代社会的专业化的管理特性，表现出解决特定问题或针对某个行动目标的城市政策，例如，政治政策、经济政策、社会政策和文化政策。政治政策就是政府在处理政治问题或调整政治关系方面所采取的行动或规定的行为

---

❶ PAUL DAVIDOFF. A Choice Theory of Planning[M]//ANDREAS FALUDI. Areader in Planning Theory. Oxford : Pergamon Press, 1973 : 11.

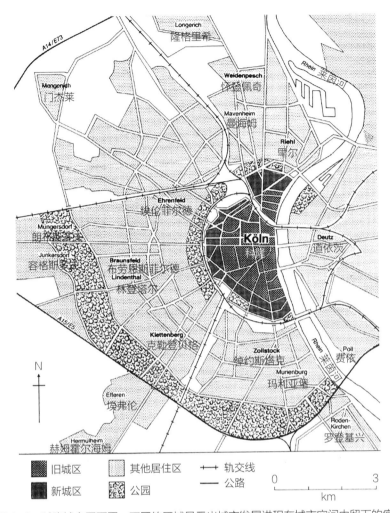

图 2-8　科隆城市平面图，不同的区域显示出城市发展进程在城市空间中留下的痕迹

资料来源：PAUL KNOX. Urban Social Geography: An Introduction 2nd Edition[M]. New York：John Wiley&Sons Inc., 2002：103.

规范，如政党政策、民族政策和外交政策等。经济政策是政府处理经济问题或调整人们的经济利益关系的手段，如财税政策、产业政策、土地政策等。

　　人们的经济活动几乎涉及生活的方方面面，因此，经济政策是国家管理活动的最重要政策类型之一。社会政策是指政府用来处理狭义的社会问题时所采取的行动或行为规范，它以社会问题为对象，目的是解决社会问题，提高人民生活，增进社会利益，谋求社会秩序平衡发展。通常社会政策包括人口政策、环保政策、扶贫政策、福利政策和社会治安政策等。文化政策是国家在一定时期的总目标下，为了促进和调节科学技术以及文教事业的发展而制定的基本准则和规范，包括科技政策、教育政策和对外交流政策等。这些城市政策的形式多样，涉及城市生活的各个领域。

城市政策可以视为集中在城市地域范围，影响城市发展的公共政策集合。在城市社会生活中，这些政策所引导的人类活动在塑造空间的同时，也深受空间的作用和制约。研究城市政策应看到在空间中可能产生的效果和作用。尤其是与城市空间紧密相关的政策，如土地政策、住房政策、交通政策和环境政策等。

当然，这些不同议题的城市政策之间都会有交集和影响。因此绝对的划分并不具有太大的实际意义，而且根据城市问题的复杂程度，很多情况下，城市政策不是单一部门或单一议题。例如，城市扶贫政策会涉及财政、产业、住房、人口和教育等多个方面；城市更新改造更是涵盖城市产业、财税、土地、文化和人口等多项政策内容。

2.3.2 纵向层级分类

公共政策按纵向层次可以分为：元政策、总政策、基本政策和具体政策。元政策是关于政策的政策，是指导和规范政府政策行为的理念和方法。涉及的内容包括：哪些团体和个人，采用怎样的程序、原则、方式，如何制定公共政策等。元政策的功能是指导人们正确制定、执行、评估、分析公共政策，可以分为方向性元政策、价值性元政策和程序性元政策三种类型。因此，元政策是整个公共政策系统与过程的政策，表达关于公共政策的方法论。总政策是对一个国家全局产生决定性作用的政策，又称为总路线或基本路线。基本政策是相对具体政策的主导性政策，其作用是确定具体政策的方向、依据和原则。通常一个国家会有若干基本的行动准则。

按照城市政策的主体和影响范围可形成三个层次。第一层次为国家级或全局性的城市政策，是对较长时间内经济社会发展方向发挥决定性和基础性作用，例如，我国的耕地保护政策，环境保护和节约资源的基本方针，以及国家政府的重要决议和国家法律中的相关内容。第二层次是事关区域性的或某一部门、某一领域的城市政策。例如，民族地区发展政策、支持老工业基地振兴政策以及相关法规规章。第三层次是服务某个城市或为了解决地方性具体问题而制定的政策，相对而言，与空间联系更紧密，很多时候是在上一层次的城市政策指导下，对社会活动的引导与规范更为详细和直接。

2.3.3 关系协调分类

根据城市政策给社会关系带来的影响，可以分为分配性政策、调节性政策、自我调节性政策和再分配性政策。分配性政策涉及将服务和利益分配给人口中特定部分的个人、团体、公司和社会，如九年制义务教育政策；调节性政策与将限制与约束加之于个人和团体的行动有关，它减少那些受调节者的自由和权利，如征收个人收入所得税政策；自我调节性政策涉及对某一事物或团体的限制或控制，它与调节性政策的不同之处在于它不是别的团体强加的，而是受调节的团体主动要求，并作为保护和促进自我利益的手段而出现的，如货币发行政策；再分配性政策涉及政府在社会各阶级（层）或团体中进行有意识的财富、收入、财产或权利的转移分配，如城市居民最低生活保障政策。

从上述这些分类可以看出，从城市管理职能来说，影响城市未来和发展趋势的政策来自不同行政层级、不同部门和机构；政策议题涉及城市社会生活中的所有领域。这些政策在引导各级部门和机构行动的同时，也极大地影响或直接作用于城市空间，尤其是针对的议题越具体，作用范围越微观的城市政策，对于城市空间的影响也越显著。

当然，城市政策也可以分为空间类和非空间政策。前者直接决定城市和社会空间的结构和关系，如政策性的规划、区域产业布局政策等；后者通过影响城市中的各类活动与行为，进而带来空间的变化。即便是那些作为整体的和宏观的非空间类政策也会对城市和社会空间产生巨大影响。同时，即便是同一政策在不同地区或城市的实施效果也会有明显的差异。

2.4　城市政策的基本功能

城市政策的功能就是指城市政策在社会中的作用和功效，通常根据政策所针对的社会目标可以判断出政策所处的地位、结构和作用。城市政策的基本功能包括：导向功能、控制功能、协调功能和象征功能。

1. 导向功能

政策的导向功能是指引导人们的行为或事物的发展朝着政策制定者所期望的方向发展。当中包含了两大重要内容：

（1）规定目标与确定方向，即把整个社会生活（包括政治生活、经济生活、文化生活等）中表现出的复杂的、多面的、相互冲突的、漫无目标的潮流，纳入明晰的、单面的、统一的、目标明确的轨道，引导社会有序地发展；

（2）教育指导、统一认识、协调行动、因势利导。这是指任何政策不仅要告诉人们什么是该做的，什么是不该做的，还要使人们明白，为什么要这样做而不那样做，怎样才能做得更好。政策的导向功能可以是对行为的导向，也可以是观念上的导向，可以是直接的方式，也可以是间接的方式。例如，城市通过更新改造政策引导产业结构调整和转型。

2. 调控功能

城市政策的调控功能是指通过政策手段对城市生活中的各种利益关系，特别是物质利益关系进行协调和控制，避免或预防特定的利益冲突，以促进社会生活整体发展。城市中的各项活动牵连许多利益关系。这些关系主要包括社会政治组织（如各党派、各社会团体）之间的关系，各种政治权力关系（如各国家机关之间的关系，地方政府与中央政府的关系等），各种经济关系（如生产与消费，消费与积累，国家、集体与个人三者利益关系，各经济法人之间及其与国家的关系），各民族之间的关系等。这些性质各异、错综复杂的关系，是不能靠长官意志或个人权威来协调的，而必须靠相适宜的政策，对所希望发生的行为予以正面激励，对不希望发生的行为予以惩戒，从而达到有效的管控目的。因此，政策的调控功能应特别注意对"度"的把握。这就要求关注对政策实施效果的反馈和评估，适时调整控制的方向和力度，让政策发挥积极的作用。

3. 分配功能

每项具体的城市政策都会涉及"政策使谁受益"，社会资源"分配给谁"的问题。政策的分配功能对社会良性运行和稳定发展有着非常直接的影响。依据公共利益进行合理分配是公共政策的本质特征，但社会资源的有限性势必无法满足所有人的需求，往往是一部分人从中获益较多，另一部分不能获益或获益较少。那些对资源分配明显不合理的政策如果不能及时纠正，很可能激化社会矛盾。因此，发挥政策对社会资源的分配作用既是重要的理论问题又具有重大的现实意义。

4. 象征功能

政策的象征功能是指政策仅具有符号意义，不产生实质性后果，或者说制定者对它的期望并非如物质性政策给社会的实际效用。它仅仅在于影响公众的看法、观念或思想意识，其意义就在于它具备的象征功能表达了人们应当以此为努力方向的目标趋势。❶

5. 城市政策的有限性

政府对社会政治经济发展的宏观调控正是通过各项公共政策的有效执行来实现的。现实中，随着城市问题和社会环境的日益复杂、多变，政策从观念里的方案到动态的执行这一过程中也会出现一些偏差，或是无法达到预期的效果。这种城市政策管理的"失效"不只是会损害城市政策的权威性，影响政府的公共形象，还有可能带来治理的难题和危机。

实际上，城市政策所处的社会环境存在诸多不确定因素，这必然会带来政策的有限性问题。这里涉及的不确定因素包括两类：一种是关于行为环境（如资源供应、技术等）方面的不确定性；另一种是关于经济制度中各种行为主体，也就是人的行为的不确定性。

无论是官方的政策制定者，还是非官方的参与者，城市公共政策制定时所面对的环境一般具有以下五个方面的特征：❷

---

❶ 陈振明. 公共政策分析 [M]. 北京：中国人民大学出版社，2003：45.

❷ 詹姆斯·E. 安德森，公共决策 [M]. 唐亮译. 北京：华夏出版社，1990：23.

（1）现实环境中的每个行为主体都有其偏好，并趋于按自身利益行事。每个行为主体在一定程度上可以决定自己的偏好，而众多行为者的价值目标和偏好之间存在的差异是复杂的，它们既可以相互替代或互补，也可以相互抵触或冲突。即使是同一个行为主体，价值偏好的取舍也十分复杂。物质产品和服务数量不断增加，却并不能完全满足个体所有的偏好与愿望。换言之，某项政策不可能让一个人或一个团体在所有方面都取得满意的结果。

（2）行为主体之间的价值观差异较大，使得与社会发展方向相关的政策议题变得难以把握。一般而言，将个人价值观进行叠加是一件非常复杂的事情。一些社会学理论经常按照个人偏好的相似性来区别社会团体和社会阶层，把它们看作是具有相同价值观的一个整体。

（3）社会资源具有稀缺性。在社会生产中，往往出现供给的成本递增与需求的物品和服务收益递减这种相对应的边际效应。由于资源的稀缺性，物品和服务的产出也是有限的，导致生产过程中的供给也是有限的。这就意味着决策者一段时期内想要实现的目标和可以调配的资源、能力都是有限的。

（4）规划所针对的对象（通常是一个生产单位或一个城市地区），一般是由几个处于动态且相互联系的部分组成，任何一个行为都可能对整个系统产生影响。这种系统结构和网络关系是用一种静态的方式进行描述和控制。

（5）人们采取的行为常常会带有主观性，而且表现出非逻辑性。行为主体的偏好很难预判，即使是同一个人，也可能存在几种价值观，经常相互冲突。同时，人类自身知识和控制能力的有限性，尤其是即时的反应行为常常缺乏理性决策。也就是说，人们的行为通常表现为有限理性，而不是完全理性。

这种现代城市环境中的复杂性和多变性，表明城市政策从制定方法到执行过程受制于许多客观或主观条件❶，很难按照理想中的模式来进行。因此，大多数时候，城市公共政策研究的重点可能不在于对理想的既有模式进行描述，而在于对现实中的具体特征进行解释。

---

❶ 有的学者将政策研究面临的障碍和局限归纳为以下原因：社会力量对政府权力的限制会影响政策的实施；人们在政策问题上存在分歧，对于价值判断难以达成共识；人们选择偏好的复杂性以及政策研究者对问题缺乏足够的了解；社会问题的复杂性和科学知识的有限性。

第3章

城市政策过程与
系统性要素

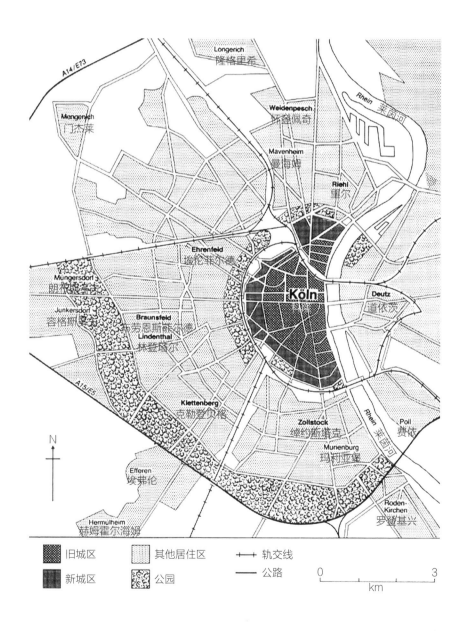

	旧城区		其他居住区		轨交线
	新城区		公园		公路

3.1　城市政策过程

3.1.1　政策过程的阶段论

1. 政策过程（policy cycles）的阶
段论

政策不只是政府的单向行为，也是
政府与社会生活的桥梁。因其本质上会
涉及社会利益和利益关系的调整，某项
政策必然是不同社会主体之间交锋、碰
撞、较量的过程。现实中，各国政治体
制、历史文化传统，主流意识形态的差
异会产生各具特点的政策过程。政策过

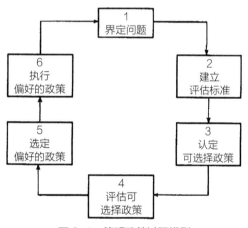

图 3-1　简明政策过程模型

资料来源：（美）卡尔·帕顿，大卫·沙维奇.政策
分析和规划的初步方法（二）[M].孙芝兰等译.北京：
华夏出版社，2001：4.

程理论的提出与发展，也是一个在反思和批判中不断演进和前行的过程（图 3-1）。

政策过程理论最初被拉斯韦尔（Harold D. Lasswell）提出的"阶段启发法"所主
导。拉斯韦尔认为政策科学应关注"政策过程"，或某项政策在整个"政策生命"（policy
life）中的阶段 ❶，并提出了"决策过程"（the decision process）的相应环节。

---

❶ 政策科学的创始人拉斯韦尔认为，政策科学"一方面是对政策过程的关注，一方面是对政策过程中
所需'知识的关注'，并将政策科学定义为政策过程的知识（knowledge of the policy process）和政策过
程中的知识（knowledge in the policy process）"。参见 LERNERAND，D.，LASSWELL. H. D. The Policy
Orientation in the Policy Sciences [C]. Stanford：Stanford University Press，1951.

1956 年拉斯韦尔在《决策过程》一书中把政策过程划分为 7 个阶段：

（1）收集信息：引起决定者注意的与政策事务相关的信息是怎样被收集并予以处理的？

（2）提出方案：处理某一问题的那些建议（或可供选择的方案）是怎样形成和提出来的？

（3）制定政策：普遍的规则是由谁颁布的？

（4）政策生效：由谁决定特定的行为是否违反规则或法律，并要求对规则或法律加以遵守？

（5）政策执行：法律和规则实际上是怎样被运用和实施的？

（6）政策评估：政策是如何实施的？怎样评价政策的成功或失败？

（7）政策终止：最初的规则与法律是怎样终止的，或经修改以改变了的形式继续存在着？❶

在拉斯韦尔看来，这 7 个阶段不仅描述了公共政策事实上是如何制定的，而且描述了应该如何制定公共政策。这一理论在 20 世纪 70 年代和 80 年代初被人们视为一项有效的政策分析工具和理解政策过程的基础，或者说是唯一途径。之后，越来越多的学者们认为，拉斯韦尔对政策过程的分析仅仅是政府内部的决策过程，欠缺外部环境对政府行为研究。

20 世纪 70 年代中期，拉斯韦尔的学生布瑞沃（Garry D.Brewer）提出了政策过程的六阶段论：创始（invention/initiation）、估价（estimation）、选择（selection）、执行（implementation）、评估（evaluation）和终止（termination）。❷

布瑞沃："在问题确认阶段把政策过程扩展到了政府之外，同时澄清了用以描述政策过程各个阶段的术语"；把政策过程看作是一个不间断的周期，即大多数政策并不是一个从生到死的有限的生命周期，而是会以不同的形式不断重现。❸

此后，不断有学者对政策过程的阶段提出自己的看法。例如，按照戴维·伊斯顿在《政治生活的系统分析》一书中提出的分析框架，政策过程作为一个整体系统，由政策输入、政策转换和政策输出三大环节构成❹。目前被广为接受，也是大多数教科书所采纳的是琼斯（Charles O.Jones）和安德森（James Anderson）对政策过程阶段的划分。两者以功能和时间作为两大思考维度，将公共政策按照先后顺序划分为不同的动态阶段。琼斯把政策过程概括为：问题确认、形成建议、决策过程、选定政策、政策执行和政策评估。

❶（美）詹姆斯·E.安德森.公共决策[M].唐亮译.北京：华夏出版社，1990：27-3.

❷ MICHAEL HOWLETT AND M.RAMESH. Studying Public Policy: Policy Cycles and Policy Subsystems [M]. Oxford : University Press, 1995 : 10.

❸ 魏姝.政策过程阶段论[J].南京社会科学，2002，3.

❹（美）戴维·伊斯顿.政治生活的系统分析[M].王浦劬等译.北京：华夏出版社，1999.

J.E. 安德森在《公共决策》一书中将其概括为：

政策问题的形成：政策问题的形成包括政策问题是什么？是什么使它成为公共问题？它是怎样被提到政府的议事日程上的？

政策方案的制定：政策方案的制定包括解决问题的可供选择的答案是怎样制定？什么人参与政策方案的制定过程？

政策方案的通过：政策方案的通过指政策方案怎样被正式通过和颁布的？政策方案的通过需要满足什么样的条件？哪些人通过了政策？经过何种过程？被正式通过的政策的内容是什么？

政策的实施：什么人与政策的实施有关？在实施过程时又都采取了哪些具体的行动措施？这些行动措施对政策的内容发生了什么样的影响？

政策的评价：怎样去衡量政策的效果和影响？由什么人去评价政策？政策评价的结果是什么？有无改变或废止政策的要求？

进入 20 世纪 90 年代，瑞普利（Randall Ripley）在《政治学中的政策分析》中把政策过程划分为：议程设定，目标与计划的形成与合法化，计划执行，对执行、表现和影响的评估以及对政策和计划未来的决定。同时，瑞普利指出："政策过程也许会在任何一个阶段终止"。

基于我国的经验事实和政策语境，国内学者进一步发展了政策过程理论。例如，张国庆把政策过程分为政策问题的形成（包括公共政策问题的认定、创立政策议程、形成政策决定）、政策规划、政策执行与政策评估（包含政策终结）；张金马认为政策过程可以分为：政策问题的确认、政策规划、政策合法化与政策采纳、政策执行、政策评估以及政策终结六个阶段；陈振明则把一个政策周期分成政策制定、政策执行、政策评估、政策监控与政策终结五个阶段。

这种把政策过程分解为若干阶段而形成的阶段序列被称为"政策周期"，也可以称为政策过程的阶段论。把复杂、抽象的政策过程分解为若干简单具体的阶段的范式，有助于人们理解复杂的政策过程，也有利于进行大量的经验研究和对比分析，为政策科学知识体系的发展提供了基础性平台。同时，由于具有高度的抽象性、概括性，政策过程阶段论可以适用于多个领域和不同的文化情境（图 3-2）。

2. 政策过程的其他理论

20 世纪 90 年代末，政策研究者基于对政策过程阶段启发论的批判，提出要从多元的视角来观察思考纷繁复杂的政策过程。随后，政策过程发展出以下七种主要的理论：制度分析和发展框架（IAD）、多源流框架（MS）、倡导联盟框架（ACF）、间断—平衡理论（PE）、政策传播模型、政策过程与大规模比较研究以及社会建构与政策设计框架（Social Constructionand Policy Design）。这些理论的发展不管是在理论层面上还是在实践层面上都方兴未艾，而且其中一些也正在逐渐走向完善和成熟。

政策术语	第一阶段 政策日程	第二阶段 政策的形成	第三阶段 政策的通过	第四阶段 政策的实施	第五阶段 政策的评价
定义	在众多的问题中，哪些问题得到了公共官员深深的关切	与解决公共问题有关的和可被接受的行动进程是如何提出来的	对某一具体建议的支持，这样能使政策合法化和权威化	通过政府的行政机器，将政策运用于解决问题	政府为确定政策的效果为什么能起到这些效果和为何起不到这些效果所做的努力
共同的意识	使政府考虑解决问题的行动	提出解决问题的措施	使政府接受某一特定的解决问题的方案	将政府的政策用于问题的解决	政策发生作用

资料来源：詹·E.安德森，戴维·W.布雷迪，查尔斯·布洛克.美国的公共政策和政治.北锡楚埃特，马萨诸塞、达克斯伯里出版公司，1978.

图 3-2 政策过程示意图

在此，重点介绍具有一定代表性、影响较大的几个理论。

制度分析和发展框架（institutional analysis and development，IAD）以埃里诺·奥斯特罗姆为代表，提出包括了确认行动舞台、相互作用形成的模式和结果，并对该结果进行评估等组成部分。该框架依托对某一情境的分析和对行动者的特定假设，结合一些具体的评估标准，包括：经济效率、融资均衡达成的公平、再分配的，来推测和评估行动结果（图 3-3）。

约翰·W.金登在对科恩·马奇·奥尔森（Cohen March Olsen）"垃圾桶模型（garbage

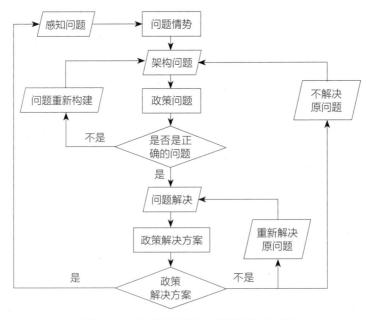

图 3-3 政策分析过程中，问题构建的过程

资料来源：WILLIAM N.DUN.Methods of the Second Type: Coping with the wilderness of Conventional Policy Analysis[J]. Policy Studies review，1998，7，No 4：720-737.

can model）"❶进行修正的基础上，提出多源流分析框架。这一理论根据有限理性和组织理论研究成果，分析模糊性条件下的政策制定问题，试图解释为什么某些问题出现在议事日程上，而另外一些却被忽略，以及备选政策方案如何产生和形成。金登认为在整个系统中存在着三类源流：问题流、政策流和政治流。

第一类是问题流，是指公共问题如何引起人们的重视，并需要政府行动来解决；第二类是政策流，指的是通过分析研究探索并提出相应的解决方案和各种建议，其中涉及处理问题的技术可行性，以及公众对方案认可的程度；第三类是政治流，指的是影响问题解决方案的政治，包括政府人员变动、公共舆论、选举政治和集团活动等。

倡导联盟框架的首创者为保罗·A.萨巴蒂尔（Paul A.Sabatier）与简金斯·史密斯❷。该理论认为利益集团是有组织的，2~4个有着共同价值和信仰的联盟形成了一个特有的政策领域。倡导联盟框架的范式中包括五组变量。其中两组为外部变量，较为稳定的一组包括：问题领域的基本特质、自然资源的基本分布、基本的社会文化价值和社会结构、基本的宪法结构；比较活跃的一组，即影响到子系统中活动者的规范和有利环境，主要有：社会经济环境的变迁、统治联盟系统的变化、来自其他子系统的决策和影响。此外，还有政策子系统、主要政策变迁需要的一致性程度以及子系统行动者的约束和资源三组变量。

"间断—平衡"理论与倡导联盟框架之间的区别在于，"间断一平衡"理论的前提是决策者的有限理性，政策是渐进还是突变并非取决于参与者偏好的改变，而是取决于决策者注意的转移。当政策制定由单一利益的政策子系统垄断时，减轻了变迁的压力，政策制定的主体只会随环境变化做出微小的妥协；当外部动员或冲突扩散导致民众的注意力转向政策的另一侧面，并对政策制定的主体形成足够大的压力时，就会使政策制定脱离原来的垄断子系统，而进入宏观政治系统，更多的利益主体参与决策，政策的突变就可能发生❸。

社会建构与政策设计框架最初是由施奈德（Schneider）和英格拉姆（Ingram）于1993年提出的。2009年，施奈德和玛拉·西德尼（Mara Sidney）在《政策设计与社会建构理论的下一步是什么？》一文中，概述了政策设计的重要性、关注社会建构、关注政策结果（或者前馈效应）、规范研究与实证研究的综合以及理论。政策设计理论认为政策方案来源于政治和社会的过程，这些特征又会依次进入随后的政治过程中。

---

❶ "垃圾筒模型"是企业内部的一种决策制定模式，这一模型最早是由美国管理学教授詹姆斯·马奇（James March）、科恩（Michael D.Cohen）、奥尔森（Johan G.Olsen）等人于1972年提出。简单地说，该模型认为，企业员工面对一项决策时，会不断提出问题并给出相应的解决方案。这些方案实际上都被扔进了垃圾筒，只有极少数能够成为最终决策的组成部分。

❷ SABATIER AND JENKINS–SMITH. Evaluating the advocacy coalition framework [J]. Journal of Public Policy，1994.

❸（美）保罗·A.萨巴蒂尔.政策过程理论 [M].彭宗超等译.北京：生活·读书·新知三联书店，2003：332.

关于政策过程理论还有一些新的研究主题和研究动向，例如：叙事政策框架、政策子系统及其超越（subsystems and beyond）的政策制度框架、决策和官僚机构（policymaking and the bureaucracy）以及政策过程的综合框架（synthetic framework of the policy process）。从目前的发展状况来看，政策过程研究在理论、范式、框架和方法等方面的变革还在层出不穷。与此同时，社会问题和政策环境的复杂性必然让理论化与有用模型的建构变得更加困难。因此，政策过程研究不能只停留在较为抽象的范式和框架，应深入实际的政策过程，建构符合这个历史时期具体情境的理论。

虽然政策过程阶段论在 20 世纪 90 年代受到很多批判，也由此促生了一批新的政策过程理论。但政策过程阶段论因其特有的优势仍然为很多政策研究者使用，并且，从各种新的政策过程理论来看，它们或多或少地都可以归入政策过程阶段论所提出的某个阶段的研究之中。换句话说，政策过程阶段论构成了其他政策过程理论发展的一个平台。因此，政策过程阶段论可以被看作政策过程研究的基础性范式。

3.1.2 政策制定的概念

1. 对政策制定的理解

何谓政策制定？公共政策形成的过程一般也称为政策制定（policy-making）。查尔斯·琼斯和迪特·玛瑟斯在《政策形成》一文中认为，政策制定包括这些问题：政策问题从哪来？如何区分政策问题的轻重缓急？随着时间的推移，政策问题如何发生变化？政策涉及哪些相关人群？政策相关人群是什么样的行为反应？如何让政策获得支持和认同？现有体制对方案有何影响？出现了什么跨体制因素促成方案发展？等。

现有的政策科学文献中，政策制定有着广义和狭义两种解释。采用广义解释的学者以德洛尔为代表，他将政策制定视为整个政策过程，政策执行、政策评估等环节称为后政策制定阶段。但大多数学者倾向政策制定的狭义理解，即政策制定是政策形成（policy formation）或政策规划（policy formulation），指从发现问题到方案抉择以及合法化的过程。在此，政策制定从后一种定义上来理解。

2. 政策制定中的若干范畴

作为一个行为过程，政策制定以公众希望政府采取某种行动的想法开始，这些想法在政府工作过程中被反复探讨，其结果便是产生一系列积极地或消极地影响人们生活的政府行动（或不行动）。对此，政策制定可以分解为政策要求、政策决定、政策声明、政策输出和政策结果五个范畴。❶

政策要求是指政治体系中的官方和非官方的参与者，就某一面临的实际问题，

---

❶ J.E. 安德森定义。

向政府部门提出具体要求，主张采取某种行动或不采取行动。从主张政府应当做什么，到建议某一问题采取具体的行动，均属于政策要求。政策的制定者应具备政策思想，这种政策思想也就是在某种程度上改变政府行动的建议，可以是非常笼统的（如加强生态保护、控制城市建设无序蔓延），也可以是比较具体的（如街道景观改造）。

政策决定是指由政府官员作出的、确立公共政策法律地位、指导公共政策行为方向、确定公共政策内容的决定。政策决定包括制定法令、发布行政命令和赦令，颁布行政法规和对法律作出重要的司法方面解释的决定。政策思想需要通过政府行为来实现。政府行为除了在必要时，可以合法地强制公民尽力地去做某一件事情，也要获得大众的支持与认可。政策决定可以是一项具体的计划（如新区开发、城市公园建设），也可以采用立法的形式表现出来（如环境保护法）。

政策声明是指由政府机构正式公布政策，在实施之前对一些政策中的关键要点加以说明和限定。政策声明包括立法机关通过的法令、行政命令和行政法令、行政法规和行政规则、法院判决，以及政府官员为说明政府的意图、目标、行为而发表的声明与宣告。政策声明虽然是非常严格的，但有时也会含糊不清，例如人们由于对法律条款或司法裁决的含义理解不同而常常引发冲突，或者人们在分析和推测某项公共政策所作的政策声明的含义时，由于所花费的时间与精力的不同，而产生看法上的分歧（例如每个国家和民族对于可持续发展战略的理解存在着分歧）。此外，各级政府机关，各个政府部门或各政策机构也可能做出相互矛盾的政策声明。例如，在控制环境污染及能源利用的问题上，就可能出现这种矛盾的政府声明：经济部门要求扩大某种类型的生产，而环境部门则要求控制该种类型的生产。

政策输出是政府在执行政策决定和政策声明中的行为，即政府做的实事。这与政府打算要做的和将要做的事情相区别。

政策结果是指政府行动对政策对象产生的后果，这部分也是政策研究中的重要内容之一。例如，从福利分房到货币分房的政策转变，它是否会引起住房标准的两极分化？它对于低收入的人意味着什么？

在政策思想的发展与政府干预（或不干预）的结果之间，可能存在许多差异性，两者并不一定能够保持一致。当我们从政策思想的发展追踪到政府的最后行动时，许多政策与它最初设想会有较大的变化（图3-4和图3-5）。

3.1.3 城市政策的周期

1. 政策周期

城市政策由相互联系的不同阶段构成，可能表现为时间顺序的、非线性的周期性活动。一般而言，一项城市政策的周期包括下面几个环节：

政策制定：从发现问题到政策方案出台的一系列功能活动过程，包括建立议程、

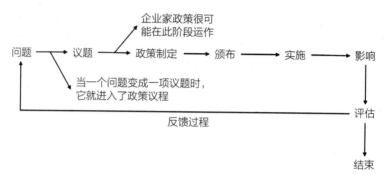

图 3-4 布莱恩·琼斯政策周期模型

资料来源：ROBERT J. WASTE, The Ecology of City Policymaking[M]. New York
Oxford : Oxford University Press, 1989 : 33.

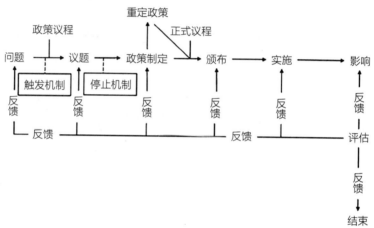

图 3-5 政策制定周期

资料来源：ROBERT J. WASTE. The Ecology of City Policymaking[M]. New York
Oxford : Oxford University Press, 1989 : 37.

界定问题、设计方案、预测结果、比较和抉择方案以及方案的合法化等环节。

政策执行：政策方案付诸实践、解决实际政策问题的过程，也就是将政策理想变为政策现实的过程，包括组织和物质准备、政策分解、政策宣传、政策实验以及指挥、沟通、协调等功能环节。

政策评估：依据一定的标准和程序，对政策的效果做出判断，确定某项政策的效果、效益以及优劣，并弄清该政策为什么能取得成功，或者为什么导致失败。

政策监控：为达到政策方案的预期目标，避免政策失误，展开对政策过程尤其是执行阶段的监控，以保证政策的权威性和严肃性，包括监督、控制和调整等环节。

政策终结：即在政策实施并加以认真评估之后，发现该政策的使命已经完成，成为多余的、不必要的或不起作用的，采用措施予以结束的过程或行为。

在政策制定过程中，对于政策生命周期应有前瞻性考量。威廉·邓恩指出："预测政策未来的能力对政策分析和改进决策至关重要。通过预测，我们就具备前瞻性或者远见性，从而拓展我们理解、控制和指导社会的能力"❶。

2. 政策终结

公共政策终结是指决策主体在政策评估和分析之后，对那些过时的、无效的、不必要的和具有负面效应的公共政策，主动采取必要的终止措施与手段。它包括对政策计划、政策措施、政策功能和政策机构四个方面的终结。在整个政策周期中，公共政策终结具有特殊的意义和作用。它既是旧政策发展的归宿，又是新政策周期的起点。

公共政策终结的原因主要有以下三种情况：一是某项公共政策已实现既定目标；二是某项公共政策无法解决原先设定的政策问题，被证明无法或难以实现政策目标，甚至产生了负面影响和危害时，必须制定新政策加以替代；三是多个政策重叠或冲突，需要进行整合和取舍。

公共政策终结有以下四种方式：

（1）政策替代：即为了更好地解决所面对的政策难题，实现原定的政策目标，采取新的政策取代原有政策；

（2）政策合并：是指不改变政策目标和功能，将政策内容合并至其他某项政策，或将多项政策整合为一项新的政策；

（3）政策分解：主要针对那些内容繁杂、目标众多而影响政策绩效的政策，遵循一定原则将原有政策内容拆分为若干新的政策；

（4）政策缩减：是指终结过程采用一种渐进的方式，有助于协调各方面关系，最大限度地减少终结带来的损失。

3.1.4 政策过程的层面

布罗姆利认为，政策过程有三个层面：政策层面、组织层面和操作层面。政策层面上的机构主要由立法和司法机构组成，组织层面上的机构主要由行政机构组成。一般情况，操作层面直接涉及社会中的个人、企业和家庭，是日常生活中最为活跃的部分。

在政策层面上，人们对社会发展的未来景象和方向进行探讨，并最终达成一致性的认识。而这些目标的实现，则需要借助于正式组织的形成和法规条例的制约，这些法规不仅规定了这些组织如何运行，而且也决定了他们要有计划地做些什么。❷这种"手段—目标"（means-ends）的行为模式，也就是决策人员确定城市发展目标，

---

❶（美）威廉·N. 邓恩. 公共政策分析导论 [M]. 谢明等译. 北京：中国人民大学出版社，2002：214.

❷（美）丹尼尔·W. 布罗姆利. 经济利益与经济制度——公共政策的理论基础 [M]. 陈郁等译. 上海：上海三联出版社，1996.

并以此为出发点，选择一系列的行为手段来实现所制定的目标。在这里涉及两个选择过程——选择恰当的目标以及选择恰当的实现目标的手段与方法。

确定价值目标及其目标的实现也是政策过程最为核心的内容。政策制定就是在面对多种可能性的情况下，理性地选择价值目标及其行为过程。在这两个过程中，确定目标更为重要。如果政策目标不够合理，那么随后采取的措施也不可能合理。因此，对于城市政策的价值目标系统及其确立方法应当有宏观、系统性的把握。

在操作层面上，各行为主体的选择范围是由政策层面和组织层面上的制度安排所限定和决定的，而在操作层面上观察到的行为产生了对公众来说非常直观的、是否优劣的政策结果。如果空气太肮脏、城市发展过速、交通过分拥挤、失业者增多，公众在政治过程中就会表现出积极的反应，并导致在政策层面上对现行制度体系进行重新安排。也就是说，公民参与会导致在政策层面上寻求一系列新的规则和法律，来改变个人、企业和家庭的行为区域。

如果从政策制定者的角度出发，进行公共干预所采取的行为，也就意味着戴维多夫所说的，政策决策者需要从三个基本层次上进行选择，即价值形成、确定目标和使之有效。❶ 这些选择是相互联系的一个整体，而每个部分都具有特定操作的方法和理论问题。

3.2 城市政策系统的构成要素

政策系统是公共政策运行的载体，是政策过程展开的基础。按照某些西方学者的观点，政策系统是"政策制定过程所包含的一整套相互联系的因素，包括公共机构、政策制度、政府官僚机构以及社会总体的法律和价值观"。结合国内学者的观点，将政策系统界定为，由政策主体、政策客体及其与政策环境相互作用而构成的社会政治系统。从系统发生论的途径看，政策系统是政策科学研究的一项重要内容，是研究政策过程的前提或出发点。政策系统内部各因素的联系是否得当，直接影响到政策的运行是否顺畅，并决定政策效果的好坏。

城市政策涉及的对象既可以是若干城镇形成的城市群或一个大都市区，也可能是一个城市中的某个社区。对于作为经济和社会实体的大都市区，可能包括几十个甚至上百个行政管辖区。其中除了政府以外，还可能会有其他管理权力和职责的主体，例如大学或跨区域的交通管理机构。这些行政管理组织通常与地方政府机构平行，而不是地方政府的组成部分。但是这两种机构都对城市用地、空间作相应的投资决策。

---

❶ P. DAVIDOFF. A Choice Theory of Planning[M]// A. Faludi. A Reader in Planning Theory. Oxford：Pergamon Press，1973：11.

而就城市社区而言，也是一个由相互关联的元素组成的系统。相应的，城市规划团队需要组织社会工作、法律、社会科学和社区团体等不同专业和背景的人群参与其中（图3-6）。

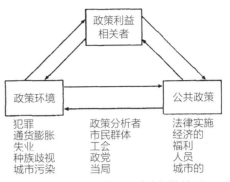

图3-6 政策系统三要素之间的关系

资料来源：（美）威廉·N.邓恩.公共政策分析导论[M].谢明等译.北京：中国人民大学出版社，2002：80.

3.2.1 参与主体

政策主体（政策活动者）一般可以界定为直接或间接地参与政策制定、执行、评估和监控的个人、团体或组织。但是，由于各国社会政治制度、经济发展状况和文化传统等方面的不同，各国的政策过程存在着差别，因此政策主体的构成及其作用方式也有所不同。

安德森在《公共政策》一书中将政策制定分为官方和非官方两大类：官方的政策制定者是指那些具有合法权威去制定公共政策的人们，包括立法者、行政官员、行政管理人员和司法人员；非官方的政策制定的人或组织，包括利益团体、政党和作为个人的公民。

琼斯（Carles O.Jones）和马瑟斯（Dieter Mettes）在《政策形成》一文中分析了政策提案的来源，将政策提案者（即政策制定者）分为政府内部和政府外部两大类。政府内部的提案者包括行政长官（总统、州长、市长等）、官僚、咨询者、研究机构、议员及其助手；政府外部的提案者包括利益团体和协会、委托人团体、公民团体、政治党派和传播媒介等。

罗杰·希尔斯曼（Roger Hilsman）在《美国是如何治理的》一书中则将美国的政策制定者分为直接的政策制定者和社会力量两种，前者包括总统和行政系统中同国家安全有关的机构，如国务院、国防部、中央情报局的首脑、国会议员和司法部门等；后者主要包括政党和利益集团等。

综合以上论述，我们可以笼统地讲，公共政策过程的参与者来自两个方面，即官方的政策制定者和非官方的参与者。

官方的政策制定者是那些具有合法权威去制定公共政策的人们，这些人包括立法者、行政官员、行政管理人员和司法人员。各种决策者所从事的决策活动多少会有所不同，当中又可分为主要决策人员和辅助决策人员。主要决策人员直接拥有宪法赋予的行动权威，而辅助的决策人员必须从其他主要决策人员那里获取行动权威。

除了官方的政策制定者以外，还有许多其他人参与了政策的制定过程。这些参与者中包括利益集团、政党和作为个人的公民。这里，之所以把他们称之为非官方的参与者，是因为不管他们在各种场合多么重要和属于何种主导地位，他们通常并不拥有合法的权力去作出具有强制力的政策决定，而只能通过社会舆论等手段对政策过程产生影响。

3.2.2 政策客体

政策客体指的是政策所发生作用的对象，包括政策所要处理的社会问题（事）和所要发生作用的社会成员（人）两个方面。政策最基本的特征就是充当人们处理社会问题，进行社会控制以及调整人们之间关系特别是利益关系的工具或手段。相对政策主体而言，政策客体对于许多处于中间层次的人、团体或组织，往往同时具有政策主体和政策客体双重身份。

社会问题是公共政策的直接客体，指社会现状与目标之间的差距，且这些差距或偏差会导致社会的紧张状态。公共政策的目标就是要解决或消除这些差距。当某种期望与现状的差距超出个体的范围，影响波及非直接相关的群体，受到社会公众普遍关注，也就转变为公共问题。而城市中的公共问题庞杂繁多，只有那些进入政府的议事日程并采取行动，通过公共行为希望实现或解决的公共问题才是公共政策问题。而公共政策的制定就是从社会问题——公共问题——公共政策问题这样的脉络发展演化。

目标群体是公共政策的间接客体，是指那些受到政策规范、管制、调节和制约的对象。目标群体与政策主体之间相互作用，一定条件下可以相互转化。政策主体虽然直接决定了目标群体的范围和性质，但目标群体具有能动性，对政策主体也具有反作用。另外，目标群体与政策主体在地位上具有相对性，主体在某些情况下可以作为客体，而客体也可以作为主体。比如，公民作为国家主权的拥有者，当他通过各种途径参与公共政策制定时，又扮演着非官方参与者角色，而公民作为社会成员显然又是公共政策的客体。

3.2.3 政策环境

城市政策与其环境之间存是一种双向关系：一方面，城市公共政策在很多情况下影响着环境，或多或少地改变着环境；另一方面，城市公共政策是由许多环境要素促成并调整的。尽管环境不是一个完全独立的变量，但是在一定时间内它是稳定的，而且是影响政策过程的主要因素。

关于政策环境的构成，存着多种观点。从外部环境对城市政策过程的影响来看，可以把这些环境要素分为具体要素和抽象要素，或者是物质要素与社会要素。

具体要素主要包括：物质、人口、生态、社会、文化、地理、地理经济等基本环境要素，这些要素是城市公共政策过程发生的基本背景；同时还有人力、知识、资金等资源，这些是城市公共政策过程及其实施所必须面对的。

抽象要素主要包括：各种价值观、权利、理想，这些因素限定了规划过程可以选择的面，影响城市公共政策的形成。它们可能对政策过程作出必要的支持，也可能为政策过程设置很多障碍。

决策者如果忽视这些制约条件，将会让行为目标成为乌托邦，或是产生不切实际的行为计划。城市公共政策制定和实施的方式，包括城市公共政策总体目标的确定（也就是人们所必须遵守的价值和原则），在规划过程中关于某些工作方式的基本原则（例如给予公众以聆听政策方案的机会等）。

另外，还有一些要素也会影响政策过程的形式与实施，其中包括：各种利益集团的数量及其差异性，以及它们对决策的影响能力；在政治方面可以忍受和接受的程度，以及它们被赋予的角色；经济系统对私营企业的依赖程度，以及这些企业及其行为的特征；相关信息系统的效率，它们的能力、承载力、可靠性、保密性、应急性等；科层机构的结构及其行为；政策参与者的素质、规模和受教育水平；有关信息的可获取性及其可靠性；系统中可预测的变化以及影响其操作的外部变化。

从整体系统的观点来看，离开了各种政策得以发生的环境，人们就无法对政策及其制定过程进行很好的研究。政策行动的要求产生于环境，并从环境传到政治系统。同时，环境也制约着决策者的行动（图3-7）。

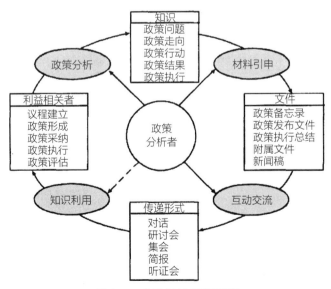

图3-7　政策交流过程示意图

资料来源：(美) 威廉·N. 邓恩. 公共政策分析导论 [M]. 谢明等译. 北京：
中国人民大学出版社，2002：18.

美国交通政策对城市人口规模的相互影响

1945 年，第二次世界大战结束时，美国的人口大约为 1.33 亿，注册的载客小汽车约为 2500 万辆，大约每 5.3 个人一辆。到 1994 年，人口已经增长到 2.61 亿，在美国注册的载客小汽车数量已经增长到 1.34 亿辆，大约每 1.9 人一辆。在全国人口增长了 96% 的同时，汽车数量增长了 436%。即使如此，在统计个人用车方面，这个数字还是十分保守的，因为在 1994 年还有 5600 万辆轻型卡车的注册数据。这类车中包括敞篷小型载货卡车、有篷货车以及快速增长中的运动类车。

汽车拥有量增长背后的强劲动力是第二次世界大战后人均实际收入的大幅增长。全面繁荣不仅使更多的人拥有了汽车，而且推动了郊区化浪潮。

战后的郊区化和汽车拥有量增长是互为补充的。一方面，汽车的广泛拥有促进了郊区化；另一方面，从中心城市搬到郊区也增加了对汽车的需求。战后不同时期的公共交通状况是不同的。乘坐公共交通工具的人数在 1945 年达到最高峰，当时战时雇佣人数达到顶峰，汽油实行配给制，民用汽车生产被推迟了若干年。1945 年买票乘车的乘客为 190 亿人次，而到 1975 年总量降到战后最低点的 56 亿人次。由于 20 世纪 70 年代和 80 年代初期，联邦政府大量投资公共交通，1992 年这一数字又升高到 85 亿人次。但是值得注意的是，尽管美国人口在这段时间里几乎翻番，但乘坐公共交通工具的人次数仍然不到历史最高年份的一半。

公共交通的衰落反映出城市发展的郊区化。汽车拥有量的增加削减了成百万的潜在公交运输乘客。郊区化就意味着有几百万个家庭搬到由于拥挤程度降低，而使汽车比在中心城市更能发挥作用的地方。反过来说，分散的郊区土地利用形式使得依赖于固定线路上拥有大量乘客的公共交通难以生存。可以说，伴随着郊区化过程，居住区和工作地点向外扩展使集中和发送问题混杂在一起。集中指将乘客集中到乘公交车的地点，发送指将乘客从公交下车站送到他的实际目的地。我们可以在一些历史较长的东部大城市看到这种理想状况——工作地点大量集中在市中心而房屋大量集中在车站附近。这种安排简化了集中和发送问题，同时给经常持续性的服务提供了一个足够大的市场。高密度也使得汽车使用不那么吸引人，但是这种开发形式与第二次世界大战以来土地利用的主导趋势相反。绝大多数的人开车上班，其中的多数人是独自驾车（图 3-8）。

1. 社会经济条件

从某种角度来说，公共政策可以看作是不同的团体之间冲突的产物，也就是具有不同利益和愿望的人们（可以是私人，也可以是集体）之间冲突的产物。冲突的主要原因是经济活动，这在现代社会中表现得尤为突出。大企业和小企业之间、雇主和雇员之间、负债人和债权人之间、批发商和零售商之间、消费者和商品出售者之间、农场主和农产品消费者之间等都存在着冲突。

图 3-8　美国休斯敦市中心，停车场面积已经超出 70% 的城市用地面积，单向性的交通发展导向，
使得城市空间发展发生了异化性的转变

在经济活动中，处于不利地位和对其他团体不满的团体，都可能会寻求政府的帮助以改善它们的状况。通常，那些在私人冲突中力量较弱或处于劣势的一方要求政府干预他们的事务，而占主导地位的团体由于它们能通过自己的行动顺利达到目的，而不愿意政府介入冲突。

社会的经济发展水平会限制政府向社区提供公共福利和服务的能力，这是不言而喻的。尽管如此，这一点经常遭到忽视。人们常常会认为，政府之所以没有对存在的问题采取行动，是因为它的官僚作风和不负责任，而并非因为资源有限。

但是，政府可以获取的各种资源，在福利计划方面是影响政府采取行动的一个重要因素，资源更为短缺的政府在福利政策方面受到的限制也就更多。而且，即使再富裕的政府，也没有足够的资源去做每一个公民希望它做的事情。

经济环境是制定和执行公共政策的基本出发点；经济环境提供了公共政策系统运行所必需的资源，影响着政策系统与经济相关的目标选择。

2. 政治文化要素

每一个社会都有使其成员的价值观和生活方式不同于其他社会的文化。人类学家克莱德·克拉卡恩（Clyde Kluckhahn）把文化定义为："一个民族的全部生活方式，个人从他的团体中获得的社会遗产，或者可以把文化视为人们创造物质环境的组成部分。"❶ 文化传统决定并影响着社会行为，文化是影响人类行为的一个重要因素。

在政策研究中，值得关注的是政治文化是如何影响政府的行为？在某种政治文化中政府应该努力做些什么？政府应该怎样发挥作用？以及政府与公民的关系等这些问题。丹尼尔·J.伊拉扎（Daniel J. Elazar）认为政治文化主要有以下三类：道德的、个人主义的和传统的。

个人主义的政治文化强调个人利益，把政府看作是做人民所希望做的事情这样一种功利性的工具。例如政治家把官职看作是控制政府的偏好和奖励的手段；道德的政治文化视政府为发展公共利益的机制，政府的服务被视为一种公共服务，政府对经济更多的干预被广泛接受，人们对政策问题更关切；传统的政治文化对政府抱有家长主义和精英主义的观点，并倾向于用政府去维持社会秩序的现状。人们普遍采取的价值观和态度，对这些问题产生了重要的影响。

许多公共政策的研究只将注意力集中于正统的政府领域，然而，事实上，许多正式政策常常受制于政治文化领域中非正式的约束。政策制度通过提供一系列规则来规定人们的选择空间，约束人们之间的相互关系，从而减少环境中的不确定因素。而政策制度所提供的一系列规则一般由国家规定的正式约束和实施机制，以及社会认可的非正式约束所构成。

正式约束是指人们有意识创造的一系列政策法规，这些约束包括政治规则、经济规则和契约，以及由这一系列的规则构成的一种等级结构，它们共同约束着人们的行为。正式约束规制了人们的行动和目标，规定了每个人可以干什么、不可以干什么的规则，并规定了违反这两种规则，将要付出什么样的代价。而非正式约束是人们在长期交往中无意识形成的约束，并构成世代相传的文化的一部分。从历史来看，在正式约束设立之前，人们之间的关系主要靠非正式约束来维持。即使在现代社会，正式约束也只占整个约束很少的一部分，大部分还是要靠非正式规则来约束。

非正式约束可以是对正式约束的扩展、细化和限制，社会公认的行为规则和内部实施的行为规则。非正式约束主要包括价值信念、伦理规范、道德观念、风俗习性、意识形态等因素。在非正式约束中，意识形态处于核心地位，它们倾向于从道德上判定劳动分工、收入分配和社会现行制度结构。

3. 意识形态基础

意识形态的制度性作用可以概括为：

首先，它是个人与其环境达成"协议"的一种工具，它以世界观的形式出现，

❶ 克莱德·克拉卡恩. 人的镜子 [M]. 格林威治，康涅狄格：福而特出版公司，1963：24.

从而简化了决策程序。第二，其内在的与公平、公正相关的道德和伦理评价标准明显有助于缩减人们在相互对立的理性之间进行非此即彼的选择时，所耗用的时间和成本。此外，当人们的经验与意识形态不一致时，他们便试图发展一套更适合于其经验和解释，即新的意识形态，来节约认识和处理相互关系的过程。

布坎南认为，应该把由文化因素所形成的非正式规则和正式制度严格区分开来，前者是人们不能理解的和不能在结构上加以构造的，并始终成为对人们的行为能力有约束力的各种规则；后者是指人们可以选择的、对人们在文化进化所形成的规则内的行为，实行约束的各种制度❶（图3-9）。

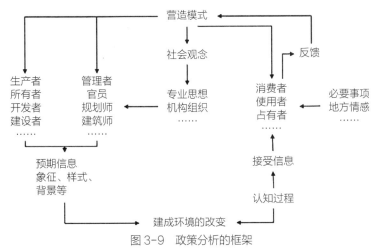

图3-9 政策分析的框架

资料来源：PAUL KNOX. Urban Social Geography: An Introduction 2nd Edition[M]. New York：John Wiley&Sons Inc.，2002：113.

从政策的可移植性来看，一些正式约束，尤其是那些具有国际关系性质的正式规则是可以从一个国家移植到另一个国家的，但是非正式约束，即政治文化传统，由于内在的传统根性和历史积淀，它的可移植性就差很多。从变革的速度来看，正式约束可以在一夜之间发生变化，而非正式约束的转变需要长期的过程。正式约束只有在社会认可，即与非正式约束相容的情况下，才能发挥作用。

4.国际环境

国际环境也称"超环境系统""超社会"，包括全球范围内政治、经济、文化演变发展的一般趋势、全球秩序及相应的规则，也包括对一个国家或地区的生存与发展产生影响的，由国家间、国际组织间的竞争、合作与冲突而形成的具有一定稳定性的政治、经济、文化关系。在当今世界，全球化趋势日益加强，一国的公共政策不仅受到国内诸多环境制约，同时也越来越受到国际环境的影响。

---

❶ 卢现祥.西方新制度经济学 [M].北京：中国发展出版社，1996：26.

3.2.4 政策系统的运行

政策主体、客体与环境以及政策系统的各个子系统之间相互联系、相互作用，使得政策系统呈现为一个动态的运行过程。从系统论的观点看，政策系统的运行表现为一个系统的不断输入、转换、输出的过程。

首先，政策环境把种种要求和支持传导给政策主体，从而输入政策系统。这里的要求是指个人和团体为了满足自己的利益而向政策系统提出采取行动的主张。所谓支持，是指团体和个人遵守选举结果、交纳税收、服从法律以及接受权威性的政策系统为满足要求而做出的决定或采取的行动。这些要求和支持通过政策系统内部转换，变成政策方案输出，作用于环境，引起环境变化，产生新的要求，而这种新的要求反馈到政治系统，进一步导致政策输出。在这种循环往复中，政策便源源不断地产生，政策系统的运行得以持续进行。

政策系统的运行表现为各个阶段或者环节，或者说它是由一系列的功能活动组成的过程。关于这个过程究竟由多少个阶段、环节或功能活动组成，政策科学家们有不同的说法。德洛尔在《公共政策制定检讨》一书中，将政策过程或者政策系统的运行分为4个阶段、18个环节，即：

（1）元政策制定阶段——即对制定政策的政策进行分析，包括处理价值，认识现实，界定问题，调查、处理和开发资源，设计、评估与重新设计政策系统，分配问题、价值和资源和决定政策战略7个环节；

（2）政策制定阶段——包括资源的细分，按优先顺序建立操作目标，确立其他一系列主要的价值，准备一组方案，比较各种方案的预测结果，并选择最好的一个，评估这个最优的方案并确定其好坏等7个环节；

（3）后政策制定阶段——包括发起政策执行、政策的实际执行和执行后的评估3个环节；

（4）反馈阶段——多层面联结所有阶段的交流与反馈。

3.3 城市规划的政策层次

城市公共政策具有多层次的特征。现代城市规划作为一种社会建制，涉及诸多因素，不同层次的规划承载的政策含义和主要的社会职能也有所差异。在微观层次上，它应当通过市场运行情况进行分析，提供信息，来协助住房、商业、工业和其他社会活动的市场操作。通过公布关于经济变化、人口移动以及其他社会变化的预警信号，来为各种社会行为的决策提供支持。在宏观层次上，它归类总结各种政府的发展目标，融合城市开发中的私人行为和公共项目，使之成为长期的综合行为过程，并仔细检验实施项目和计划行为的后果，为将来的行为提供指导，使之趋向公共利益。

现实中，引导城市和社会健康发展，规范、调控个人和公共行为的并不是工作项目类的规划。而宏观性、长期性的综合规划也很难解决一些紧迫性的社会问题。因此，在两者之间，还需要一个"承上启下"的中间环节。

处于中间环节的规划应当是以持续的、连续的方式，为那些关心具体项目建设的开发商、项目管理者提供行动纲领，同时也为那些针对社会经济问题的政策研究提供框架。让人们可以了解：在某地区所实行的就业计划在空间上会产生什么样的结果，某个公共项目在该地区会对土地使用带来什么样的变化，吸引了什么样的企业，以及在城市更新中采取的大拆大建行为所带来的后果等基本信息。

因此，在宏观层面的规划基本上平行于国家政策体系，例如提供区域之间的产业平衡来促进就业与投资的平衡；在具体操作的规划是对市场中的不平衡现象进行强有力地调节和干预的手段。

梅耶森（Martin Meyerson）认为城市规划政策的层次性将具体目标的计划与宏观政策方向联系到一起，主要体现在五个方面：❶

（1）中央资讯功能（the central intelligence function）

市场经济机制对城市环境建设与社会生活发展的影响往往比政府的作用力更大。例如越来越多的人选择在郊区购房来满足个人对品质和居住环境的要求，正是这些个人选择构成了城市形态的总体变迁。

然而，在市场环境中，生产者和消费者极少拥有足够、准确的信息来进行理性的决策。建造商、投资者、商务和企业对很多城市要素缺乏认知，这对于建设投资来说无异于冒险。而消费者则通过猜测来行为，对于选择项并不完全了解。

代表政府的城市规划组织，最有能力来为这些市场行为提供形势分析，通过持续不断地提供信息收集和处理，定期地发布市场信息，它们可以表现为关于住房市场、关于房地产投资、关于消费者的收入与开支、关于土地和建筑费用的专题报告。这些市场分析不仅是处理这些社会问题的核心所在，而且对于当前的规划功能至关重要。

关于城市、区域、次区域范围的详细的市场分析报告，可以使生产者和消费者能够更明智地选择区位和投资方向，选择合适的工业、商业、住房和其他设施的土地使用及行为。当城市规划机构定期评测当地市场发展现状，让市场经济更好地促进城市发展，并通过引导个体行为共同实现城市规划的总体目标。

（2）紧急措施功能（the pulse-taking function）

城市规划部门是市场预警的机制。大部分城市发展政策是通过市场机制，而不是通过政府规划机制来实施和完成的。城市规划之所以成为一种政府干预行为，并

❶ MARTIN MEYERSON. Building the Middle-range Bridge for Comprehensive Planning[M]// ANDREAS FALUDI. A Reader in Planning Theory. Oxford：Pergamon Press，1973：130.

得到广泛接受，其原因就在于市场经济经常性的波动，导致社会目标得不到实现。由于市场常常不能够按照有效的价值体系来分配土地使用，因此，就需要通过政府的土地使用管理和其他控制来弥补市场的失败。

但是，政府行为常常只是作为市场失败的一种补救措施，而不是在错误发生之前就能发现并纠正。在这种情况下，城市规划部门就有必要定期公开提供报告，来预警市场可能出现波动的危险征兆：为什么社区会显出加快的衰退趋势？某些交通线路是否失去了原有的大部分的乘客？某些工业是否正在进入或离开某地区？如何提前预测企业经营失败、拥挤程度增加、土地使用的初期交换，对服务的新需求等征兆，这些都是城市规划政策中的部分内容。

（3）政策归类功能（the policy clarification function）

规划也是政府部门制定和定期修正发展目标的辅助工具。政府部门可以根据对社会发展状况的监察状况，制定相应的规划政策，制止那些不良变化。规划机构在制定政策中发挥着重要的作用，可以依据具体需求，采取鼓励、引导个人行为的方式，或直接采取公共行为。

社会政策的决策行为是一种政治过程。在一个多元价值冲突的社会中，许多政策目标之间也会有相互冲突的现象。很大程度上，这种冲突的表达、缓解、消除需要通过政治的方式来解决。

政治家需要权衡这些实现目标的行为、手段、措施的利弊，规划师则在其中扮演了重要的说服、建议、提供专业信息等作用。虽然规划机构不能够取代政治性的决策，但它可以阐明不同选择可能带来的不同后果，从而使决策更有意义。另外，规划机构可以通过以往政策及其结果的分析，来提醒决策者因环境基础不同，相同决策需要形成具有不同阶段特征的社会发展政策。

（4）规划政策具体化功能（the detailed development plan function）

城市规划部门将长期综合性规划转译为将要采取的具体行动或短期规划，来弥补政府管理行为与社会发展的长期总体规划之间的鸿沟，将针对当前问题的措施与用来实现社会目标的长期计划结合到一起。

综合性规划一般是反映社会所希望实现的理想状态，但是很少确定用来实现这些理想状态的行为手段。而详细的行动规划则相反，它用来指导具体土地使用计划中的特殊变化，指导将要建设的公共设施，以及所需要的个人投资，所要征集的公共资源的规模与来源，并激励个人行为参与到社会行动中来。

这些具体的行动规划是处理紧急问题与长期发展过程的中间环节，它可以用来加强宏观政策的紧凑性与有效性。制定这种类型规划的要求内容更详细、更有针对性，需要将详细预算以及特殊的管理和法规措施相结合，将政府政策、计划通过私人和公共的行为予以落实。

（5）反馈评估功能（the feed-back review function）

规划系统中应当设置一种可以对规划实施后果进行持续监控的信息反馈机制。如果某城市在商务中心区新开发一幢新写字楼或大型商场、文化活动中心，规划系统应当提供新项目对商务中心及其周围地带的规划影响评估，为新的开发行为提供参考，使之顺利进行。

然而许多规划系统缺乏用来分析规划手段或行为计划的后果的系统方法。例如很少有人对详细规划或交通规划的后果进行分析，也很少有人研究过采取同样的土地使用管理措施，在不同地区所产生的后果❶。

3.4　城市政策过程的合理性

1. 城市政策的合理性

城市公共政策制定的过程和标准应当实现合理性的最大化。但是，在日常的城市公共政策制定、实施过程中，大量的工作并不是按照一种系统性、综合性的方式来进行的，政府官员、规划师、工程师……往往凭借着日常经验与偏好来进行某项决策。这种采用"随机决策"方式来处理公共领域中存在的问题，容易被指责为主观的、随意的、缺乏责任的决策行为。并且，这种行为越来越难以适应于日益复杂的城市环境，也无法满足现代政治生活的要求。

因此，制定城市公共政策需要一种行为框架、一种手段——目标的程式，或者选择理论的模式。如果一个行为主体（个人或组织），想要努力去实现某个目标，制定规划是其所选择的用来实现目标的行为过程。如果这些规划可以使之实现，或最大化地实现预期目标，那么它们就可称为"好的"规划。而一个"好的"规划，就是通过理性方法来选择最好的手段实现目标。

一个理性的决策行为是根据现有的条件，运用行为者可以得到的、最有利于实现目标的、在思维上得到理解并在经验中得到证实的方法，去努力实现所追求的目标。理性的决策行为一般有以下三个方面的特征：决策者列出他可以得到的所有行为的可能性；辨明出自一个行为可能带来的后果；按照最期望的后果来选择将要采取的行为。

按照这个定义，任何一种行为都不可能是完全理性的。因为每个行为者都可能面临无数的行为选择，而每个行为可能有无数个不同的结果。没有一个决策者可以有足够的知识（或时间）来辨别所有的行为后果。所以，从现实的角度来说，一个理性的决策就是在有限的时间和有限的资源的条件下，决策者尽可能多地考虑不同

---

❶ MARTIN MEYERSON. Building the Middle-range Bridge for Comprehensive Planning[M]// ANDREAS FALUDI. A Reader in Planning Theory. Oxford：Pergamon Press，1973：131.

的行为及其后果。

如果从社会学的一些基本概念来看，一个理性的行为是在一定的环境条件下，通过使用行为者可以得到的，并被证实为最适宜的手段来追求某个可以实现的目标。在这里，该行为是由两部分组成的：行为目标的确定和行为手段的选择。对此，许多社会学家沿用马克斯·韦伯的方式，将其表现为"本质性理性"（substantial rationality）和"工具性理性"（instrumental rationality）两种行为模式的标准 ❶。前者是对于某种环境中各种行为之间相互关系的审视，是作为交流的一种理解作用，理性地产生一种可达成共识的决策过程；而后者则是针对某个既定的目标，来确定每个行为的地位与作用，是一种功能意义上的理性度量。

在第一种模式中，由于人类自身的社会性，每个行为者都形成了各自对世界的不同看法和期望，所以他们之间的交流行为不仅是相互交流的内容，而且包含交流过程所处的特定环境。据此，政策过程应当重视行为、评价和评价的条件，在强调交流的准确性的同时，也要关注交流的环境因素；在第二种模式中，必须具备毫不含糊、毫无偏见的价值倾向，并理性地显示出中性的政治立场或根本不考虑政治的影响。

严格意义上的工具性理性行为方式极有可能导致一种问题：一旦忽视了人们主观追求的价值目标，这种所谓的理性行为就有可能是非理性的，它可能导致人们以一种综合理性的方式去追求一种非理性的结果。

一般而言，选择和确定城市公共政策目标，与"本质性理性"有关。例如，在与城市未来发展目标相关的议题中，并不存在完全客观的标准，有时环境因素的影响反而变得更为重要，对此应通过积极的沟通和交流，从而达成一致性的意见。同时，选择实现目标的手段与"工具性理性"密切相关。所以，在确定了价值目标之后，政策手段的选择也可以是一种技术性的过程。

2. 城市规划中的合理性

"规划的目标是在公共决策过程中达到更高的合理性" ❷，城市规划的制定过程不能处在目标混乱的状态，也不能处在忽略价值目标的中性立场。那么，规划师应如何调解城市环境中的各类矛盾，并与各种利益相关方进行商议与协调？

通常情况下，城市规划人员的职责是复杂且相互矛盾的。规划过程中可能需要同时满足政府官员、法律事务、专业远景和市民团体的具体要求，同时还要面对诸多不确定性因素，权力分配不平衡的情况，来应对多元参与、模棱两可或者相互冲

---

❶ 马克斯·韦伯将受害行为分为四种类型：工具性合理性行动、价值取向合理性行动、情感性行动和传统性行动。其后，齐美尔（Simmie）、曼海姆（Mannheim）也大都沿用了这种两分法。

❷ M. HILL. Can Mutilple-Objective Evaluation Methods Enhance Rationality in Planning[M]// A.FALUDI. A Reader in Planning Theory. Oxford：Pergamon Press，1973：166.

突的政治诉求。

为了达成特定的目标，规划人员应当采取适当的沟通和协调方法，通过参与规划过程的方式来解决冲突、进行调解。但这些沟通和调解的工作，似乎也存在两类基本矛盾。首先，谈判者对该主题的兴趣威胁到中介作用的独立性和假定的中立性。其次，尽管谈判角色可能允许规划者保护不那么强大的利益，但调解作用可能会削弱这种可能性，从而使现有的权力不平等。规划人员又该如何处理这些问题？其中，戴维多夫提出的倡导计划是城市规划回应这一问题的经典理论。

在一个包含许多不同利益集团的社会中，确定什么符合公共利益，总是具有很强争议性。在从事制定规划事务的同时，城市规划专业人员需要在整个过程中具有自己的立场。此外，规划师也应该能够作为政府和其他团体、组织或个人利益的协同者来参与政策决定过程，为城市的未来发展提出政策建议。市民可以在城市规划的编制、决策、实施过程中发挥积极作用，甚至可以采用政治辩论的过程来选择政策。合理的行动计划始终是一个关于如何进行选择的问题，而不只是关于纯粹事实的问题。

规划过程如果是以包容性的方式鼓励民主参与，其中的"包容性"不仅意味着公民被告知，也意味着能够充分了解规划提案的根本原因，并能够以专业规划人员的技术语言对其进行回应。

第 4 章

城市政策分析及方法

4.1　政策分析概述

4.1.1　发展历程

公共政策与政策科学的发展，对政策研究的科学性和独立性提出了更高的要求。第二次世界大战之后，现代公共政策分析 ❶ 作为一个跨学科、综合性研究领域，发轫于以美国为首的欧美工业发达国家。从20世纪40年代末50年代初开始，在社会科学进步的"内力"和当代社会发展需要的"外力"的双重推动下，美国的一些学者和政治学家把微观经济学中关于效率问题的研究方法和分析手段运用于社会政治领域，由此建立起政策分析的基本框架。这种经济学的分析方法有个假设前提：用有效的方式实现固定资源或投入的效益最大化。照此，政治学家认为可以先设定目标或产出，然后寻求增加效率的方式，即以最低的投入或最少的资源达到事先确立的目标。从这个意义上来看，政策分析最初只是一种效率研究。它仅限于对决策的辅助，是为决策者提供决策的一项依据。

实际上，公共政策分析在现实生活领域的推广，很大程度上与工程学、运筹学、统计学、系统分析与应用数学等学科的实践活动密切相关。他们的"分析"工作侧重对问题的分解和简化，以求用量化事实或分析数据等理性手段获得最佳方案。这类政策分析（成本—效益分析）构筑了现代政策分析的基础架构，并最早应用在国防和军事领域。

---

❶ 政策分析一词可能于1958年由林德布鲁姆（Lindblom）最先使用。第二次世界大战之后，公共政策分析作为一个新兴的研究领域，被誉为当代西方社会科学发展过程中的一次"科学革命"（德洛尔、里夫林语）、当代西方政治学的一次"最重大的突破"（冯贝米语）以及"当代公共行政学的最重要的发展"（罗迪语）。

然而，这种分析方法忽略了政治、社会、管理等方面对政策过程带来的复杂影响和价值倾向，甚至没有意识诸如政治上的可行性和民主化进程意义等要素，很可能对公共政策的方向有更大影响。并且，在实践过程中，人们也很难把政策分析仅限于政策方案的选择，而不考虑其他环节。20 世纪 50 年代起，美国兰德公司（Rand Corporation）和其他政策分析机构在参与大量的政府相关政策制定工作中，创造和研究出不少新的分析方法，也让政策分析的目的和指导思想有了一些转变。

到 20 世纪 60 年代，随着政策分析的理论和方法不断发展，美国许多政府机构将公共政策分析扩大到了社会生活，尤其是涉及美国公众特别关注的战争、贫困、犯罪等热点问题的决策领域。而解决这些社会问题的紧迫性也让价值分析开始真正引入政策研究。20 世纪 70~80 年代期间，涌现出大量与公共政策相关的专业性分析咨询机构、学术刊物和书籍、专业性团体❶。公共政策分析也逐渐形成制度化和职业化的特点。20 世纪 80 年代以后，公共政策分析逐渐成为各发达国家的各级政府乃至实业团体管理决策的基本方式。

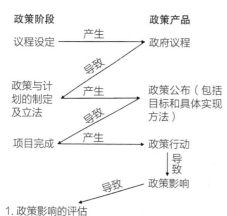

图 4-1　朗代尔·瑞普莱与格莱斯·富兰克林（Randall Ripley，Grace Franklin）政策发展模型

资料来源：ROBERT J. WASTE. The Ecology of City Policymaking[M].New York Oxford：Oxford University Press，1989：30.

随着社会的进一步发展，公共政策分析的专业化问题分为两大流派：专家政治指导派和专家政治协商派❷。同时，对政策分析一词的解释出现了多种不同的版本，与之对应的研究重点、途径、方法或分析框架均存在很大的差别。就政策分析的发展历程来看，呈现出两大趋势：一是对研究主题的深化，更加重视政策价值和对伦理关系问题的研究，例如，詹姆斯·布坎南（James M. Buchanan, Jr.）关于伦理因素与公共政策的分析❸；二是逐渐拓展了新的研究方向，公共政策分析不断吸收来自社会、政治和法律领域的理性分析手段，不再片面强调以经济理性和技术理性的方式来选择政策方案（图 4-1）。

❶ 如美国公共政策与管理协会和社会经济学团体这两个协会每年都定期召开研究大会，还创立了会刊，如《政策分析与管理杂志》《政策科学》《政策研究杂志》和《美国公共行政评论》等。

❷ 专家政治指导派认为，政策分析的专业化，意味着权力从决策者向政策分析者转移，改进公共政策质量的最有效的途径就是让更多的政策分析家提出广泛有效的分析，而专家政治协商派认为，政体可以在分权方面寻求到更有效的新途径。他们始于这种假设，在政策决策中，作为专门知识消费者与决策者，很大程度上决定了与政策相关知识的生产者——政策分析家们的活动。因此，政策分析家的根本作用是使真正掌握权力的人所做的决策合法化，即用科学技术语言加以论证。——参见徐凌，张继．公共政策分析 [M]. 长沙：湖南人民出版社，2004：201.

❸ James M. Buchanan. Public Principles of Public Debt[M]. Homewood，Ill.: Richard D. Irwin, 1958.

4.1.2　基本内涵

公共政策分析涵盖了政策制定全过程的多项影响要素。譬如，人们一般认为公共政策应当关注社会中的公共性议题，那么哪些议题可以成为政策问题，这些问题应该如何界定和明晰？这些问题又是如何进入政府的政策议程？政府在此过程中又有哪些活动和怎样的行为模式？政府的这些行为会有什么样的效果？为什么会产生这些政策结果？那些关于公共政策本质、起因和结果的研究与讨论构成了当今公共政策分析的主要内容。

政策分析作为一门应用性学科，是方法论的研究和应用。政策分析的方法论是借助了社会科学及行为科学（尤其是经济学、政治学、社会学、人类学和心理学），以及一系列相关专业（特别是管理学、城市规划、社会服务和法学）的事实、概念、原则、理论与方法，同时它又具有以政治学和哲学为主的多学科基础。正如斯图亚特·内格尔（Stuart Nagel）所讲的："广义的政策分析可以定位为：研究各种公共政策的本质、产生原因及事实效果。所有学科，尤其是社会科学的学科都与这一研究有关。" [1]

政策分析涉及整个政策过程，兼具描述性和规范性特征。

政策分析的描述性特征表现在，侧重于解释公共政策的性质、原因和结果，而不是提供解决问题的具体行动 [2]。政策分析之所以具有事实上的规范性特征，是因为政策分析不仅关心事实，还重视价值评价。政策分析的另一个重要目标就是针对过去、现在和未来的公共政策价值观进行分析、批判和创造，并由此产生有关公共政策价值的知识主张或行动建议。从多种价值中进行选择或排序，这不仅是一个技术上的判断问题，同时也包含有对道德因素进行评判的过程。正因为如此，政策分析还表现出运用伦理的特征。

兰德公司数学部的前任领导人 E.S. 奎德（Edward S.Quade）认为："政策分析是应用性研究的一种形式，是为了对社会技术问题的理解更为深刻，并提出更好的解决办法。政策分析是利用现代科学技术去解决社会问题，寻求可行的行动过程，产生信息，排列有利证据，并推导出这些行动过程的可能结果，其目的是帮助决策者选择最优的行动方案"。[3]

---

[1]（美）斯图亚特·S. 内格尔. 政策研究：整合与评估 [M]. 刘守恒等译. 长春：吉林人民出版社，1994：264-268.

[2] 托马斯·戴伊认为，政策分析（policy analysis）与政策倡议（policy advocacy）不是一回事。解释公共政策的原因与结果并不等于指明政府应该追求何种政策。了解政府为什么这样做而没有那样做，以及这样做会产生哪些影响并不意味着告诉政府应该做什么，如何去做，以及行动上应做出何种变化。政策倡议需要修辞、说服、组织和实践的技巧，而政策分析却鼓励研究人员运用调查工具去评判重大的政策议题，尝试发现那些构建公共政策的基本因素，以及公共政策所带来的相关影响。政策分析活动产生的知识是政策倡议和政策实践的先决条件。——参见 TOMAS.R.DYE. Understanding public policy[M]. Englewood Cliff：Prenitice-Hall，2002：6-7.

[3] E. S. QUADE. Analysis For Public Decision（3 rd.）[M]. New York: Elsevier Science Publishing Co., Inc，1989：4-5.

邓恩（William N.Dunn）则认为："政策分析是一种应用性的社会科学学科，它使用各种研究和论证方法，产生并转变政策相关信息，以便政治组织解决政策问题。" ❶

"政策分析"在不同学者和研究人员的眼里有不同的理解，对其定义主要有：

（1）政策分析是一种综合信息法，含研究结果，以产生一种决策的格式（对备选方案的排序），还是一种确定未来相关政策信息需求的方法；

（2）政策分析是一种复杂的过程，分析、干预和控制与城市变革密不可分的政治冲突；

（3）政策分析是针对备选政策的系统研究，并汇集和综合证据以支持和反对这一方案，它包括一种解决问题的方式、信息搜集和阐释以及一些预测备选行动道路结果的努力；

（4）政策分析是有理有据地在一组备选方案中选出最佳政策；

（5）政策分析是与公共决策相关的，以顾客为取向的建议；

（6）政策分析是根据政策和目标的关系确定何种备选公共政策或政府政策最能达到一系列既定目标；

（7）政策分析是一种应用原理，它使用多种调查和论述方法以产生和加工可能用于政治领域解决公共问题的相关政策信息；

（8）政策分析是一种实用的研究形式，用以对社会技术问题获得更深的理解，找到更好的解决之道。试图运用现代科学和技术解决社会问题，研究可行性行动方案的政策分析，对于采用和执行这些方案所带来的利益和其他结果生成信息并整理证据，以帮助政策制定者选择最有力的行动措施。

奎德针对政策分析的描述，为定义政策分析提供了一个恰当的出发点：政策分析是任何一种以这种方式提供信息的分析，其目的都是为政策制定者运用他们的判断力打下更好的基础。政策分析涉及从政策问题到实施评价等一系列活动。有些非正式的政策分析仅指详细思考，但正式的政策分析仍要求广泛收集资料，用复杂的数学过程进行精心计算。

尽管对政策分析的概念表述有所不同，分析角度也各有侧重，但比文字上的定义更重要的是结合实际来理解政策分析的特征和价值，即政策分析一个由多种学科、多种理论、多种模型和多种方法组成的综合研究领域，最终是一种为了提高决策效率的学问和实践。它总是与一定的理论知识和技术应用紧密相关。一方面，政策分析必须以一定理论和知识为基础；另一方面，政策分析也是运用一定方法和技术的实践过程。政策分析人员必须掌握一定分析方法和技术，才能确保政策分析的客观性和科学性（图4-2）。

---

❶ WILLIAM N. DUNN. Public Policy Analysis: An Introduction[M]. Englewood Cliff: Prentice-Hall, 1981：IX；also, Policy Analysis: Perspectives, Concepts and Methods[M]. Greenwich, Conn：JAI Press, 1986：XIII.

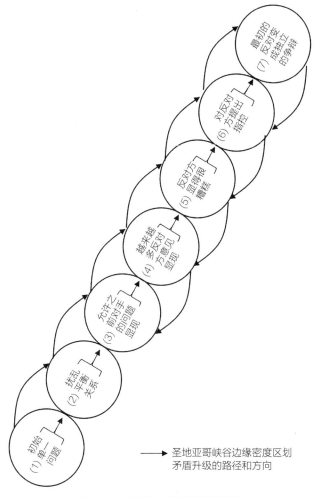

图 4-2　政策决策升级过程模型

资料来源：ROBERT J. WASTE. The Ecology of City Policymaking[M]. New York Oxford：Oxford University Press，1989：115.

4.1.3　目的与意义

任何科学分析都有其目的和意义 ❶ 。而公共政策分析按照"其基本功能或价值基点，在于应用人类社会一切可能的知识、理论、方法、技术，以及直觉、判断力、创造力等能力及潜能，正确地制定公共政策和有效地执行公共政策。" ❷ 因此，从根本上说，政策分析的目的和意义就是为科学制定政策、正确实施政策服务的。具体表现在以下几个方面。

1. 有利于将社会科学理论应用于具体实践

公共政策分析通过理论分析和论证，可以使理论更加契合实际，符合客观需要。

❶ 我国台湾学者林水波、张世贤等人认为公共政策分析的目的主要有政策研究的目的、科学的理由、专业的理由和政治的理由这几个方面。

❷ 张国庆 . 公共政策分析 [M]. 上海：复旦大学出版社，2004.

社会科学（尤其是政治学、经济学和社会学）的理论研究成果，如要实现其价值，在很大程度上都依赖于将其政策化的活动。换言之，公共政策是社会科学的理论成果去从事解决社会问题，服务社会实践的桥梁。

2. 有利于提高公共政策的民主化程度

随着社会经济发展，人们之间的利益关系也变得更加多元和复杂。公共政策在社会生活领域，不仅是社会资源分配的重要手段，也是政治参与的重要途径。公共政策制定及其程序成为社会民主生活中的一项核心内容。

由于城市公共政策制定的环境是复杂的、动态的，而人为因素又为决策过程带来了更多的不确定因素。在这种环境下，政策分析的合理化、科学化和最优化往往需要政策主体、政策客体以及政策分析人员共同参与。这种集体分析决策的模式不只是有助于实现政策的优化，还有利于推动民主进程，调动多方积极性。

3. 有利于实现公共政策的科学化

为了更为全面地、系统地分析和研究各种纷繁复杂的社会问题，公共政策分析过程需要运用科学分析方法、研究成果和现代技术，为合理的判断和科学的决策提供客观依据。因此，最优决策是以科学的政策分析为基础，公共政策分析的科学化程度也是衡量人类文明水平的一项标志。

4. 有利于进一步提高公共政策能力

政策能力包括政策问题的确认能力、利益整合能力、政策制定能力和政策执行能力，而政策制定能力是政策能力的基础。在通常情况下，公共政策的制定依赖于公共政策分析的结果，因而公共政策分析的质量直接影响到公共政策制定能力的发挥，最终影响公共政策的作用与效果。此外，公共政策的分析过程有助于提高政策相关人员的认识水平和工作能力，为解决政策问题提供更有针对性的解决方案，进而提高工作效率，实现政策目标。

5. 满足政治与经济体制改革的需要

实践证明，公共政策分析对于我国改革进程至关重要。要想建立更加高效而灵活的政治、经济与行政管理体制，在相当大的程度上依赖于能否制定出好的、高质量的经济政策和社会政策。如要制定出高质量的公共政策，则必须依靠公共政策科学和公共政策分析的相关理论。

4.2 城市政策的分析方法

4.2.1 政策分析框架

公共政策作为一个完整的过程，各个阶段之间具有内在的逻辑关系，并表现出逻辑的完整性。公共政策分析作为一项社会科学，必然也需要借助一定的逻辑框架。

按照理论逻辑与历史逻辑相一致的原则，理论上的公共政策分析框架与实际上的政策发展进程也应是一致的。

由于分析人员的专业背景、分析工作的时间限制、问题的复杂性、获得的现有资源以及组织间的联系等不同，人们对公共政策的理解会有所不同，相应的政策分析框架也有差别。德洛尔提出的政策分析框架包括：基本政策、主政策、政策分析和实施战略等内容。在此基础上，克朗认为政策分析框架应包括五个基本范畴：政策战略、政策分析、政策制定系统的改进、政策评估和政策科学的发展。

此外，目前较为基础的有三种分析框架（模式）：麦考尔—韦伯（McCall-Webb）的内容过程分析框架、沃尔夫（Charles Jr Wolf）的模型分析框架和邓恩（William N.Dunn）的信息转换分析框架。这三种类型各有优缺点，有时需要将三者结合起来使用。

1. 麦考尔—韦伯的内容过程分析框架

美国学者麦考尔和韦伯认为，公共政策分析应集中在对其内容与过程的分析上，常见的分析方法有规范性分析与描述性分析两种。其中，规范性分析集中在政策内容上，描述性分析集中在政策过程上。在内容分析与过程分析中，这两种方法实际上是交叉使用，因而产生了四种不同的分析类型：政策内容的规范性分析、政策内容的描述性分析、政策过程的规范性分析以及政策过程的描述性分析。

政策内容的规范性分析涉及的是政策的本质，可分为两个方面：一是使用批判方式分析一个特定的公共政策，并提出现行政策的改进意见或提出完全不同的政策；二是探讨各类适用于预测未来的政策。政策内容的描述性分析是把政策内容看成是与政策过程相关的一个或多个解释，包括政策领域、制度、价值等。

政策过程的规范性分析主要是程序性的政策分析，通常采用系统分析、运筹学等理性模型对现行政策程序提出改进建议。政策过程的描述性分析往往对政策周期中的政策表述、政策规划、政策实施、政策效果评价和政策反馈等一个或几个阶段进行分析。政策过程的描述性分析多集中在政策表述和效果评价阶段。前者是对政策问题的性质、范围进行讨论，后者围绕政策执行效果进行评价。

2. 沃尔夫的系统分析框架

沃尔夫在《市场或政府》（Markets or Governments：Choosing Between Imperfect Alternatives）一书中提出了与麦考尔、韦伯不同的政策分析框架。他主张公共政策的分析除了应重视对政策制定的分析外，还应加强对政策执行的分析。美国 20 世纪 60 年代所流行的政策分析主要有以下几个环节。

收集资料：认真搜集和分析相关政策领域中的各种数据资料，熟悉与研究领域相关的政策机构的内在关系，建立各种研究变量之间的关系。

建立关系：运用定量数据分析结果以及政府机构内在关系的资料，借助相关的理论，建立研究领域内各种变量之间的关系。

建立模型：选择合适模型，来详细说明因变量与自变量之间的关系。

提出方案：提出多种可供选择的项目和政策，包括具有"基准性"的现有项目或政策，由他人计划或建议的选择方案，以及政策分析者设计的选择方案。

检验方案：通过检验所选择的方案模型，比较和评价政策目标和结果，并按一定的标准选出最优秀或较优政策。

沃尔夫认为这类标准的政策分析程序忽略了对政策执行过程中各种不可预见的或可预见的错误。政策专家总以为，运用成本—效益分析模型，在执行过程中不会再有变化了，事实上，在政策实施时，有时会因为干预市场失灵的公共政策活动，即"非市场"行为自身存在的缺陷，而发生根本性的变化。

正是从可预见的非市场的不足或缺陷中，可以进行政策执行的描述性分析和政策执行的规范创造性分析。其中，政策执行的描述性分析涉及下列五组问题：

问题组 1：如果政策 A 或政策 B 或政策 C 被采纳了，那么将会指派哪些政府部门或机构去分头负责实施？它们各自的具体责任又是什么？

问题组 2：如果这些被指派的机构已经存在，而不需要建立新的机构，那么推动他们工作的内在动力和个人目标是什么？这些机构的行为如何得到控制？如何评估工作绩效，度量工作产出？当增加或减少成本、利用或阻碍新技术、限制政府人员进入而新增或堵塞了信息流通渠道，对执行人员会有什么影响？如果新的政策需要产生新的执行机构，那么，能否预见其内在性即内部的低效与不公正，应采取怎样的控制措施？

问题组 3：可供选择的政策会产生哪些外部性即造成机构外部的不经济或损失，在哪些时间区段上产生，并且产生的可能性有多大？

问题组 4：根据对有关机构的追踪记录、可供选择的政策可能存在的不协调性和不实际的项目目标，能否估算出因划分机构责任而增加的成本，以及随时间的变化而可能出现的成本上升趋势？

问题组 5：政策执行不仅是成本、收入的分配，还是权力的分配。因此必须考虑每一项政策的预期运行方式，允许有多少个独立的权力，以及这些权力的作用领域是什么？这种权力分配既可以是公共领域对私人领域的分配，也可以是公共领域中个别成员的分配。❶

政策执行的规范创造性分析也有五组问题：

问题组 1：是否有相对简单和容易的管理方法，能够在市场运行中有效地减少公认的市场缺陷，从而提供一个可以接受的解决办法？

---

❶（美）查尔斯·沃尔夫. 市场或政府——权衡两种不完善的选择 / 兰德公司的一项研究 [M]. 谢旭译. 北京：中国发展出版社，1994：94-95.

问题组 2：能否创造一些这样的政策，因市场失灵需要政府进行干预，如环境污染时，能否保留市场方式中某些有价值的特色，例如：明确并公开某些操作标准，让几个生产者形成竞争，针对某些公共服务进行收费等？设计一种运行机制，使某些公共服务民营化？例如，设立公共基金来"购买"教育，允许私营企业参与基础设施服务的公开招标？

问题组 3：能否设计一种度量方法，改善市场产出，并减少因缺乏合适的量化标准而产生的市场失灵，能否形成具有连贯性的检验方式，即将机构内部的中间成果检验与公开发布的最终成果检验相结合？

问题组 4：能否对提供个人或机构行为动力的内在性（标准、目标）加以修正，使其接近政策目标？

问题组 5：能否在新的政策和项目中建立一个改善了的信息、反馈和评估系统，以减少由于"当事人"出面组织和广告宣传的介入而引起的风险？ ❶

3. 邓恩的信息转换分析框架

邓恩认为，公共政策分析主要是解决事实、价值及规范三大问题，与之相对应有三种分析方法：经验方法、评价方法及规范方法。

经验方法提供描述性信息，主要解释具体公共政策的因果关系，指出某事物是否存在，如医疗卫生、基础教育、道路交通等公共开支的实际金额大小，分配方式和结果是什么。评价方法主要针对某项政策的价值，即判断是否值得采取行动。比如，改善住房条件从实物分房转变为货币补贴，是否更有利还是更不利？规范方法是针对政策问题，提出一种引导性方向，即告诉人们应该做什么。

邓恩认为公共政策分析至少包括五个方面的内容 ❷：

第一，构建问题：即明确政策问题是什么，以及如何解决？构建问题在这个分析框架中占据着核心地位，影响其余四个方面的分析；

第二，政策回溯分析：描述与政策问题相关的既有政策和行动，分析其产生的原因、制定过程和实际结果；

第三，预判政策会带来什么样的结果；

第四，政策价值分析：即评估现状和待实施的政策价值，是否有助于解决政策问题；

第五，政策信息分析：了解即将实施的政策会产生哪些有价值的信息。

邓恩特别重视信息在公共政策分析中的作用。他认为，应特别注意与分析程序相关的五种信息：与政策问题（policy problems）相关的信息、与政策执行（policy

❶ 查尔斯·沃尔夫. 市场或政府——权衡两种不完善的选择 / 兰德公司的一项研究 [M]. 谢旭译. 北京：中国发展出版社，1994：97–98.
❷ （美）威廉·N. 邓恩. 公共政策分析导论 [M]. 谢明等译. 北京：中国人民大学出版社，2002.

performance）相关的信息、与政策预期（expected policy outcomes）相关的信息、与政策偏好（preferred policies）的相关信息以及与政策绩动（observed policy outcomes）相关的信息。邓恩还强调这五类政策信息在政策分析中相互转换，因而必须动态地加以分析。

与之对应的政策分析有：预测分析、回溯分析和综合集成分析三种形式。

预测分析在政策执行前，用于选择政策方案，具有很大的不确定性。

回溯分析在政策实施后，通常有三个目的：一是用于学科研究，建立和检验与普遍科学理论相关的变量；二是解决问题，描述或解释政策实施的因果关系；三是以实用为目的，评价和改进政策。

综合集成分析是一种全方位的分析形式，要求将预测分析和回溯分析结合，还要求跟踪政策执行过程，对当中的信息及时更新，将分析变成一个持续不断的过程。

4. 其他

除了前面三种基础性的政策分析框架，中国学者陈庆云将公共政策分析基本上理解为政策过程，认为政策分析框架可以分为：

第一，构建公共政策问题，包括：社会现实中的某个或某些问题怎样成为公众在政治上注意的对象？社会问题或公共问题如何进入政策议程成为政策问题？政策问题是什么？不同的政策问题主要采用哪些分析方法？建立政策议程的基本条件如何？

第二，公共政策方案的制定与遵守，主要有：建立政策方案的基本原则是什么？实现政策方案的目标是什么？如何制定可供选择的方案？怎样对所选择的政策方案进行优化？什么利益群体直接或间接影响了政策方案的制定过程？政策方案是怎样被正式通过和颁布的？正式通过的政策的基本内容是什么？

第三，公共政策内容的实施，主要包括：有效的政策实施必须具备哪些条件？在政策实施中采取了哪些具体的行动措施？这些行动措施对政策内容产生了何种影响？

第四，公共政策效果评价，主要包括：按照什么样的标准去评价政策实施的效果与影响？由谁去评价政策结果？政策评价的结果是什么？政策是继续执行、发展，还是终止？

此外，较为常见的还有综合战略政策分析。公共政策的综合战略分析是通过战略规划小组（Strategic Management Group），通过分析客观政策形式的弱点（W）、机会（O）、威胁（T）、优势（S），来判断未来趋势并选择行动方案。

4.2.2 政策分析基本步骤

根据国内外学者提出的政策分析框架，在评估和分析具体的政策方案时，可以采用下列基本步骤。

1. 界定问题

政策分析首先需要从发现问题和定义问题开始。问题是指期望状态与实际状态之间的差距。现象不一定就是问题。客观条件是问题存在的前提，是必要条件而不是充分条件 ❶。任何政策问题都不会是一种孤立、静止的状态，大多时候是与其他问题相连并不断变化。

界定问题最重要的步骤是在问题筛选的基础上，对问题产生的时间、地点、环境和条件，问题的性质、类型、范围和程度，问题的结构及其作用等进行多维分析，以确定是不是真的问题，是什么类型的问题、能否处理等，从而全面评估问题对社会公共领域的作用和影响。

界定问题的另一个不可或缺的条件就是主观定义。这一阶段要有意义地陈述问题，减少不相关的材料，用数字来表述，集中于中心问题和关键要素，以及用减少不确定的方法来界定问题。在这些努力之后（必须迅速地最好地利用金钱、潜力和时间），分析人员应该知道是否存在可能已经被解决的问题，并能详细陈述问题的本质，以及估计分析所需要的信息和资源。

2. 建立评估标准

政策评估标准包括政府解决公共社会问题的目的，即政策目标。它要求通过具体的政策结果、政策效率和政策效益体现出来。在备选方案之间进行比较、衡量和选择必须有明确的评估标准；判断问题是否得以解决，评估政策结果和影响都需要确定的政策评估标准。常见的衡量标准包括成本、效益、效用、效率、平等、管理简单、合法及政治可接受性。

3. 确认备选政策

政策备选方案的质量直接决定着最终的政策决策。因此，对于已经拟定的备选方案必须加以分析，主要是审查这些方案中每一个方案是否是周密的，方案之间是否是相互排斥的，有没有遗漏某些重要的内容或方案。在这个阶段，分析人员不仅要理解不同利益群体的价值、目的和目标，还要有明确的政策目标和标准，以及一系列的备选政策方案。

4. 评估备选政策

在确认备选方案的基础上，政策分析人员已经知道解决政策问题可能的途径。评估备选方案只是在这些可能的解决政策问题的措施中选择某个可行的方案去付诸

❶ 社会问题的主客观因素与二维分析方法：20世纪40年代初，美国社会学家富勒认为社会问题有客观和主观两种因素。前者表现为威胁社会运行安全的一种或多种情况，后者表现为社会上多数人公认这是一种危害，并产生有组织地来消除这种危害的愿望。20世纪50年代末，美国社会学家米尔斯提出要注意区别个人麻烦与公共问题。之后，结构功能主义大师默顿提出了一种二维分析方法，认为社会问题从类型角度可分为社会解组与社会越轨，其表现形式可分为外显性社会问题与潜在性社会问题。

实施。政策分析人员主要运用决策的理论和模型，在达成共识的前提下，对某项政策方案作出选择的决定。这一步至关重要。

政策分析人员常常会再次回到有关政策问题的争论，也会再次去讨论政策的标准的合理性。问题的性质和评估标准的形式将会影响政策评估方法。评估不应是一成不变的工具箱式的方法，不论是决策分析、线性计划，还是成本—收益分析方法。有人曾说，若分析人员的唯一工具是一把锤子，那么所有的问题都像钉子。有些问题需要定量分析，另外一些需要定性分析，大多数问题两种都需要。

5. 评估选定方案的可行性

任何政策方案从理念成为现实，都必须考虑政治上的可行性、经济上的可行性、技术上的可行性，有时还需要考虑伦理上的可行性。

有时评估结果的表现形式是一系列备选方案、具体标准或基于标准的备选方案评估报告。这并不是说数字化的结果就能够或者应该自圆其说。评估标准的权重排序、备选方案的优先偏好等都能影响决策。评估结果还有许多其他的表现方式。若标准是量化的术语，那么价值比较图表可以用来总结备选方案的优、缺点。评估结果还可以综合定量方法、定性分析和各种复杂的政治因素，描述备选方案、报告选择成本、确认每种备选方案的影响与问题。

6. 监督和评估政策实施

针对政策的实施过程进行监督和评估，是政策制定和分析的延伸。这其中有两个必要性：一是继续在实践中考察政策方案的科学性、可行性；再就是针对实施中出现的意外或未预料到的问题，以便即时进行调整。

通常，政策方案的实施由公共机构的执行人员负责。即便分析人员会或多或少地指导方案实施和推动实施程序，但在大多数情况下，政策分析人员、规划师或专家也并不参与其中。这就如同分析人员设计汽车却不开车。政策分析者们应该参与政策的维持、监督和实施评估，确保政策方案能正确地实施，确定政策方案是否产生预期效果，并决定政策方案应继续、修改还是中断。

上述基本步骤也被称为战术性的政策分析。与之对应的，还有一种针对公共政策的历史、趋势、议程的总体性、战略性分析。

通常，政策的综合战略分析包括以下步骤：

第一，考察政策方案的历史背景，准确地把握政策问题的来龙去脉和演变趋势；

第二，分析政策制定、实施的形势，了解政策行为主体的行为；

第三，审定政策议程，进一步分析政策问题是否值得特别关注和优先处理；

第四，分析备选方案，选择并评估行动措施；

第五，分析方案可行性；

第六，提出具体的政策实施建议，而不只是监督政策的实施。

4.2.3 政策分析中的方法

方法论是一套标准、规则和程序，用以创造、批判性评估和交流政策相关知识。

政策分析方法论有几个重要的特点：对分析和解决问题的关注，不仅赞成描述而且推崇价值批判方面的探索，在政策方案选择中提高选择有效性的要求。

政策分析方法是在不同的背景下产生和转换政策相关信息的一般性程序。例如，成本收益分析、时间序列分析、研究综合（元分析）都是政策分析的方法。而政策问题、政策走向、政策行动、政策结果和政策表现，这五种类型的信息通过五种政策分析的程序得到：问题构建、预测、建议、监控和评估。

政策分析方法中的五个程序是：定义、预测、规定、描述和评估。这五个程序在政策分析中都被赋予了专门的名称。问题构建（定义）提供有关政策问题的相关条件、信息。预测（预报）提供有关各种可选方案相关结果的信息，包括作为或不作为。建议（规定）提供有关解决或缓解问题的未来结果的价值方面的信息。监控（描述）提供了政策行动过去和现在有关结果方面的信息。评估提供的信息是有关解决或缓和问题的实际结果的价值方面的信息。这些政策分析程序与一些专门的方法技术相联系，从而有助于产生专门类型的信息。

4.3 城市政策的分析模型

分析政策及决策过程有许多理论模型、研究方法、概念和体系。尽管与实践相比，理论常常显得过于抽象且理想化，然而，理论中的概念和模型在指导政策分析时，依然是必不可少，并且是十分有益的。它们有助于人们明确决策过程的特征，并引导人们对决策过程进行探究，对政策行动的种种可能性进行合理的解释。

由于不同的环境特征、组织构成会导致不同的决策模式，因此，针对理论模型的研究并不是从中探讨一种最佳的模式，而是重点讨论这些模型的特征。在方法论的对应关系上，它们大体上属于定性分析的范畴。

4.3.1 综合理性模型

综合理性（comprehensive rationality）的决策模型是最著名也是被更多人所接受的一种。该模型常用来描述、解决城市规划过程中所涉及的复杂问题，侧重应用统计学和系统分析理论来实现科学决策。其特征体现为：分类区别价值目标、评价清晰、视野高度综合性，价值可通过数学分析进行量化。

综合理性的方法仅适用于相对简单的问题或规范化的形式过程。当在实践过程中遇到较为复杂的问题，综合理性方法的效果与人们的期望往往相去甚远。其主要原因在于，这种方式假设了规划人员对于不确定因素的分析能力和无限的信息来源，尤其是当时间和经费都很有限时，这种全面周到、详尽分析的方法显得缺乏实际的可行性。因此，理性模式遭到很多学者的批评。而理性模型对我们最大的启示是，公共政策应该明确问题症状或确定可以达成的有效目标。

明确问题和目标是决策者经常要面对的难题。比如，当城市交通越来越拥挤，政府需要分析交通问题的症状集中在什么地方？是市民生活方式的变化带来交通出行需求的增加，还是因为城市道路供给不足？是汽车产业政策的推波助澜，还是由于交通管理的不力？或者上述原因皆而有之。因此，城市交通拥挤的原因非常复杂。

同时，综合理性模型假设决策者掌握了足够的信息可以理性地选择方案，能够精确地预测各备选方案的实施后果，还能很好地比较不同方案的实施成本与收益。然而，当决策者面对上述城市交通拥堵问题，需要选择合适的行动计划时，就会发现上述假设中的理性行动，在实践中往往会遇到决策者拥有的知识、获取的信息、决策的时间都是有限的，不可能预先对"投入—产出""成本—效益"的比例做出精确的计算。

另外，决策者很多时候所面临的情况是价值冲突而非价值一致，而比较和衡量相互冲突的价值绝非轻而易举。由于认识事物的出发点和角度的不同，人们对问题的判断会有很大的差别。决策者很可能将其个人的价值观与社会的价值观混同起来。事实和价值观在决策过程中常常是分不开的。一些人赞成在某条河流上筑堤，认为这是防洪所必要的；而另一些人则从环境和生态学的角度反对筑堤，宁愿让河水放任自流。

经过对理性主义模型的批判和改进，H.A. 西蒙（Herbert A. Simon）提出能够被人们普遍接受的有限理性（limited rationality）模型，或称为满意模型、次优决策模型。他认为："理性指的是一种行为方式，是指在给定条件和约束的程度内适用于达到给定目标的行为方式。"❶ 由于现实世界复杂多变，客观条件充满局限，人们根本无法获得最优方案和准确答案，因此，不得不转而求其次，寻求"足够好"的结果。

有限理性模型主要包括两部分内容：一是政策制定的科学程序，这个程序包括确定政策目标、拟定政策方案、方案评估与选优、政策执行；二是努力运用各种现代调查技术、预测技术、决策技术、环境分析、可行性分析、可靠性分析以及电子计算机等手段与方法，依靠信息、评估、咨询、监控和反馈等各个政策子系统的决策支持，进行科学决策。

---

❶ H. A. Simon. A Behavioral Model of Rational Choice[J].Quarterly Journal of Economics，1955，69（1）：99–118.

4.3.2 渐进主义模型

与综合理性模型相比，日常规划过程中的决策行为常常处于一种较为含混的状态。决策者往往代之以一种依赖于以往的经验，用较小的政策措施来预见较为近期的过程，以便在后续的选择中，至少可以部分地实现既定目标，并根据环境、观念和预测准确性的发展，不断地重复这一过程。林德布罗姆称其为"渐进型"（muddling through）的过程。

林德布罗姆基于综合理性模型的局限性，提出渐进主义模型，主张"民主智慧寓于社会互动之中"。这种模型没有严格的方法体系，但是更接近日常决策行为。由于决策以有限的资源和有限的理性作为前提条件，因而目标和实施也是有限的。而且，确定目标与选择行为手段同时进行，并无严格的顺序之分。也就是，确定目标的同时，就要考虑相应的手段，且根据选择的行为手段不断调整目标。

因此，渐进主义模型强调较小的目标和较现实的手段，确保手段与目标同步进行，使之有更多的适应性。例如，在旧城改建中采用渐进的方法，事先并不强调要有一个完善的目标和方案，也不要求采取全面、统一的行动，而是在较小的范围内，逐渐推进，根据实践状态，随时调整规划目标和实施手段。

渐进主义模型有以下八个方面的主要内容：

第一，政策制定过程（程序）必须在民主政治制度的框架内进行；

第二，多元社会政治权力主体交互影响和制衡，而政策过程应与其一致；

第三，所有政策问题是在一个持续发展的渐进过程中逐步界定，由此，公共政策的意义不在于创新而在于不断地进步；

第四，政策制定者无须穷尽所有可能的方案，只需要考虑与现行政策有着密切联系、让现行政策可以渐进式发展的政策；

第五，决策重点在于如何实现"目的—手段—目的"的合理调试，让政策问题更容易处理；

第六，因渐进发展具有客观性，政策结果是可预测的，所以，只需要评估若干重要的潜在结果，而不是对所有潜在的政策结果进行全面评估；

第七，政策修正也是一个有限的、渐进的过程；

第八，政策目标不在于急速地解决根本性的社会问题，而是有序地缓和和减少社会问题。因此，渐进主义政策不适用于革命的或急剧变动的社会。

渐进主义是较为现实的，是选择"较优"的解决方案，作出的是有限的、注重实效的、并容易被人接受的决定。渐进主义模型强调持续性，建议决策者应当采用循序渐进的政策变化，用较小的步骤来实现目标，同时在过程中不断总结经验，应对一些无法预料的结果。这种方法从理论上来说，并非属于一种完美的方式。它缺乏全局观，也缺乏一种传统意义上认可的正统性，但是它毕竟更加贴近于城市规划过程的实际情况。在面临复杂情况时，同时进行理论分析和日常经验分析，比抽象的综合理性模式更易于理解和掌握，但也对决策者的素质提出了更高的要求。

4.3.3 混合扫描模型

综合理性假设了决策者对环境有一种绝对控制，而渐进主义则完全相反，采取一种含混的，对环境采取较少控制的方式。为此，艾米特依·埃特奥尼（Amitai Etzioni）提出了混合扫描（mixed scanning）模型。这种折中的方法既非一种乌托邦的形式，又不完全是自由放任的。

埃特奥尼认为理性模型和渐进决定理论均有不足。他认为根本性的决定和渐进的决定都应该加以考虑。混合扫描模型既包括决定行动基本方向的决策过程，也涵盖了为根本性决策作准备，以及根本性的决定实施后的渐进式过程。

埃特奥尼通过一个气象学的案例对混合扫描理论进行了如下描述：

"假如我们准备利用气象卫星建立一个全球性的气象观测网。若采用理性主义方法，那么，我们将使用可以进行细微观察的摄像机，尽可能地考察所有空间，探索一切气象情况。这种做法会产生多如牛毛的细节，分析代价极高，而且还有可能为我们的活动能力所不及。而渐进主义则要求把注意力集中在过去我们对其气候状况就比较熟悉的地区，或许还包括邻近地区。这种做法则会使我们忽略某些地区，遗漏本应该引起我们注意的气象现象。如果采用混合扫描的方式，则会运用两种摄像机，包括上述两种方法的基本内容。第一种是多角度摄像机，它能观察全部空间，只是观察不了细节；第二种摄像机能对空间作深入细致的观察，但不包括多角度摄像机的观察内容。尽管混合扫描有可能忽略只有用第二种摄像机才能找出问题的地区。但比起渐进主义方法，它不太容易忽略那些陌生地区中的突出问题。"❶

混合扫描理论要求决策者在不同的情况下运用理性的、全面的决策理论和渐进的决策理论。在某些情况下，渐进主义是合适的，而在另一些情况下，更多的需要采用综合理性的模式。混合扫描理论还考虑到决策者能力上的差异。总的来说，决策者能力越强，扫描更偏于现实；扫描范围越广，决策也就更有效。

混合扫描理论结合了渐进主义模型与理性主义模型。然而，这一方法在实际中如何运用，埃特奥尼并未展开讨论。但这可以使决策者更加了解不同环境下的决策行为：就决定的重要性（范围和影响）来说，各决策是有差异的，不同的决策过程应当对应地适用于不同性质的决策行为。

混合扫描的模式在英国1968年确立的两级规划体系（结构规划与地方规划）中

---

❶ AMITAI ETZIONI.Mixed-scanning:A "Third" Approach to Decision-making[M]//.ANDREAS FALUDI. A Reader in Planning Theory. Oxford : Pergamon Press, 1973 : 223.

表现得最为明显。结构规划提供了整体性的背景，而地方规划则针对具体的问题。这种体系的构建在许多城市规划系统中都有所体现。

以上三种模型并不是针对政策分析方法的系统总结。现实中，结合不同的政策环境和特征，很可能是不同模型之间的多种组合。相比较而言，综合理性模型在现代城市规划中最为持久而正规，即使在强调物质环境设计的时期（更不用说系统工程学、综合理性方法），决策者（或规划师）往往都以全面、准确地解决面临的现实问题为目标。然而，在现实操作时，更多的政府决策者、规划师实际采取的行为是渐进主义的，他们往往不可能在采取行为之前就能把握全局，作出合理的判断，而是"走一步，看一步"。这种现象也被称为"理论与实践的脱节"。

虽然在不同的社会环境、历史条件下，不同领域之中的政策研究是不同的，政策制定与实施的过程也是各种各样的，但这并不表明，每一项政策研究都是独一无二的，从而无法形成关于政策研究的概念和思想，很难建立起关于政策研究的基础理论。如果通过对一些问题（如谁参与了政策的制定过程，通过何种方式，在何种问题上，以何种条件，并实现了何种效果）的概括总结，就可以建立起一些政策研究的基本框架。

因此，城市规划中的政策分析需要研究和总结现代城市规划中的基础思想，论述它们各自发展所依托的环境，以及它们之间所存在的关系。城市规划的过程中也需要结合现代城市公共政策的组织特征进行选择，从专业组织的发展，到它的组织体系构成、不同的层次特征及内部成员关系进行研究，这样可以有利于从政府的视角出发，反观城市规划的角色及其特征。

4.4　城市规划的政策分析

4.4.1　政策研究与分析

一般而言，公共政策的研究分为两个方面：政策的研究和过程的研究。作为静态的政策研究，涉及公共政策的类型与层次、环境要素及其参与者；而动态的过程研究则包含了政策分析、政策决定、政策实施以及政策评价等一系列的过程。

一般在论述时，需要全面、简要地了解、分析公共政策及其制定实施过程的总体特征、实施中的内容。但在实践中，政策分析与研究需要特别注意以下问题：

现代公共决策是一个非常复杂的过程。政策结果受到诸多因素影响，对政策结果的解释不可简单化。尤其在解释政治环境中的政策行为时，需要尽可能把有关的因素都考虑进去。

关于政治系统和政治过程及其性质与运作方面的研究，有助于我们将注意力从对微观的政治现象的关注，转向关注它们在广泛的政治过程中的作用。对于政策过程的研究，能够使政策研究发挥某种整合和黏合的功能，并提供在分析政治现象时的有关标准。

　　绝大多数政策过程（尤其是重大问题上的决策过程）是连续不断的。某一政策被正式通过和实施后，评价和反馈便会发生，政策的变化和调整就会随后而来。接着，更多的实施活动得以进行，评价和反馈再次发生，依次类推，在这一过程中，政策旨在解决的问题可能会重新确定，政策的内容和方向就会发生重大的变化。

　　尽管最近几十年中，公共政策研究领域有了重大的发展，但是，就决策者和公共政策的制定来说，仍然有许多未知而又难以解释的东西，需要进一步的研究。因此，在进行政策研究时，不仅需要传统的理性分析，同时还要关心公共政策在现实中所产生的直接效果（图4-3）。

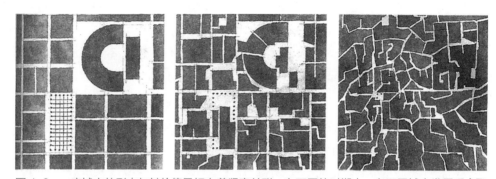

图4-3　一座城市的形态与其价值目标有着紧密关联，在不同的时期中，在不同城市发展理念下形成的城市管理系统，导致城市的空间结构会发生重大转变。图中显示一座典型的古罗马城市向一座典型的伊斯兰城市格局的演变过程

资料来源：（美）斯皮罗·科斯托夫. 城市的形成——历史进程中的城市模式和城市意义 [M]. 单皓译. 北京：中国建筑工业出版社，2005：49.

4.4.2　规划过程的分析

　　直到 20 世纪 70 年代，城市规划研究在意识上还将重点集中在社会决策中的完全理性的抽象模型之中。但是在使用中，这些模型并不令人满意，作为一种理论模型，它不能取得假设中的成果，由于其逻辑的严密性，它不能按照实际情况不断进行调整；作为一个规范模型，由于理性在现实生活中是"有限"的，从模型中引导出的理论常是不适用的，因而常常招致失败。随后大量的社会学和行为科学的理论和方法不断融入城市规划的理论研究。目前，城市问题已经吸引了来自环境、人文、社会科学等各学科的注意，它们不断渗入城市规划专业，并体现在城市公共政策之中。

　　随着公共政策理论研究在各种领域中越来越受到重视，许多城市研究者开始注重研究规划过程中的实际情况。从 20 世纪 40 年代起，许多科学哲学家们认为科学的目标不是预测，而在于解释 ❶。在与许多现实问题有关的社会科学中，存在着两种

---

❶ BRUCE CALDWELL. Beyond Positivism[M]. London：George Allen & Unwin, 1982.

研究方式：第一种称为理论科学，以反映对此进行研究的人把理论视作他们的主要对象；第二种称为政策科学，以反映对此进行研究的人把充满选择和决定的世界视为他们的主要对象。虽然很多非常有影响力的社会科学家两者兼而有之，但是两者的区别表现为在学科内的总体分工——一个基本上侧重于改进学科的理论基础，另一个基本上侧重于将普遍知识应用于重要的社会问题上。

4.4.3 城市规划的政策分析

1. 关于目标的分析

城市规划作为一种干预、控制城市建设发展的行为，必然具有一定的理想目标。城市规划行为就是将这种目标物化、实现的过程，以确定城市规划的任务和对象。因此，现代规划的方法论特别重视规划过程的第一阶段，十分慎重地划分为三个环节：陈列目标、制定任务和确定对象。

一般而言，城市规划的政策目标都是非常多样性的，主要涉及到社会的、经济的、美学的等几大类别，同时也涉及规划过程本身的质量问题，例如规划方法是否拥有足够的灵活性等。

彼得森（Petersen）认为，城市的问题主要是关于人的问题，而不是城市空间的问题。这意味着城市规划的目标将总是处于变化之中。安迪·松莱（Andy Thornley）在回顾了第二次世界大战后英国的城乡规划发展过程之后，认为英国的规划体系主要服务三个目标：经济效率、保护环境和满足社会需求。

然而在战后50年的实践中，三个目标的达成却不尽相同。人们普遍对第一个目标最为重视，第二个在局部领域得到重视，第三个则基本遭到忽略。这种现象使得英国城市发展控制体系逐渐由"规划引导"转变为"项目引导"或"市场引导"。

政策目标的设定是基于有效率的行动。政府采取"有效率的"政策，是解决社会问题成本最低的途径。在政策研究中，人们认为效率是政策所要追求实现的首要目标，使政策研究及制定具有科学客观和价值中立的特点。

对于希望成为一名客观的决策者而言，价值判断处于研究活动核心之外，其传统思维是关注对政策作用和结果的客观分析。在决策过程中，即使发现社会价值的作用，决策者也希望利用科学的基本原理（一种研究程式）去构架社会价值观与客观决策间的关系。他们希望被视为毫无偏见的专家，为决策过程提供价值中立的意见。

但实际上，效率总是相对的，并且受到社会价值观的影响。对于收入和效用在社会成员之间的任何一种分配，都存在一种相对有效的资源配置方式。对于社会的某些人群是具有效率的政策，对其他人未必如此，因而效率的目标需要有严格的界定。所以，许多理论也认为强调效率因素，避免价值判断会导致政策措施的局限性。

　　政策研究常关注某一特定情形下如何采取行动。个人和集团通过经济方面的比较,可以明晰对比现状的改善程度。但这两种状况间的差异不是通过总体财富的衡量,而是由个人计算潜在收益得出的。政策分析的工作经常是判断这些个人收益对别人造成损害的程度,或者是对整体的经济条件改善的程度。

　　如要准确回答这些问题,就需要把更多的注意力投向引导个人和集体行动的社会偏好上去。成本－收益计算只有在一定的制度安排中才能体现其含义。当社会变化的收益超过变化的成本,即现实发展不够有效时,就会导致经济变化。

　　社会效率的计算取决于制度安排的现状结构,这种结构决定了什么是成本以及由谁来承担。因此,不存在单一的、有效率的政策选择,而只有在某种可能的、既定的制度条件下,某种有效率的政策选择。在这种情况下,关键问题不是单纯的有效率,而是对谁有效率。

　　对于失业者的照顾,就会牺牲必须为此类计划提供支出的人的利益;照顾老人、病人和残疾人的计划也同样如此。城市快速交通只有部分人可以享受,另一些人则同样也要为此付出代价。在这种考虑中,公共政策经常会导致牺牲某一群体的利益,而使另一群体获利。

　　政策分析所面临的问题更多是辨明来自政治过程的实际偏好,其后才是制定规划政策,以便有效地实现这些目标。决策者制定政策常常是针对政治过程作出的妥

图4-4　一座城市就是由各种不同的人物、事务所汇聚而成的,特别是一座现代城市,因而城市的价值目标也必然是多元化的

资料来源:Peter Hall. Cities in Civilization[M]. New York:Patheon Books,1998:274-24.

协而非源于对社会目标的客观观察。

同时，一些深信市场具有更多效率特征的决策者认为，一种有效的市场机制，可以对社会偏好进行加和，在交易中标出其价值，最大程度地发挥个人的积极性，并把人们导向正确的方向。

无论是何种类型的城市规划，第一步是确定规划师想实现的各种意图，按轻重缓急排队，并考虑它们相互之间协调一致的程度。但是现实中的许多规划方案对于规划任务的处置是非常草率的，似乎规划方案的目标早已被充分理解而且无须赘言。

但从本质上而言，如果不明确剖析任务，就不能肯定这些任务会更好地被公众所理解，更不可能合理地选择最优方案。

城市规划是一种涉及面广泛的活动，它有可能只有单一任务，也可能具有多项任务。但是规划方案的规模和费用与任务的复杂程度并无必然的联系。例如，美国的登月计划是人类历史上花费最高的投资计划，但是，它只有一个非常明显而单一的任务。相较而言，大多数城市和区域规划却拥有多项任务。

随着现代城市规划建设手段的不断丰富完善，技术手段在规划工作中越来越重要，而对规划价值目标的取向却缺乏深入的思考。城市建设中的许多问题，表面上看似是技术问题，然而本质上是一种价值取向。

例如，是通过促进城市经济建设，创造更多的就业机会？还是提高城市生活环境质量，更好地保护好历史文化遗产？现代城市规划思想为规划设置了宏观的目标，但是其中许多子系统的目标却相互矛盾，相互冲突，并且不能够在技术层次上得到解决。

有些学者采取完全不同的方法，认为目标就是涉及的范围。根据这种观点，规划师要先确定他所关心的广泛的子系统。因为，从这些子系统似乎可以识别出可以控制的问题。譬如说，公共卫生、教育、收入及其分配、流动性（物质环境的和社会的）和环境质量等。与此相对比，任务就比较具体，尽管缺乏详细的定量，但它们是按照能付诸行动的具体计划来确定的。

各项任务都要消耗资源（就广义的资源而言，不仅包括经济资源，也包括信息数据等因素）。这就意味着各项任务中都包含竞争和争夺有限资源。例如，对"流动性"这项宽泛的目标，引出的任务就可能包括为节省通勤时间而改善公共交通质量，或者执行一项高速干道建设计划以适应汽车拥有量的增加。

城市价值目标体系构成

在现代社会中，城市规划政策的制定和执行的过程涉及越来越多的参与者，人们的价值目标也逐渐复杂化。从政府、管理和计划部门，规划师到开发者、投资者到企业、家庭以至个人，各有各的利益准则，各有各的价值目标。它们或者清晰，或者隐含，并且互有冲突。若要使城市规划能够顺利进行，必须对在规划中所涉及的价值目标有清楚的认识，而这一点常常在规划行为过程中遭到忽视。

在《城市形态》一书中，凯文·林奇认为，在形态良好的城市中，城市规划所涉及的价值观包括：

强烈的价值观（stong values）：是在城市规划目标中经常并重点提到，其作用可以直接感受到，并在城市空间中表现出来，同时在实践中也可以明确地体验到它的成功与失败。这些价值观主要表现为：满足对于服务设施、基础设施和住房的要求；为各种城市活动提供空间；开发新资源和新地区；提高可达性；保持财政和税收；提高人民生活的安全和健康；提高城市防卫能力；减少污染，保护现有环境的特征、质量和形象。

期望的价值观（wishful values）：是经常被提及、并且可以感受得到。可能与城市空间有关，但很少能够实现。其失败可能是因为很难使城市发展服从于这些目标，也可能是这些目标形同虚设，没有被认真考虑过。这些价值观主要表现为：提高民众的平等性；减少城市的迁移量；支持家庭生活和扶养孩童；节约物资和能源；防止生态破坏；加强城市生活的和睦性。

微弱的价值观（weak value）：这些较少提到的目标对于城市空间的作用是微弱的，或者是得不到证明的，或者它们的成就很难察觉和度量，所以很难实现或不被认可。称之为微弱的并不意味着它们不重要，只是因为它们在目前的城市规划中被遮掩、混淆。这些价值观主要表现为：加强人民的精神健康；提高社会的稳定性，减少犯罪或其他社会问题；提高社会融合性，创造强烈的社区环境；提高生活的选择性和多样性；维护良好的生活方式；繁荣现有的地区中心；提高城市未来发展的灵活性。

隐含的价值观（hidden values）：虽然这些价值观也十分重要，但是很少被用来作为城市规划的主要目标。即使它们常常被希望实现，并成为主要的政治目标，仍然在公众心目中淹没为微弱的目标。这些价值观主要表现为：加强政治统治，管理一个地区和居民；传播某种先进的文化；迁移不受欢迎的人或不受欢迎的行为活动，或者将它们隔离；提高生产利润；简化规划和管理的程序。

被忽视的价值观（neglected values）：除了以上这些价值观，还有一些潜在的价值目标常常遭到忽视。它们或被认为不重要，或因与城市空间的含糊关系不能实现。例如城市形态的作用，适应于人类的生理和功能的城市环境、城市的意义和象征等。❶

2. 关于手段的分析

政策过程的第二个阶段，是将目标转换为手段。这里的主要问题是：如何通过平稳的方式，从一般性的目标过渡到一个具体操作项目？一般而言，为了进一步使

---

❶ 凯文·林奇. 城市形态 [M]. 林庆怡等译. 北京：华夏出版社，2001：38–41.

问题更为明确，要把任务转变为表达特定建设计划的对象，在建设计划中按预定期限定出实施的标准。例如，在 10 年内新建一条地下铁路，让城市某地区的通勤时间平均减少 20%，或者在 5 年内建设一条高速干道连接线，以减少交通耽搁的时间。因此，从目标－任务－对象这个全过程来说，就有一个怎样把一些分散的、个别的建设计划综合成统一的规划方案的问题。

尽管某些政策决定是偶然、随机、漫不经心的，但绝大多数的决策都会涉及有意识的选择。因此，这里核心问题在于：如何从合理目标推导出方法体系，即：

公共问题是怎样引起政策制定者的注意？

何种准则（价值和标准）影响决策者的行为？

解决特定问题的政策意见是怎样形成的？

某一建议是怎样从相互匹敌的可供选择的政策方案中被选中的？

这些问题又涉及政策过程的许多方面：谁参与了政策的制定与实施，政策管理过程的性质，遵守政策以及政策的实施对其内容和效果的影响。许多因素都可能对政策制定与实施产生影响，包括政治和社会压力、经济条件、程序要求（适当的程序）、前提限制和时间压力等。在关注这些要素的同时，还要重视决策者本人价值观的作用。

另外，就目标与手段之间的关系而言，由于确定手段的过程一般是在目标已经得到确定的情况下进行的，这种过程只有在所有的选择项都得到投入－产出比较后才算完成。而手段确定并被赋予一定权力后，公共部门可以选择一个特定的执行工具来实现既定目标。与确定价值目标一样，选择最佳的手段也需要一种标准。

例如，当城市人均住房标准的目标得到确定之后，政府部门采用什么手段来使该项目标得以实现？是通过政府部门的直接操作，还是通过市场调节间接实现？这里都需要通过一种效率目标（投入－产出）来进行比较选择。

最一般的目标与最具体的手段在这一过程中是两个极端，从价值观中推导出具体手段的过程并不是一次性的操作，而是经过反复权衡才能得出。确定手段的过程通常分为两步：第一步，辨明所有与价值观有关的手段，确定选择项实现目标环境。这是模型的推理要素，可辨别所有可行手段的工作。针对某个具体目标，以一定数量的手段或只一种手段实现它。在这个步骤中，决策者不具备任何准确的技术。但人们可采取一些步骤在某种程度上减少选择项的数量，缩小其范围。例如通过叠加（aggregation）形成几个有代表性的选项。在长期政策中，需要将所有的选择项形成连续整体，而在短期政策中确定选择项的方法就是观察、评价当前应用中处于各层次、不同组合之间的秩序安排。

手段选择的第二步是权衡在第一步中确认的选择项。这里存在两种形式的权衡：一种是选择的手段在多大程度上适合所追求的目标；另一种是可能性系数——对目标与应用手段之间的联系的可能性的估计。在这种情况下，政策过程应当密切注意随机的行为者及其产生后果之间关系的微妙性与复杂性，使用在目标形成过程中的标准，使每个选择项得以权衡，并从中决定出适当的手段。

许多正统的政策程序否认了采用目标来评价的手段，手段被看作是一种技术性的行为。而事实上，不同手段在不同环境下起不同作用。因此，手段的选择也是政治性的，具备政治行为的特征。例如对于安居解困工程采取手段的选择，很难事先清晰地辨别出是通过政府还是市场更为有效。在手段的确定过程中，每个参与者都可能有自身的考虑，因此，这个过程经常也是通过政治上的比较得出的。

在确定任务，并根据执行的标准以对象的形式给予这些任务明确的形态后，规划师将转而描述和分析打算予以控制的城市或区域系统。其目的是寻找表达不同时间（不久以前和未来）的系统行为的途径，以便了解各种行动方向所产生的影响。预测、建立模型和规划方案设计，这样做就可以建立一个系统的模型（或者更确切地说，是力图说明各个子系统行为的若干相互联系的模型）。在建立模型的过程中，规划师必须解决两个重要的问题：在城市系统的哪些方面建立模型；可以建立什么类型的模型。

当然，第一个问题的答案取决于规划师关心的是哪些方面，规划师必须先说出要模型回答什么问题。但是，城市和区域的规划师关心的往往是经济的或社会的空间行为，尤其关心的是经济与社会活动（如工作、居住、购物、游憩等）和可能容纳这些活动的空间（或结构）之间的关系。必须了解活动和空间的规模和位置，以及各种活动之间的相互联系（通过运输或通信），这种相互联系要占用称之为通道（道路、铁路、电话线）的特定空间。总的来说，城市系统的上述诸方面可以叫作各种构成活动系统。对城市规划师来说，其中最重要的是工作地点、住宅、商店和其他服务设施与这三方面联系的运输系统之间的关系。

第二个问题（模型类型的选择）的答案也取决于规划工作的目的。不论是简单的模型还是复杂的模型都可以用若干不同的方法来分类。它们可以是确定性的（deterministic），也可以是概率性的（probabilistic），即包含机会因素。它们可以是静态的（static），也可以是动态的（dynamic）。许多著名的城市发展模型是静态的，也就是系统只是为未来的某一时间点设置的，处于这一时间点上的系统被认为在某种程度上达到了平衡。

模型设计是现代规划过程中最复杂、最奥妙的阶段之一。针对一个问题设计一个或若干个模型，就需要对一系列相互关联的问题作出逻辑分析。一旦明确了模型要回答什么问题，下一步就是怎样罗列要表达的概念，而这些概念必须是可以度量的。还要研究有哪些变量是规划师可以控制，至少是部分可以控制的。如果假设的情况没有可以控制的部分，则该模型只是一个纯预测模型（pure forecasting model）；如果至少有一部分因素是可以受规划师控制的，则是一个规划模型（planning model）。规划师还必须考虑需要把哪些关于系统的行为理论体现在他的模型中，同时还必须考虑各种技术问题，诸如变量应该怎样分类和进一步划分细类（例如人口可以按年龄、性别、职业或行业来分），时间应怎样明确划分，模型应怎样校正和测试等。对这些问题的回答，将部分地取决于可能利用的技术手段，也取决于用来说明各种问题的有关数据和用来运算模型的计算机的容量。

技术人员在评估不同手段效果的时候，同样也起着重要的作用。技术人员应当向决策者展示关于各种手段可能带来的不同的结果，这里有两种方式："最优"研究和"比较满意"（comparative impact）分析。前者是在给定的"最佳"标准和明确的界定下，在所有选项中选择最佳方案，也就是事先确定最佳的行为手段。

"比较满意"分析的目标相对缓和一些：在一定标准下权衡已确定的选择项，在保持现状与进行改善之间作出比较。只要采取行为比维持现状能够具有更大的效率，该选择项就可以确定。赫伯特·西蒙认为，人的理性有限，因而一般采用满意策略达到过去的水平。

满意模型描述了这样一个主要决策过程：人们在感到不太满意的时候才开始搜索，并修整目标。西蒙理论认为特定目标环境并不能决定一个理性行为者的行为，他的思考过程同样也在不断修正所设定的目标。但是不论采取哪一种方式来进行手段选择，决策者都应当力求达到以下标准保证手段选择的有效性：

首先，力求辨别那些与已确定目标相吻合的"最佳"手段，这样的手段选择不能漏掉任何一个比已选手段更优的手段。

其次，选择项的确认必须是可比较的，而且这种比较是持续性的，在随后阶段中能够评估所选手段产生的结果。

再者，手段的选择必须是系统性的，也就是说用来实现某种目标的最优的选择项应当与用来实现其他目标的选择项保持联系。

最后，选择手段的方法必须明确且具有可操作性，有利于在有限的时间内得以实施。

3. 关于实施的分析

政策实施，即政策有效化，是指使用经选择的手段，实现第一阶段中确立的目标。政策的实施与项目管理和控制有关。虽然城市规划目标的动态特征已经被普遍接受，但在具体实施过程中，人们对于政策过程的认识仍处于静态模式中。

与负责决策的政府不同，负责完成实施工作的部门或机构需要将抽象、宏观的城市社会经济发展目标逐层分解，落实于具体城市空间的管理操作。这种过程导致实施部门的行政体系为一种科层等级结构，其前提是一种合理的劳动分工，使规划蓝图由总体到局部、由综合到专业、由抽象到具体，逐级下递、分步实施。这一过程实质上与城市规划中由总体到详细的过程相一致。因此，在某种程度上，作为实施的管理概念与静态蓝图的规划概念相对应。

在许多规划理论中，实施的概念往往只关心手段选择，而不关心实施过程的现实特征。这体现于政策与管理之间的分离，表现为政策过程的结束，即管理过程的开始。现代管理理论表明，政策与管理的分离常使得在管理过程中产生没有预料到的结果。

公共行政管理大多数时候也是公共政策实施的重要研究对象。许多人认为行政管理机构的职责只是自觉、机械地执行立法机构和部门制定的政策，但事实并非如此。在现实中，行政管理机构通常在内容广泛和含糊不清的法令下进行活动，这就给他们"应该做什么"和"不应该做什么"留下了很大的余地。在这种条件下，行政管理过程变成了立法过程的延伸，并且，行政管理人员不得不涉及政治决定过程。

另外，尽管公共政策的主要实施者是行政管理机构，但还有很多其他行动者也参与了政策实施。其中包括：立法机关、法院、利益集团和社区组织。它们或是直接参与政策的实施，或是试图影响行政管理机构实施政策，或者两者兼而有之。

引导和控制是公共政策的重要组成部分，也是政策实施的重要方式。一般涉及多种手段，旨在让人们做某些事情，不做某些事情，或者继续从事他们本来不愿意从事的事情。如同政策内容本身一样，实施手段也容易引发争论。获得授权的实施方式对政策效果具有特别重要的意义。例如反对某一政策的人，可以通过限制行政管理机构的实施权力，来达到削弱政策效果，甚至使其无效的目的。为了提升政策实施的有效性，政府不仅需要广泛的权威和用来支付实施成本的拨款，也需要良好的控制和政策实施技术。这种控制和实施技术可以表现为：非强制的行动形式，如检查、营业执照发放、贷款、津贴和福利、合同、总开支、市场和专卖活动、税收以及强制性的行为，如直接的权力、非正式的程序、制裁等。

因此，关于公共政策的研究，不可能仅局限于该政策本身，而是一个包含从其思想基础到实施，最终到所产生的实际效果的整体性过程。

第 5 章

政策视角下的
现代城市规划

5.1　现代化背景下的城市化运动

5.1.1　现代化的基本含义

为了深入理解现代城市规划的基本性质、作用和目标，首先需要了解现代城市规划与传统城市规划之间的区别，即什么使之成为"现代的"。只有从这一点出发，才能解释现代城市规划的本质是什么，它的作用和目标是什么。

西里尔·E. 布莱克（Cyril E.Black）把现代化进程放到整个人类文明史中予以考察时认为："现代化进程是人类所经历的三次最伟大的变革之一。第一次伟大的变革发生在大约 100 万年前，从灵长类的千万年的进化中诞生了人类；第二次变革发生在距今 4000~7000 年，在两河流域、印度河谷、黄河流域、克里特岛、中美洲及安第斯河谷，相对独立地发生了从原始社会向文明社会的历史性变迁；而今天，我们正面临第三次变革，人类正向着一个新的革命时代发展，特别是近几个世纪来自西欧起步而波及全球的从传统农业文明向现代工业文明的迈进。"❶

所谓的"现代化"，在学术领域是一个专用名词，用来描绘自中世纪以来人类状况急剧变化的进程。作为一种广泛运用的概念，"现代化"一词在于把握、描述和评估自 16 世纪至今人类社会发展的种种深刻的质量和量变，而这些变化开创了人类历史的一个新时代。

A.R. 德赛（A.R. Desai）认为："现代化概念力图描绘人类社会的一个过渡时期，

---

❶　西里尔·E. 布莱克 . 比较现代化 [M]. 杨豫、陈祖州译 . 上海：上海译文出版社，1996.

经过这个时期，人类进入一个取代技艺的现代理性阶段，达到主宰自然的新水平，从而将自己的社会环境建立在富足和合理的基础之上。" ❶

许多史学家认为，始于 1750~1830 年之间的持续性经济增长是现代化的标志，因为它从根本上改变了现代人类的生活方式和生活水平。在这样一个相对短暂的历史跨度内，人类社会发生了巨大的变化。这些变化在总体层面上可以表现为人口以前所未有的速度得以增长。人口统计学家估计 1750 年世界人口只有 8 亿，现在则达到了 60 多亿。

农业在世界经济活动中的统治地位已经结束。在现代经济领域，工业和服务业在社会中占有绝对的优势并起主导作用，这种变化因农业生产率的巨大提高而成为可能。例如在美国，5% 的农业人口可以供养 95% 的非农业人口，并且还有富余。

世界各国达到了前所未有的生活水平，普通公民也能够享用到以往只有社会富裕阶层才能享用到的物品。近年来，大众媒介的迅猛发展，使得人们可以通过电视、电话、因特网等媒体将全世界的生活方式和物质财富联系到一起。

医疗技术的提高带来普遍的长寿，世界人口不断增长，一些经济发达地区的人均寿命比 100 多年前几乎翻了一倍，这也使得未来的人居环境将面临越来越多的挑战。

城市社会成为这些变化的结果，其中所有的事务都与专业化的提高、劳动分工、互相依存和不可避免的外部性相联系。

随着新技术、新材料、新能源不断地发展，机械劳动已经全面取代人工体力劳动，新的科技发展不断涌现，以满足人类不断提高的需求。

在世界范围内，伴随着日新月异的现代化进程，城市化已经成为一种普遍现象。许多发展中国家的乡村人口大规模地迁往城市，空间距离的改变对人们生活、工作方式产生了深远影响。城市不仅规模变大了，而且其影响、作用的范围也变大了。

5.1.2　现代化引发的城市变革

现代化既是过程也是产物。同城市化、工业化、西方化相比，现代化描述了一个更为复杂的过程，这一过程不局限于社会领域的某个方面，而是涉及社会生活的一切范畴。现代化所导致的社会变革是结构性、全方位的。

现代化进程产生的原因非常多元，其过程也较为复杂。它并非社会财产积累到一定程度的简单产物，而是由一系列社会制度因素所引发的变革。人们一般认为，产生于工业先发各国经济、技术领域里的"产业革命"，政治领域里的"市民社会"，文化领域里的"现代思想"的形成，触发了现代化进程在全世界的推广。❷ 在这样的

❶ A.R. 德赛. 重新评价"现代化"概念 [M]// 塞缪尔·亨廷顿等. 现代化理论与历史经验的再探讨. 上海：译文出版社，1993：25.

❷ 塞缪尔·亨廷顿. 导致变化的变化：现代化，发展和政治 [M]// 西里尔·E. 布莱克. 比较现代化 [M]. 杨豫，陈祖州译. 上海：上海译文出版社，1996：44.

背景下，现代城市发展起来，并成为系统性的、全球性的现象。

总体而言，现代化进程为城市带来的变革着重体现于以下几方面。

1. 技术发展的变革

现代科技的发展是社会现代化进程的重要动因。可以说，现代城市与传统城市的主要差别，就体现在城市建设水平及其影响上。

自19世纪下半叶以来，工业化进程推动城市开始发生重大变化。随着新要素的不断加入，新技术的不断涌现，城市中开始出现了铁路、地铁、汽车、公路、垂直交通、电力、燃气、核能、净化水、废物处理、污水处理等前所未有的新内容。

这些新技术的出现，对城市形态产生了深远的影响。铁路运输系统极大地扩展了城市居住区的发展范围，而空间距离概念的改变，对于人们的生活、工作方式产生了深远影响。19世纪80年代，第一批中央电厂开始向城市地区提供电力；电报和电话提供的快速通信使以前必须集中的城市活动能够分散到更广阔的区域中。这使得长远距离的联系成为常态，大规模的建设成为可能，不仅促进了城市扩张，而且进一步引发了城市基础设施的革命。钢铁、混凝土、玻璃、铝材等现代建筑材料的广泛应用，促成了建筑技术的一系列变革，使得各类建筑变得越来越大、越高越密，建筑的建造效率也有了极大提高。这些发展为既有的传统城市环境带来了极大的冲击。❶

科技发展也促进了城市所有产业形式的高度专业化和独立化，医疗、健康、饮食、娱乐以及其他服务行业不断发展并复杂化，极大满足并丰富了市民的业余生活。20世纪下半页以来，收音机、电视机、互联网等大众媒体的迅猛发展，使得人们可以将全世界的生活方式和物质环境联系到一起（图5-1，图5-2）。

图5-1　19世纪英国工业城镇图景。现代城市化的初期阶段，快速发展的新型工业，为原有城市带来了社会、空间与环境的深刻影响

资料来源：PETER HALL. Cities in Civilization[M]. New York：Patheon Books，1998：626-635.

图5-2　1914年德国夏洛滕堡(Charlottenburg)，西门子的巨型厂区

资料来源：PETER HALL. Cities in Civilization[M]. New York：Patheon Books，1998：626-639.

❶ （美）肯尼斯·弗兰姆普敦. 现代建筑：一部批判的历史 [M]. 张钦楠等译. 北京：生活·读书·新知三联书店，2004：13-16.

2. 社会经济的变化

现代化进程不仅使得城市规模变大，而且其影响、作用范围也在不断扩大。

现代社会的经济发展并非传统经济的简单提升，而是一项极其复杂的转变，不仅伴随着技术发展带来的社会生产数量的飞跃，也伴随着现代交通以及其他领域发展产生的空间变革。这使得社会生产从固定化的区位因素上解放出来，并且获得了极高的自由度与流动性，促使现代城市经济的重心逐步从以种植、采矿、重型制造等为主的初级产业，转向以金融、管理、贸易为主的高级服务业，同时也增强了各种公共物品与社会福利的行政管理与供给。

同时，现代化进程为传统的社会结构也带来了重大影响，导致了"个人行动与制度结构的高度分化和专门化……它促使个人充当不同的角色，尤其是将职业角色和政治角色加以区分，并将它们与家属、亲属之间所充当的角色加以区分"❶。社会角色的分工是以个人成就为基础的"自由流动"，改变了以往传统社会中按照固定不变的血统、地缘、种姓和等级的因素来确定每一个人归属的方式。

这样一种来自于社会结构的变革，对于原有的城市空间结构也带来了极大的影响，并且也促进了土地使用的商品化，以及土地交易的市场化。现代城市发展与土地开发、土地交易等事务紧密联系在一起。这使得现代城市规划与现代政府管治密切联系在一起，它的重要性受到广泛关注。现代城市规划所涉及的范畴也远远超出了以往的概念，不仅涉及物质性发展目标，而且也注重社会发展的品质，从而设定社会发展的远大目标，并努力寻求最佳途径来实现它们。

3. 价值导向的变化

在传统社会中，城市中最为重要的领域是至高无上的政治与宗教权力。例如在巴洛克时代的欧洲城市，城市空间环境的营造与专制化的政治权力密切相关。自 16 世纪初开始，开始出现了像罗马重建那样以建筑为主的大型城市设计项目，以及法国巴黎的杜勒里花园和爱丽舍宫这样宏大的建筑群体设计，德国卡尔斯鲁厄这类整体设计的城市（图 5-3）。

随着十八九世纪工业化运动的不断开展，由于原有的城市结构与环境已经不能完全适合于新型的社会生产和城市生活，传统城市的建设原则逐步被以经济效率和社会目标为导向的价值观念所取代。现代城市规划设计理论开始出现，它们有时是乌托邦的，有时是实践性的；有时完全依赖于数学原理，强调几何理想；有时强调对机械工程的模仿，或者强调回到自然。城市发展的价值目标越来越多元化。

4. 政府机制的变化

现代城市发展所引发的新趋势与新观念，对于既有的城市环境带来巨大冲击。

---

❶ A.R. 德赛. 现代化概念有重新评价的必要 [M]// 西里尔·E. 布莱克. 比较现代化. 杨豫，陈祖州译. 上海：上海译文出版社，1996：136.

图 5-3　19 世纪中期鸟瞰图，呈现出巴黎宏大的城市中轴线
资料来源：（美）斯皮罗·科斯托夫. 城市的形成——历史进程中的城市模式和城市意义 [M]. 单皓译.
北京：中国建筑工业出版社，2005：268.

在一座逐渐形成并显现的现代城市中，经济格局、空间组织、社会关系都比以往的城市环境复杂得多，如果缺少精心规划，整座城市的实体环境和结构系统将陷入紊乱：食品供应将会短缺，交通循环将会阻塞，水和能源供应将会中断，传染疾病将会瞬即蔓延，这使得社会需要一种新的管理机制来应对这些前所未有的城市问题。

　　在 19 世纪的欧洲，一些城市如巴黎、伦敦、柏林等曾经出现过的严重城市危机，使得人们逐渐接受了这样一种观点——城市所表现出的过度拥挤、过度泛滥、过度扩张的城市空间对公众健康和社会安定并无益处，需要通过一个强有力的公共机构对社会进行管理与控制。城市需要一种公共部门，它拥有足够的权威和资源，通过提供一种土地使用规划来保障公众利益。

　　特别是在经历了 20 世纪 30 年代的全球经济萧条之后，人们由于目睹了深受资本主义自由经济思想的灾难后，逐步改变了以往对于政府干预所采取的态度。资本主义社会在现实世界中体现出来的大量弊端，促使人们呼吁政府采取行动，提高行政效率，以解决或缓解自由市场经济给社会带来的衰退和萧条。城市规划逐渐被人们看作是"积极的""正面的"，并且深刻地影响着城市生活的质量，从而获得了社会的广泛认同。特别是在第二次世界大战后，现代城市发展逐步走向黄金时期，城市规划专业呈现出一种崭新状态，前所未有地受到政府和市民的信赖。

5.1.3　现代城市发展的特征

　　大多数现代城市都是在传统城市的基础上发展而来，例如伦敦、巴黎、法兰克福、柏林等。即使在现代社会里，许多传统城市仍然一直保持至今，例如威尼斯、

城市政策分析

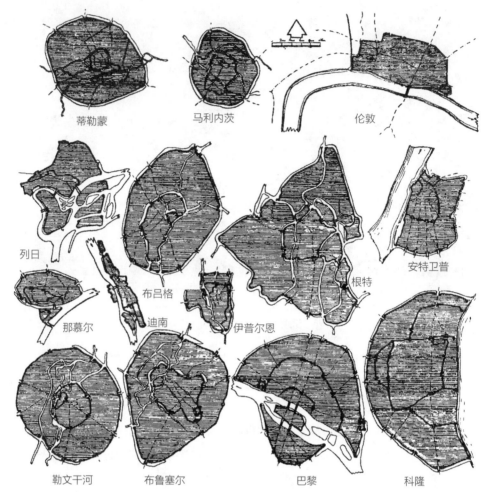

蒂勒蒙　　　　马利内茨　　　　　　伦敦

列日

布吕格

那慕尔　迪南　　伊普尔恩　　　根特　　安特卫普

勒文干河　　布鲁塞尔　　　　巴黎　　　科隆

图5-4　14个欧洲中世纪时期城市平面图，显示出在空间结构方面的高度相似性。
意味着大多数传统城市在城市结构方面的长期稳定性

资料来源：（意）L.贝纳沃罗.世界城市史[M].薛钟灵等译.北京：科学出版社，2000：337.

博洛尼亚、布鲁日、佛罗伦萨、布拉格等仍然保留了城堡墙垣、教堂宫殿以及大量
的传统建筑。然而，自从现代产业革命以来，这些城市即便与其数百年前的模样基
本相似，但内容与性质已经完全不同（图5-4）。

在工业革命爆发之前的千百年间，大多数城市的发展都极为缓慢。在世界范围
内，城市作为人类社会的聚居点，大多数规模都很小，并且基本由防御性围墙所限
定，受到外部环境的严格制约，服务功能和基础设施非常简单，社会结构与物质环
境较为稳定。此时的城市建设工作也相对简单，可以通过一些通俗易懂的法则开展，
无需复杂的社会组织过程，参与人员也不需经过专业培训。

与传统城市相比，现代城市呈现出一种完全不同的景象。由于在社会经济发展
水平、地理空间环境、历史文化因素等方面存在差异，现代城市无论在规模还是在
形态方面都各不相同。但是在其内部，城市的商务区、工业区、居住区等构成要素，

在全世界范围内却呈现出一种日益趋同的面貌。它们不是通过具有相同理念的规划师共同设计完成的，而是在同一种社会经济机制的操作与控制下快速形成的。

这样一种操作机制来自于一种新的空间生产模式。自欧洲兴起的工业革命给人类社会带来了前所未有的科学技术和社会经济的发展动力，许多城市在短时间内发生了极大的空间变化。城市在传统的政治、军事、宗教等领域的功能开始退化，城郊地区开始发展，农村人口迅速向城市集聚，城市人口骤然增长。自工业革命以来，城市的变化比其前几个世纪的变化都要大。

例如伦敦人口在1801年时大约100万人，到1901年已经增长到大约600万人；同时期的巴黎则从50万人增长到300万人。❶纽约的人口在1840年时约为31万人，但在1910年时已经达到476万人；同时期芝加哥的人口从4000人增加到218万人。❷人口的快速增长一方面来自于农村的过剩人口，数以百万计的农民蜂拥到城市寻求工作；另一方面，城市以及国家之间的移民浪潮也推动着城市人口的巨变，在美国，数百万来自欧洲的移民是城市人口快速膨胀的一个重要原因。这表明，越来越多的城市经济正在更加正确地融入国家和国际的经济之中。

城市规模的扩张为传统城市带来了大量问题。在工业化初期，城市人口激增和规模急速膨胀打破了原有城市环境的平衡状态。许多居住街坊沦为贫民窟，大量廉价、新建的居住区拥挤不堪、交通不畅、缺乏空地、通风采光不足、卫生条件很差。不断恶化的居住环境接着导致了各种流行疾病的爆发，城市发展成为城市环境问题的触发因素。

这一变化不仅体现在城市内大部分传统环境需要不断地维护和更新，也体现在城市内部社会经济结构的变化：富裕阶层逐步从衰旧的老城中心外迁到环境自然的郊外，而贫困阶层逐渐从城市的边缘迁徙到原有的城市中心地区。居住区域由于社会地位、经济条件和生活水平的不同而产生了重大分异。城市中的区位条件和空间地位不再由传统的社会等级观念所决定，而是由财富水平所决定。土地所有权与使用权逐渐分离，工作与居住场地逐渐分化，家庭结构也发生了转变（图5-5）。

这种变化也为现代城市带来了许多共性问题。例如，在19世纪迅速扩张的英国城市都面临农业用地被城市用地；大量农民进入城市，致使城市人口急剧膨胀；城市用地布局杂乱无章，工业用地与居住用地混杂，生活环境质量下降；普通工人居住条件恶劣，无人问津等问题。20世纪上半叶以来，随着城市人口规模的不断增长和收入水平的提高，以中产阶级为主体的市民开始郊区化，同时重新定义了城市中产阶级的生活方式。郊区不再只是城市的一种附属品，相反，郊区化也重新定义了城市的空间结构和空间概念（图5-6）。

❶（美）肯尼斯·弗兰姆普敦.现代建筑：一部批判的历史[M].张钦楠等译.北京：生活·读书·新知三联书店，2004：12.

❷彼得·霍尔.城市和区域规划[M].邹德慈，李浩，陈熳莎译.北京：中国建筑工业出版社，2008：2.

图 5-5 20 世纪初，芝加哥城市街道中 已经充斥着有轨电车和各类车辆，呈现出 一片繁忙景象

资料来源：斯皮罗·科斯托夫著，城市的组 合——历史进程中的城市形态的元素 [M]. 邓东 译. 北京：中国建筑工业出版社，2008：100.

图 5-6 小汽车与高速公路推动了城市郊区化的进程，同时也将城市范畴推广到广阔的范围之中，使得城乡之 间的关系更为密切

资料来源：PETER HALL，Cities in Civilization[M]. New York：Patheon Books，1998：946-977.

原先城市的中心区由于逐渐衰败而留给了低收入阶层，导致内城更新和重建面临着巨大挑战。这也相应带来了社会隔离的问题，加剧了社会的不和谐与阶级冲突，为城市的社会空间结构带来了深刻影响。

现代城市的发展一方面体现为城市本身的变化，另一方面则体现为城市的区域化、全球化。在更大的范围内，一种新兴的城市类型——大都市群（megalopolis）开始出现，这是一种伴随着现代经济结构转型而来的新型结构，它是由多城市、多中心构成的城市地区，特点是由大面积、低密度居住区和经济功能专业区形成的复杂网络，在其中，公共与个人的节点密集交织在一起，并且促进了高级产品与服务业的生产和消费。这一现象也体现了在城市之间、城市带、区域和国家之间越来越广泛的相互依赖关系，而这一现象正在当前的全球城市中普及（图 5-7）。

乔尔·加罗（Joel Garreau）在针对美国南加州地区的城市研究中，甚至提出了"边缘城市"（edge city）的概念，这种城市地区明显不同于早期的城市郊区，具复杂性甚至朝功能方面的发展。这是大多数新房，大多数新工作，甚至大多数新文化中心的所在地。例如洛杉矶从 1920 年的不到 60 万人口增长到今天的约 400 万人，越来越多的主要通勤模式不是从郊区到中心城市，而是从郊区到郊区。高速公路的网格模式和依赖性进一步强调了这些特征，许多人会说过度依赖，汽车取代了曾经广泛的有轨电车网络，创造了一个没有单一市中心的大都市。

如今，很少有城市能够不受到来自其他地区经济、社会、政治和环境的影响。发达先进的交通运输、网络媒体和金融体系，正在逐渐将各种地理区域，甚至整个世界紧密联系到一起。从这个意义上讲，城市越来越受到各种其他公共政策因素的影响，而来自全球化进程的综合性影响，已经远远超出了传统城市规划所能应对的思考范畴。

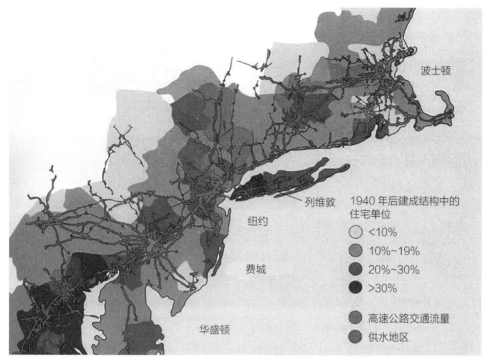

图 5-7　大都会，让·戈特曼（Jean Gottmann）绘于 1961 年。图中显示出由高速公路、郊区扩张以及供水所构成的系统

资料来源：Drawing © David Grahame Shane and UnWegman, 2010. Redraw from Jean Gottmann. Megalopolis: The Urbanized Northeastern Seaboard of the United States. New York：Twentieth Century Fund, 1961, fig 63：233.

5.1.4　早期现代城市规划面临的挑战

随着城市的起源，虽然传统城市规划活动已经存在了数千年，但是与现代城市规划相比，仍然还是一项相对简单的事情：以往的城区由于规模较小，并不包含许多令现代城市感到万分复杂的技术因素，经济、产业内容非常简单，城市规划的形式相对单纯，城市的物质性因素成为考虑的重点。

现代城市与传统城市在外部形态上存在很大区别，在发展过程及其动因上也有着广泛差异。与早期的城市一样，现代城市可以被看作是社会经济活动的产物，体现着隐含于这些外在形态下的社会关系。

现代城市同时也具有一些共同的负面特征，包括规模扩张、复杂系统和由此引发的城市问题。由于发展变化的不稳定性、不规则性，导致现代城市在刚开始起步发展时，就会遇到很多问题。

"在城市有限的范围内，由于人口密度快速提高，有限的供水逐渐被污染，污水处理远远不敷需要，各种各样的污秽环境都伴随着人口密集而来，供水严重不足，卫生状况很差，拥挤状况越来越严重，医疗设施和公共卫生成为一大问题。这些城市只有很少或者基本没有最根本的供水、垃圾及污水处理等设施，以及处置大规模传染病的能力等。另外，很多城镇是从农村飞跃发展起来的，因而实际上更加不能

满足这些方面的要求。" ❶

早期现代城市规划的形成与发展，是城市在现代化过程中由于面临多种社会问题所触发的。工业革命初期，在社会革命浪潮的触动之下，人们曾经预期社会将会朝向一种强调人类尊严、法制化、理性化和自由化的方向迈进，新的价值观将取代封建社会的社会等级、宗教程式以及独裁专制等一些中世纪社会的特征。

现代的社会经济发展促进人类生产、生活方式的空间分布发生重大变化。随着社会初级产品价格的普遍下降，耗费在建设方面的劳动力和建筑材料变得廉价，从而有益于进行大规模建设。同时，越来越多从事办公、商业或者其他非体力性职业的白领阶层，由于具有较强的经济实力，并且在现代金融政策下，能够依靠抵押贷款购买自有住宅，从而带动了私人住宅的大量发展，对于既有城市空间、基础设施有着不断增高的需求。

然而，随着城市现代化进程的不断深入，原先的社会理想只有一部分得以实现，社会现实并不如人们所期望的那样，前途也并不完全总是一片光明。与日新月异、突飞猛进的科技发展趋势相比，社会的变革与发展显然是落伍了，在某些方面甚至发生了严重的倒退。因此，人们对于现代城市的发展所给予的评价并不总是正面的。

刘易斯·芒福德认为，当前时代的城市与以往时期非常不同，当前时代是一个产生大量技术进步的时代，这些技术进步除了在科学、技术领域有所重要体现之外，对于人类社会发展而言，并不一定总是呈现出良好的特征。他认为："我们事实上生活在一个由机械学和电子学等无数发明所构成的迅速扩张的宇宙中，这个宇宙的组成部分正以一个极快的步伐越来越远离人类中心，离开人类一切理性、自主生存的目的。技术方面的这种爆炸性发展，也引发了城市本身及其类似的爆炸——城市开始炸裂开来，将其繁杂的机构和组织散布到整个大地上。由城墙封闭形成的城市容器不仅仅被冲破，其吸引力也在很大程度上被消减。结果，我们目睹了城市的优势在某种意义上退化成为一种杂乱无章不可预知的状态。简单地说，人类正在失去对这个时代文明的控制，人类文明正在被自身过分丰富的创造力所淹没，也正在被其源泉和时机所淹没。无情地实行专制控制的极权主义国家制度，已由于他们的制动器不灵而成为新时代的牺牲品，正如在跌落的经济中乘上失控的车辆而成为牺牲品一样。" ❷

此时城市规划所面临的更大的问题是社会制度方面存在的问题。工业社会的发展不仅带来了社会繁荣，也带来了许多现实中的不良后果。在大多数工业化进程的初期阶段，城市往往表现出一种病态的环境，缺乏有目的的整体规划。更多的城市

---

❶ （英）彼得·霍尔.城市和区域规划 [M].邹德慈，李浩，陈熳莎译.北京：中国建筑工业出版社，2008：14.

❷ （美）刘易斯·芒福德.城市发展史——起源、演变和前景 [M].倪文彦，宋俊岭译.北京：中国建筑工业出版社，1989：35.

开发者仅仅为了经济方面的诉求，而不考虑长远的道德标准和社会要求，使许多城市沦落成为一个充满了拥挤、贫民窟、罪恶的世界。同时，工业社会所带来的贫富差异和社会差异更加激化人们对工业社会的反抗情绪（图5-8）。

因此，早期现代城市规划所面临的各种挑战远远超出技术方面的因素。在自由市场的社会体制下，城市发展缺乏计划，经济竞争成为自然法则，自私自利成为人的本性，商业利润成为合理性的衡量标准，道德价值观、职业责任感遭到经济价值观的歪曲。拥挤的工业化城市已经体现出现代社会的种种弊端，这些弊端逐渐超出了人们所能容忍的限度，它的自私、贪婪逐渐超越了对社会所作出的贡献，导致其对社会发展已不再具有促进作用。

图 5-8　煤矿之城，描绘了早期工业化进程给城市环境所带来的灾难性影响

资料来源：RUTH EATON. Ideal Cities, Utopianism and the（Un）Build Environment[M]. London：Thames & Hudson, 2001：139.

5.2　现代城市规划的思想基础

5.2.1　针对现代城市问题的认知

1. 针对现代城市问题的诊断

现代城市发展由社会结构性转型所致，现代城市问题以及所采取措施的复杂性也是传统城市所不能比的。城市规划将面临长期挑战，将一系列复杂、不断变化的要素编织成为一个整体。在历史上，许多思想家对构建理想城市进行了各种尝试，但由于社会现实具有动态性的特点，人们很难对理想的城市形式达成一致。

早在19世纪中期，许多富有远见的思想家们就开始对蒸蒸日上的工业社会进行反思。英国现代城市规划先驱查尔斯·布斯（Charles Booth）于1887年5月曾经发表了一份针对伦敦贫困人口的调研成果，认为当时大约500多万的伦敦人口中，大约有100万人处于贫困之中，其中伦敦东区的贫困人口达到31.4万人，占地区总人口的35%之多，这也就相应导致了城市生活环境的严重恶化。❶

对于城市环境恶化的原因，早期城市研究者的解释一般是：城市被容许无计划

---

❶（英）彼得·霍尔. 明日之城：一部关于20世纪城市规划与设计的思想史[M]. 童明译. 上海：同济大学出版社，2017：29.

地发展，脱离了人类的价值标准；经济竞争成为一种自然法则，经济价值观扭曲了传统的道德价值观和市民责任感。

到了 19 世纪中期时，许多社会思想家被残酷的现实震惊，他们看到的是工业化所带来的噩梦，而不是先前所预言的美景。曼德维尔（Bernard Mandevill）认为，虽然一些人从自由市场经济中受益，但社会整体却遭到损害。❶ 工业化的理想与现实之间的鸿沟已经超出了人们的想象。

霍华德在《明日的田园城市》一书中，不仅反对城市拥挤的现象，而且反对导致工业城市产生的价值观。他认为："在拥挤的工业城市中，居住着我们文明中的魔鬼，这些魔鬼得以壮大是因为自私和贪婪已经远远超出它们对社会的贡献。如果我们需要一个更加发达的工业社会，它们现在必须一个一个地被清理掉。人们在社会和自然的力量面前并不是软弱无力的。" ❷

在令人失望的社会现实面前，许多思想进步的社会改良家们认为，人类不应只是悲惨地面对社会和自然力量。社会领域和科学领域一样，必须放弃旧方法，通过发展新方法去适应新的需求。如果十七八世纪人类增强了控制自然的能力，那么 19 世纪的任务就是运用人类的智慧和能力来控制社会。

因此，现代城市及其规划不同以往。它必须在一种平衡关系中进行发展，一方面注重社会经济领域的不断增长，另一方面则需要平衡这种增长所带来的负面效应。

由于这样一种要求，这一时期的城市规划思想也逐渐开始融入了科学理性的精神，原来思想中的神秘主义、自然主义或神圣主义的因素逐步让位，植根于经验的、定量的科学方法日益发展。这些变化不仅体现了经验科学在各领域中的发展趋势，也体现了人类社会由农业文明向工业文明过渡的必然过程。在城市规划领域中，这一转变的主要目标并不是去形成更高的艺术性诉求，而是需要充分利用来自科学领域的成果来管理和引导社会。

因此，伴随着工业革命而来的经验科学的发展，特别是自 19 世纪以来，应用型社会科学首先发展起来，成为用于了解和控制社会复杂性的一种手段，它首先融入了统计学和人口学的成果，随后又融入了经济学、社会学、政治学和行政学等方面的内容。城市政策研究或者与政策研究相关的内容逐步成为一种相对自主的、由特殊程序所指导的研究行为，并且力图建立在经验数据的基础之上。

19 世纪末英国城市所面临的结构性问题

自 19 世纪中叶开始，英国首都伦敦开始遭受严重的城市问题。与之相对应，自 19

❶ LEONARD REISSMAN. The Visionary：Planner for Urban Utopia[M]//MELVILLE C. BRANCH. Urban Planning Theory. Stroudsburg，PA：Dowden Hutchingon & Ross, Inc. 1975：27.

❷ EBEBEZER HOWARD. Garden Cities of Tomorrow[M]//MELVILLE C. BRANCH. Urban Planning Theory. Stroudsburg，PA：Dowden Hutchingon & Ross, Inc. 1975：28.

世纪下半叶以来，英国北部地区存在着广泛的经济问题。煤矿、造船和重型机械制造等原有基础工业由于产业变迁已严重衰退，并在20世纪初引发了大量失业和低收入问题。

自19世纪以来，由于受到劳动分工和自由经济思潮影响，英国作为曾经的全球工业巨人认为每个国家应当从事能给该国带来相对最大利益的商品生产和服务。因此，英国政府一方面强调专业化，沉醉于自由贸易原则，把重点放在大宗出口产业上；另一方面，不顾来自北美、阿根廷、澳大利亚、新西兰等前殖民地的竞争，放任农业极度衰退，导致乡村地区人口不断减少。

1901年，英国已经充分城市化，80%的人口居住在城镇，并且人口日益集中在少数主要工业地区，许多城镇已经演变成城镇集聚区。但是，普通工人的就业门路却很狭窄。根据1921年的人口调查，英国总就业人口的半数以上从事采矿业和制造业。这些产业在国民经济中占有重要地位，但是大多集中在北部的煤矿地区。

由于英国工业化进程开展较早，当时煤炭价格昂贵，而且很难运到远离煤矿的地方，因此英国的制造工业迅速集中到北部煤田地区。然而，这类基础工业极易受到全球经济变化影响。自1870年以来，随着发达国家工业增长率逐步降低，它们对于工业产品和原料需求的增长日趋减缓，致使原材料生产国也遭受经济危机的严重影响。

同时，一系列技术革新导致英国某些产业发生变化，例如石油代替煤炭作为主要燃料，降低炼铁的煤耗，人造纤维制品开始代替棉、毛织品。另外，其他国家也相继完成了工业化。在20世纪二三十年代，日本和印度次大陆都扩大了它们的棉纺工业，加强了竞争力，从而导致英国传统工业地区更加严重的衰退。

新型工业的布局也与传统工业有着很大不同。这些新工业包括电机、汽车、飞机、精密机械、药品、加工食品、橡胶、水泥等，它们在伦敦及其附近地区迅速发展。然而，新工业并没有向北延伸到传统工业日渐衰退的地区，这种情况造就了地区之间显著的差异，并导致了大量的社会迁移，对长期形成的社会结构及人民生活的稳定性造成冲击。

2. 针对现代城市问题的观点

在现代城市规划开始兴起的过程中，早期研究者对于工业社会的态度起到了非常重要的作用。从当时的现实角度来看，研究者普遍对工业化和现代化失望，并且对在工业文明中普遍流行的社会基本价值观持保留观点。

总体而言，人们对于现代工业化的发展表现出以下三种类型的观点：

（1）反对

工业化没有给现实社会带来实质性好处，机器、工厂、现代城市并不是人类的福音。鉴于存在着的一些严重社会问题，这类保守性观点提倡中世纪城市中的那种舒适安全的特征，倾向采用一种乌托邦的模式，主张采用以乡村化的小型社区取代

城市政策分析

图 5-9　克劳德·尼古拉斯·勒杜，舍伍盐沼，其主要目标是为了在远离城市的乡村环境中，
形成美好的生产与生活的共同体

资料来源：（美）斯皮罗·科斯托夫.城市的形成——历史进程中的城市模式和城市意义 [M]. 单皓译.
北京：中国建筑工业出版社，2005：179.

大城市。例如彼得·克鲁泡特金（Peter Kropotkin）❶于 1898 年在《田野、工厂和作坊》（Fields Factories and Workshops）所提出的"乡村工坊"的设想，在诸如利物浦附近利华城的阳光港（Port Sunlight）以及伯明翰城外的卡德伯里的伯恩村（Bournville）等地所实施的案例，人们为在农村地区发展的工业化乡村提供了一种从拥挤城市中成功进行工业疏散的具体模式和操作示范（图 5-9）。

卡米拉·西特（Camillo Site）在其《遵循艺术原理建造城市》一书中，提出现代城市应当回复到中世纪城市的美学传统与时空状态，著名现代建筑大师弗兰克·劳埃德·赖特（F.L.Wright）则提出"广亩城"概念，认为城市形态应当符合经济机制、政治管理和社会哲学，以便人们回归到一种农业文明的愿景之中。

（2）改良

工业化在一定程度上带来了社会进步，节约了人力劳动，使人们从单调工作中解脱出来。因此应当发挥现代工业所带来的优势，同时针对它的负面效应进行控制，使所有生活在新环境中的人们能够接受到工业革命所带来的福利。这种观点在城市中，最为经典地体现于霍华德提出的"田园城市"设想。其主要的观点在于，如何将大城市所提供的经济与社会方面的机会、导向和人力资源，与乡村良好的环境以及淳朴的社会关系结合在一起，力图使城市生活回复到田园风光式的环境中。

霍华德认为，人口不断涌入城市并导致乡村衰退是人们无法回避的一个事实，在认识到这一现实的前提下，可以通过田园城市的建设，使社会发展实现一种平衡。

❶ 彼得·克鲁泡特金（Peter Kropotkin，1842~1921 年），俄国无政府主义革命家、地理学家、动物学家和政治散文家，最重要的无政府主义者和第一批无政府主义思想的提倡者。

霍华德提出了田园城市设想，并谨慎分析了经济投入，强调了田园城市的可行性，接受了许多现实中的价值观念，指明过分拥挤环境的恶劣之处，提倡田园城市的美好前景（图5-10）。

（3）革新

革新派的人士将工业化进程视为历史发展的必然阶段。拉思·格拉斯（Ruth Glass）认为："回到小型自给自足的城市单元是一种悲惨的希望，目前的趋势是劳动和利益的不断分工……这个趋势可以控制但难以逆转。"[1] 在新的历史时期中，社会历史不可能按原样保持，也很难重塑。工业化时代的人类社会需要进行一次彻底的重建，以新的社会秩序替代原有的机构、

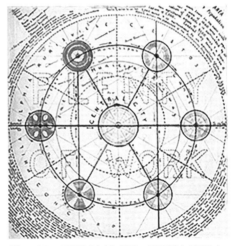

图5-10　田园城市模式图。霍华德在图示中，描绘了由城镇集聚点在乡村环境中所形成的一种结构关系。在图形的背景中，写上了大量的就业机会（plenty of work）

资料来源：RUTH EATON. Ideal Cities, Utopianism and the（Un）Build Environment[M]. London：Thames& Hudson，2001：149.

价值和社会机制，稳步进入工业化社会所预言的未来理想状态。

对于一些较为激进的建筑师而言，传统城市已经无药可救，而且也无需进行拯救。通过现代技术设计建造，可以营造出一种全新环境。许多20世纪之初的现代主义建筑师，如托尼·戛涅、勒·柯布西耶等立足工业社会的现实和机器美学，对未来社会不断作出畅想。勒·柯布西耶则是一位更加强调技术因素的城市思想家，在《明日之城市》（*The City of Tomorrow*，1922）和《光辉城市》（*The Radiant City*，1933）等著作中，他提出传统城市由于规模的增长和市中心拥挤程度的加剧，已经出现功能性衰退。随着人口聚集现象日益显著，城市中心商业地区的交通负担越来越大，这些城市中各种功能最为重要的地区应当采用现代技术手段进行重新塑造（图5-11）。

图5-11　"广亩城"设想，弗兰克·劳埃德·赖特。在鸟瞰图中，赖特描绘了一种未来城市发展的情景。先进的小汽车、飞机以及高速公路，可以将人类的居住环境发布到广阔的农村之中，形成理想的生活环境

资料来源：RUTH EATON. Ideal Cities, Utopianism and the（Un）Build Environment[M]. London：Thames&Hudson，2001：211.

5.2.2　针对现代城市问题的反思

对于现代城市的评价，并不能简单地

---

❶ MELVILLE C. BRANCH. Urban Planning Theory[M]. Stroudsburg.PA：Dowden Hutchingon & Ross, Inc. 1975：34.

一概而论。现代城市发展在引发了许多新问题的同时，也解决了大量以往城市难以解决的老问题。例如越来越多的市民获得了更大面积的住房、更为便利的生活、更加顺畅的出行以及更高收入的工作。

对于一些更加深思熟虑的思想家来说，城市中出现的拥挤、粗鄙、腐坏等只是暂时性现象，可以通过拓宽道路以及区划、片区更新等工程技术方法解决。但更为重要的是需要着眼更加长远的社会目标和社会需要。他们针对社会问题根源作出本质性探究，希望通过政府职能调整，在遵循普遍社会理想目标的基础上解决问题。

这种社会改良所针对的并非是工业化进程本身，而是由它所引发的不良后果。它反对的是工业化所形成的社会系统，而不是机器本身 ❶。工业技术对人类进步所起的作用已经获得了广泛认可。出现问题，需要改变的是那些导致人类从属于机器，以及受到利益驱动的社会系统。如要解决问题，不是去废除机器，而是需要控制由机器带来的社会和环境的负面效果。这些思想态度在随后的发展中，逐渐成为政府对城市发展进行公共干预的立足点，也就相应促进了与设计传统有所不同的现代城市公共政策的发展。

从这一角度来看，尽管每座城市各不相同，并且分处不同地域，但从社会机制方面提出解决方案是可能的，因为它们在各个不同层面都有着相同之处。每座城市必然都拥有自己的交通系统、商务中心、商业综合体、居住区等功能区域，每种功能区域都必然具有相似的功能属性，它们由管理（与政府和治理机制相关）、交易（与生产和交换的经济功能相关）和生活（与家庭和地方的社区组织相关）等因素所构成，从而界定了城市及其社会生活。因此它们所遵循的是相同的功能原理和经济规则，并与各种宏观的社会经济系统联系在一起。

许多城市思想家们认为，良好城市环境的基础在于现实世界的合理性，人类可以运用理智进行城市规划，从而创造出更好、更和谐、更人性化的环境，运用经济原则和科学力量去帮助建设更好的城市。

5.2.3 针对现代城市变革的提议

为了解决现代城市的各种弊端，实现社会变革，首先要做的是辨别现实问题的症状，指出其根本原因，然后提出解决方法。在现代城市规划的思想酝酿过程中，主要存在以下四个议题。

1. 如何更好利用现代技术

20世纪初，一些前所未有的新技术与新材料开始得到广泛应用，并且极大地改变了整个人类文明的基础：机械领域的革命导致了火车、汽车、飞机等现代交通方

---

❶ MELVILLE C. BRANCH. Urban Planning Theory[M]. Stroudsburg，PA：Dowden Hutchingon & Ross，Inc. 1975：27.

式的出现，使得社会交流的可能无限扩大；电气领域的革命产生了电灯、收音机、电视机等新技术，给人类生活带来了恒久的照明，并极大地提高了通讯效率，为人类生活带来了变革性影响；材料领域的革命带来了钢材、混凝土在城市与建筑领域的广泛应用，极大地提高了城市建设的水平和能力，使得城市建设拥有更好的工程学基础，为更好的城市建设创造了必要条件。

2. 如何进行更好的管理

现代城市规划以政府对自由市场的负面效应进行干预为特征，政府在城市规划管理中具有权威性。随着社会现实的不断发展和理论研究工作的不懈努力，城市规划专业逐渐深入探索问题的本质内容。尤其是在20世纪六七十年代，许多规划理论开始针对先前的工作方法进行深刻反省，规划体系的工作重点也逐渐从第二次世界大战后的"理想蓝图设计"，转变到针对城市土地使用的控制管理上来，并且以公共利益为导向，采取相应措施改善生态环境，降低社会损耗。

3. 如何惠及更广泛的社会

在促进城市发展的各类因素中，社会因素无疑是最主要的。一个城市的物质构成、经济结构、产业关系、市场环境、通讯以及交通线路，都需要适应社会需求。19世纪以来，城市的社会形态逐渐发生变化，集体主义意识增强，公共住房不断增多，贫民窟不断清除，消费者与生产者之间的联系拓宽，以及为工人阶级建造更好的住房社区，所有这些都体现了城市规划在社会领域的思考。

在更深层面上，现代城市发展意味着传统的社会结构发生了本质性转变，启蒙运动所引发的社会革命降低了宗教与贵族在世俗生活中的独特地位，商业利益与政治权力成为城市生活重心。现代城市规划不再是王权、贵族的工具，而逐渐面向普通大众。因此，如何惠及更为广泛的社会层面，就成为现代城市规划的重要议题。传统的城市规划所表达的往往是来自统治阶层的思想观念，虽然政府也对城市的日常进行管理，但明显缺乏系统性和整体性。

4. 如何促进更美好的城市未来思想

城市需要一个未来发展的愿景，并且需要对此作出预判。由于城市是一个复杂的巨型系统，在缺乏足够的研究和分析的支持下，人们很难针对城市的未来发展状态和方向做出判断，从而导致对城市的主要要素及其相互关系和作用方式认识不足，导致城市发展的方向充满更多的复杂性和不确定性。由于人们很难在行动之前就能够确定每个具体问题和细节，城市的未来愿景很容易成为空中楼阁。

于是，这就需要通过一种有效的程序，去解决城市未来可能面对的复杂问题。而城市规划通过对未来发展进行预测，以达成未来发展的目标。因此，城市规划必须基于现实主义而不是理想主义，这是因为预测和想像可能是高度主观的和个人的，但是城市的发展需要体现集体意志，这也就成了现代城市规划的重要的立足点，因为单凭良好的愿望和完善的思维方式解决不了现实问题，人们需要对问题的本质有更加深刻的理解。

随着社会经济水平的不断增长、科学技术水平的不断发展以及城市人口的不断增长，生活环境也在面临更大的压力，毫无疑问，未来城市将会面临越来越多的挑战。城市是面向未来的，如何通过城市规划为人类未来社会勾勒出更加美好的蓝图，如何处理好上一代与下一代人在城市发展中的关系，已经成为未来社会的重要议题。

城市中存在着的各种复杂因素，以及来自现代城市的爆发性的扩张，传统的城市规划无力应对，来自设计传统的城市规划无法从根本上处理令人头痛的社会现实问题。但是在一种全新的社会政治背景下，在一种基于强大社会生产力的新工业经济秩序的基础上，现代社会有能力去应对传统城市中存在的旧有顽疾，并去创造一种全新的城市模式，去确立物质、社会、经济和政治等领域的全新秩序。

5.3 现代城市规划专业的政策特征

5.3.1 早期现代城市规划的兴起

1. 现代城市规划的雏形

作为一项特定事业，现代城市规划专业某种程度上成功地解决了人类社会在现代化进程中面临的众多问题。作为一门专业，现代城市规划在各个领域都获得了长足进展：一方面，它在作为一种理想的城市规划和作为一种行动的城市规划之间建立了一种动态关系；另一方面，它在实践中涉及更加广泛的公共问题，考虑更加广泛的需要，并与其他公共部门密切合作，采取积极措施改善城市环境。这是一项带有理性色彩而又充满理想的事业，逐渐被社会接受并形成基本的方法体系（图 5-12）。

19 世纪中叶，英国政府通过了一系列的法案，对环境卫生问题进行管理。例如 1848 年颁布了 "住宅改善法"，并据此成立了中央卫生部，设立地方卫生局。此外还有 1855 年颁布的《消除污害法》（*Nuisance Removal Acts*）和 1866 年的《环境卫生法》。19 世纪 60 年代起，英国政府加强了对建筑标准的管理，颁布了 1868 年以后的《托伦斯法》（*Torrence Acts*），准许地方政府可以勒令拥有不卫生的住宅的房主自己出钱把房子拆除或加以修理。1875 年颁布了《克罗斯法》（*Cross Acts*），准许地方政府自己去制定改善贫民区的计划 ❶。

1909 年，第一届美国城市规划会议华盛顿召开，主要议题是关于城市规划和城市人口拥挤问题，这昭示着，现代城市规划的核心议题开始深切关心城市中普通公

---

❶ （英）彼得·霍尔. 城市和区域规划 [M]. 邹德慈，李浩，陈熳莎译. 北京：中国建筑工业出版社，2008：15.

图 5-12　1884 年，英国皇家委员会正在召开会议，商讨如何解决工人阶级住房问题，这也是早期的政策咨询工作

资料来源：(英) 彼得·霍尔. 明日之城：一部关于 20 世纪城市规划与设计的思想史 [M]. 童明译. 上海：同济大学出版社，2017：20-23.

众的生活状态。❶ 伴随着逐渐加快的城市化进程，大量移民突然到来，在城市中产生了大量不断涌现的贫民窟，引发了一场消除贫穷和提高社会服务的社会运动。这种危机感和人类使命感促进了早期的现代城市规划，并且带动了与住房、社会福利、公共健康以及其他内容相关的专业发展。

　　虽然这一时期城市规划被广泛接受，在实践中却仍然存在着许多困难。尽管城市规划无论在专业本身还是公共舆论方面都已经获得了很大的声望，但是城市规划行为仍然尚未成为政府常规职能的一部分，或者已经融入政府的正式议程之中。

　　因此，城市规划仍然有待于被纳入到广泛的政府系统之中，城市规划为政府部门的重要投资项目在区位选择和项目决策方面提供机制，政府则提供改善城市环境所需要的资金、技术、组织和手段。现代城市规划应当越来越带有公共政策的属性，而不仅仅是一种设计或技术性工作。它需要成为一种权衡性的工作，既要利用好现代文明和技术带来的福音，也要协调相应带来的负面性。

　　2. 早期现代城市规划与传统城市规划的区别

　　现代社会经济环境是现代城市规划产生和发展的动因，现代城市与传统城市、现代城市管理与传统城市管理之间存在着较大差异，这些差异着重体现于以下几方面：

---

❶ MELVIN WEBBER. Comprehensive Planning and Social Responsibility: Toward an AIP Consensus on the Profession's Role and Purposes[M]//A. FALUDI. A Reader in Planning Theory. Oxford：Pergamon Press，1973：95.

（1）现代城市规划是建立在现代经济产业基础上的。由于公共政策是现代社会机制的一种表现，即使在城市规划的早期阶段，仍然缺乏较为正式的组织形式，但是在某种程度上，它已经担负起制定城市公共政策的责任，促使城市公共政策所包含的内容在现实社会中得以实现。

（2）现代城市规划是建立在市民社会的基础上的。从现实社会的视角来看，对城市发展政策产生影响的参与者很多，不仅包括市长、市政部门官员、城市管理人员，还包含企业家、开发商、市民等众多的相关利益者。现代城市规划成为城市日常社会的一部分，广泛影响着市民的日常生活，影响着他们的居住环境、工作区位以及家庭生活所能参加的领域。

（3）现代城市规划是建立在合理性的基础之上。在早期现代城市规划的工作中，大量的城市发展设想基于"预感规划（hunch planning）"的基础上，以主观猜测为工作方式，虽然代表规划师的良好愿望，但很难采用科学方法和客观标准。在现代城市规划中，人们的工作方式开始结合大量的科学方法，有条不紊地实施。

（4）现代城市规划是未来的导向，其目的在于实现城市发展目标。从城市规划专业自身的角度来看，专业人员的职责不仅要对城市当前的发展状态负责，而且还要为今后十几年中的社会发展负责，这不仅需要通过具体项目为社会资源配置提供静态效果，更重要的是形成制度框架，使社会发展形成动态效率。

由于现代城市是一个超越任何人力思维范畴的巨型系统，如何将现实性、日常性的城市生活因素纳入到社会组织、专业领域的思考之中；如何将特殊性、差异化的各类城市活动、行为与城市的相对宏观、整体层面的中、长期计划联系起来；同时，如何使综合性、持久性的远景思考，逐步落实、体现于城市日常生活中，这些都是城市规划专业在方法上面临的一道难题。

自 20 世纪 60 年代开始，越来越多的规划理论开始对现行的规划体系进行深刻反思，并相应结合了许多来自社会科学领域的研究成果进行创新研究，对城市规划方法产生重大影响。在规划技术方面，B. 麦克洛林（Brian Mcloughlin）、G. 查德威克（George Chadwick）、A. 威尔逊（Alan Wilson）及其同事们所创立的系统工程规划思想方法引起英美等国家规划界的重视，并受到世界的关注和赞誉。❶

这些领域的发展主要针对的，就是如何在一个规划过程中作出合理的决策，其主要方法在于：

（1）规划师尽可能广泛地列出规划的目标；

（2）根据这些目标确定一些较为具体的任务；

（3）借助于系统模型获得将采取的若干可能措施的行动方向；

---

❶ （英）彼得·霍尔. 城市和区域规划 [M]. 邹德慈，李浩，陈熳莎译. 北京：中国建筑工业出版社，2008：230.

（4）根据这些任务和可能的财力来评估各个比较方案；

（5）最后采取行动，通过公共投资或控制私人投资来实施最优方案；

（6）每隔一段时间，检查系统的状态，看看距离预期的方向有多远，并进行一次修正，再以此为基础，重新进行这样的过程。❶

通过这样一种自上而下的操作体系，在理论上，一个完善的规划系统可以从国家规划、区域规划，再到次区域规划，同时与交通规划和其他专业规划进行整合，通过结构规划与地方规划相结合，对城市的未来发展作出指导。由此，城市规划已经与以往的蓝图式制作完全不同。

5.3.2　关于现代城市规划的再认知

现代城市规划源于对社会公共目标的诉求：一方面，它需要一种内在的合理性，强调技术性的过程；另一方面，城市规划的结果又需要为政策决定提供合理化的话语体系，使之能够在更为广泛的社会领域中获得话语权，并且保持与政府部门及其工作之间的紧密联系，在法律意义上得到证明的同时，也带有一种调和和平衡的政治协调性质。

城市规划正在社会事务中扮演着越来越广泛的角色。作为一项公共政策，它既强调内在的逻辑连贯，又注重不同基础思想之间的协调，因此表现出一种兼容性，体现于"综合的、全面的""为了公共利益"的这类观点中。

唐纳德·弗莱（Donald Foley）认为城市规划可以从三个方面进行认知，即专业角度、政府角度和社会角度。❷

1. 专业角度的认知

从专业的角度来看，城市规划的主要内容是针对城市中的土地利用进行管理和控制。这是一项带有很强的技术特征，并且强调效率的工作——根据各种土地使用的优先性，通过整体性的空间协调，提供一个紧凑、平衡、有秩序的土地使用安排。

大多数的城市规划表现为这样一种空间技术方法，通过具有信服力的专业形式来进行，以各种方式来为市民提供公共服务与公共空间。同时通过土地利用的控制，城市规划对于城市环境中的公共秩序作出限定，无论是居住用地、工业用地、商业用地，还是办公用地、设施用地，还是游乐场地或是绿化用地，城市规划都是力图针对过度拥挤、物质环境衰退等社会问题提出解决方案。由于城市规划专业这种不言自喻的行为在情感上具有感染力，因而其技术手段被普遍接受。

---

❶ （英）彼得·霍尔. 城市和区域规划 [M]. 邹德慈，李浩，陈熳莎译. 北京：中国建筑工业出版社，2008：231.

❷ DONALD L. FOLEY. British Town Planning: One Ideology or Three? [M]//A.FALUDI. A Reader in Planning Theory. Oxford：Pergamon Press，1973：71.

2. 政府角度的认知

由于城市规划是一种技术性很强的行为，这使得它带有中性色彩，似乎可以独立于政府的行政体系。然而从更为综合的角度来看，城市规划体系是空间规划思想制度化的表达形式，体现于政府管理和政策体系中。由于人们普遍认识到自由的土地市场不可能完全朝有利于公共利益的方向运作，因此，即使最保守的利益集团也会赞同针对土地使用进行适宜的技术控制。

同时，城市规划在公共领域的职责使之必须依赖于来自政府的支持。由于现代城市社会愈加复杂，土地资源愈加稀缺、空间拥挤，这需要城市规划具备相当程度的灵活性和适应性，因此如果失去来自政府方面的支持，土地配置的均衡性和土地使用的有序性都将无法实现。

城市规划将美好的物质环境视为一种目标，但这一目标的实现往往又超出了传统城市规划的工作范畴。例如，每当城市用地的使用方式与城市规划所指定的标准有所不符时，就需要一个公共部门来负责确立社会的发展目标，进行相应的协调。作为公共政策的一部分，城市规划需要与政府的财政计划、环境保护等其他政策保持紧密联系，并使其控制在一定范围内。为了能够不断适应新的情况和环境，城市规划的制定与实施必须与政府部门的权威性保持紧密关系❶。

3. 社会角度的认知

城市规划的责任是为社会提供美好的物质空间环境，以促进健康而文明的城市生活。这种思想基础赋予城市规划理想色彩，其价值观念中带有一定的导向性。

城市规划一方面要求实现理想的社会目标，另一方面又需要在合理的社会框架下，保障日常性的市民生活。因此，大多数城市规划都不可避免地需要肩负强烈的社会责任。例如适度控制城市群和大城市的发展规模，针对土地使用的空间密度进行控制；控制城市的蔓延与扩张，控制人口就业的过度集聚；在城市的重建和新建中，保持地方性的社区结构，并保持社会平衡；在地方社区中配置完善的公共服务设施，并在其附近提供就业机会，减轻由于通勤过远而造成的交通拥挤；通过控制居住区的居住密度，保证居民的独立生活环境……这些思想都体现了现代社会角度的认知，通过加强社区组织，控制城市发展，使社会发展纳入良性轨道。

5.3.3 现代城市规划思想的转变

1. 早期现代城市规划的不足

现代社会的发展，一方面使得工业生产、城市规模、城市人口急剧膨胀；另一

---

❶ 然而也有很多人认为政府的重大项目并不一定着眼于公共利益，而且私人土地所有者也不应该从公共改善或公共限制中获利，或将成本转嫁给公共领域。如何以经济的方式来取得所需的改善已经成为大多数政策所面临的难题。

方面导致社会财富越来越集中于少数人手中，大部分公众面临着失业、贫困和恶劣的生活环境，社会总体福利水平降低，社会矛盾不断加剧。

20世纪30年代，世界上大多数国家都面临着经济萧条和第二次世界大战的威胁。人们认识到，经济放任自由和个人目标的努力无济于社会问题的解决，凯恩斯主义主张国家对经济行为进行干预的思想对城市规划领域也产生了很大影响。

现实社会的情况以及人们对城市观点的变化，导致了人们对于城市规划专业态度的变化，这与先前基于设计的城市规划观点形成背离。以系统性、合理性的观点为代表的城市规划方法逐渐占据主导。

与基于设计传统、将城市规划视为一门艺术的规划师不同，基于系统性、合理性思考的理论家们认为，城市规划是一门科学，并由此探索新的城市规划方法，为城市规划专业带来了全方面的影响，也为这一职业带来了根本性的改变。

另一方面，早期现代城市规划在社会范围内的影响力十分有限，对于政府的政策制定所产生的影响并不广泛。这也意味着，城市规划在更广泛的社会事务中的参与度不高，这并不是说城市规划在社会事务中没有获得足够的重视，而是如果城市规划专业能够清楚地认识到这一点，不仅能够使得自身在社会事务中发挥更好的作用，而且也可以使得工作效率得以提高。

这相应说明，早期的城市规划过多局限于自己专业的内部思维之中，对于外界问题关注不够。在这段时期里，城市规划既不能针对诸如城市交通的变化作出切合实际的、精确的估计，也不能把土地使用与新型交通统一起来作整体思考，而这种情况也在其他类型的城市规划项目中发生。

例如在关于居住区的规划中，许多规划师花费大量精力研究如何将居住建筑设计好，但却较少关心这些住房在社会真实环境中可以起到的作用。就如芒福德所认为："现在许多住房和城市规划受到阻碍，因为承担这些工作的人对于城市的社会功能毫无概念……而且他们毫不怀疑可能存在有缺陷的、方向错误的措施或努力，这意味着在这里不是仅仅通过建造整洁的居住或拓宽狭窄街道就能成功的。" ❶

从另一个角度来看，城市建设所涉及的其他参与者，如各类政府官员、开发商、建设方、普通市民等，他们在实际工作中往往缺乏行动框架来指导具体事务中的合理决策。这些参与者虽然尊重城市规划的技术性成果，但却很难介入其中，对于长期的综合性规划也难以全面理解。他们的注意力往往集中于规划师和专业人员完成的具体规划项目上，例如高速公路、新区规划、大型公共建筑设计、公园绿地、区域的保护发展，或者旧城更新，但是对于长期综合性规划缺乏热情，因为这些综合性规划很难被人所理解，更不用说积极支持了。

---

❶（美）刘易斯·芒福德. 城市文化 [M]. 宋俊岭，李翔宁，周鸣浩译. 北京：中国建筑工业出版社，2008：4.

图 5-13 法国图卢兹、米瑞尔新城设计。图卢兹老城和新城镇的平面，以及从建筑内部的一条街道看到的住宅板楼。堪第里斯（Candilis）和伍兹设计的城市扩建新区可容纳 10 万人口，面积几乎和原来的老城一样大。这是一个名叫"十人组"的城市研究组织所倡导的"有机"城市建造过程在实践中获得充分实现的一例

资料来源：（美）斯皮罗·科斯托夫. 城市的形成——历史进程中的城市模式和城市意义 [M]. 单皓译.
北京：中国建筑工业出版社，2005：91.

这一现象表明，现代城市规划需要从更宏观、广泛的角度认识自己在现实社会中扮演的角色及本质，从而能够在各方面利益关系的平衡中发挥积极的协调作用（图 5-13）。

2. 现代城市规划的视角转变

现代城市规划思想转变的一个重要原因在于城市规划对象的转变。城市、区域以及更广阔的地理环境不再仅被视为独立的物质性对象，人们更加倾向将它们视为相互关联、动态演化的"系统"。

城市规划师以往一般倾向从物理和美学的角度来看待和评判城市，但是在这样一种观念的转变中，他们需要考虑城镇的社会生活和经济活动。由于城市被视为存在于现实中的一种功能综合体，这意味着城市总是处在"变化过程"之中，而不是封闭于城市规划和规划师制定的终极蓝图中。

这些观念上的变化，反过来又导致了用于进行城市规划的各种技术的变化。因为如果城市规划者试图控制和规划复杂、动态的系统，那么需要的是严格的"科学"

分析方法。

受到科学理性思想的影响，于 20 世纪 60 年代发展起来的系统工程学和理性规划观点，体现了城市规划传统的转变，可以被视为一种重要的范式转型。城市规划思想的转变可归纳为以下几个方面。

（1）城市规划不再以个人经验为基础，也非以个人理想为目标，而是政府的职能。规划应当以全体人民的幸福与社会总体福利水平的提高为目标，因此，城市中所出现的社会不平等问题和公众的政治参与成为规划的主要问题。政府希望通过社会经济理论理解社会组织结构，通过规划对社会利益冲突作出预测，并通过立法和控制措施维护公共利益。

（2）城市规划所涉及的各种专业之间的边界逐渐消失。在以往，来自不同专业背景的规划师们一般具有较强的专业边界概念，习惯于遵从他们原有的标准，例如技术型专业与管理型专业之间的差别，以及设计专业与社会学专业之间的差异。这些分歧在某种程度上是由于习惯因素造成的，每一种专业都有各自的方法和技能，导致了专业之间的分离和各自为政的现象。自从 20 世纪 60 年代以来，随着从"作为一门艺术的城市规划"到"作为一种科学的城市规划"的重要转变，许多传统类型的规划师在专业领域中越来越感到不适。突然之间，规划师根据自己对于城市环境的审美视角来完成自己的工作，并将自己视为创造性的、艺术的，已经被新一代的城市规划理论认为是不适宜的。相应地，规划师越来越被认为应该是"科学的"系统分析师。

（3）人们开始以一种有机进化观念看待社会发展，城市规划也不再被看作是一种绘制好的静态蓝图，而是一种持续的、动态的决策行为。人们希望通过社会相关理论，分析城市中的矛盾冲突，并且协调、综合各方利益，实现最大平衡。但这个阶段，由于缺乏有效的技术手段，作为城市规划行为主体的政府部门也不可能以完美的方式去协调社会各方矛盾，因此，科学决策（scientific decision）在随后的阶段中逐步成为城市规划的理想目标。

设计型城市规划的有限性

在第二次世界大战尚未结束时，伦敦市政府就已经预见到战后对住房的大量需求，并且有必要将相当数量的人口从中迁移出来。1946 年，随着新城法的通过，"在西方近代史上，建造新城第一次成为国家政府长期关注的焦点"。而斯蒂芬内奇（Stevenage）则成为在新城法下建造的第一座新城。

斯蒂芬内奇在资金、组织方面获得了来自政府的大力支持，从而能够更加充分体现出霍华德的田园城市理想。但是在实施中，斯蒂芬内奇遇到了许多问题，它同样也反映了城市规划有限的社会理解能力。

参与斯蒂芬内奇建设的主要部门是斯蒂芬内奇城市委员会（Stevenage Urban Council）和城乡规划部（Ministry of Town and Country Planning）。虽然它们在项目开始时的合作讨论还比较顺利，但是不久，社会规划中的问题导致了合作的破裂。地方政府认为规划部门不考虑地方意见，一意孤行地推行方案；而规划部显然想使该项目成为全国的典范，忽视了来自地方社区的公众反应。

这种矛盾随后越来越激化，地方居民成立了居民保护协会（Residents' Protection Association），来抗议规划部的"在获取房屋和土地过程中的专制，以及对于住房的专制控制"。当地居民甚至采用法律手段反对城乡规划部行为，尽管他们输掉了官司，但是迫使当时所有的开发行为停顿下来。在随后的4年半中，只有28幢房屋建造起来，而此前已建造了300多幢。

哈罗德·奥兰德（Harold Orlans）认为这场冲突的一个重要原因是斯蒂芬内奇的当地居民的农村保护意识与城乡规划部的大众福利意向之间的分歧。斯蒂芬内奇的当地居民认为田园城市的开发意味着公共所有和公共控制的增强，他们原先的地区独立性将会丧失。1950年，虽然经过法庭调解，双方关系有所缓和，但是居民保护协会坚持"保留干预新城过程的权利，并代表财产所有人和纳税人的意见"。

斯蒂芬内奇新城项目的简短历史反映了在城市公共行为中的某些社会学特征，其主要问题在于理论上的一些设想在具体化时，可能会遇到来自实践中的反作用。这种阻力不仅来自于技术问题，还来自于政治问题。

如同当时许多其他城市规划一样，斯蒂芬内奇规划的一个明确目标就是，创造一个平衡的社区。"我们力图恢复在英国传统村庄中存在的社会结构，使那些富裕的家庭与不富裕的家庭紧挨在一起，而且使人人都相互认识。"在规划中的经济基础构想看上去也是相当合理的，它试图通过在城镇中安置几座工厂或企业，来保持就业上的平衡和稳定。

然而这样希望达到平衡的愿望在实践中往往只是一种名义上的追求，也就是说，"一个社区的所有居民将工作在一起，而毫无分离"。

在规划师内部也存在着意见上的分歧，并不是所有的规划师都赞成社会平衡。斯蒂芬内奇的规划师常常为"创造一个同质的社区，还是一个混合的社区"发生争论。同质社区的理论认为混合在一起的社会阶层会造成社会不安定，而混合社区理论则认为混合的安排更容易促进社会融合。

在实践中，很难辨别哪一个论点更加正确。人口分布以及用地布局的确定只根据极少的事实依据。事实上，这种选择很大程度是基于规划师的个人价值观，而不是来源于真实的大众需求。这就如同霍华德当年非常单纯的想法，希望将工人阶层从不健康的城市中迁移至田园城市中，"在那里，他们可以健康地陶醉于花园中"。

这段话表明了建筑规划师中普遍存在的一个观点——建筑形式可以改变生活形式。斯蒂芬内奇的规划师的一个目标是通过邻里单元设计来重建社会生活，注意力更多地集中于"什么是邻里的最优规模？尽端路是否会给邻里交往带来便利？社区中心放置在什么地方可以最大优化邻里之间的关系"。然而他们对于建造一个邻里单元的目的，以及它是否有效却少有考虑。

5.4 现代城市规划体系的转型

5.4.1 超越有限空间范围：从城市到区域

城市快速发展导致公共健康、社会秩序和住房需求等一系列问题，现代城市规划即起源于 19 世纪人们对于这些问题的关注。社会现实要求政府部门从公共利益角度出发，限制私人领域房地产权使用，建构公共住房规划体系，并建设新的城市社会环境。关于这些问题的设想起初主要集中在建筑学、工程学等领域，并仅作为社会少数精英自发、小范围的试验。

然而，人们随即认识到，现实领域中的城市问题是由于更大区域范围的因素所引发的。19 世纪，英国城市在进行迅速扩张的同时，所面临的主要问题是：

（1）城市周边的农业环境被城市用地大量侵蚀；

（2）大量农民由于失去土地而进入城市，致使城市人口急剧膨胀；

（3）快速扩张的进程使得城市用地布局杂乱无章，工业用地与居住用地相互混杂，生活环境质量严重下降；

（4）普通工人居住条件恶劣，并且无人过问。❶

20 世纪初，一些有远见的思想家们认识到，城市规划必须与它周边范围较大的次区域（sub-regional）规划和范围更大的区域规划相配合才能真正有效，因为许多根本性的城市规划问题，例如城市居民过多、就业安排困难、交通不便和缺乏游憩空间，甚至决定哪些城市该发展，发展到多大规模，哪些城镇应该控制（如历史性城市），哪些不再可能在城市本身的行政边界范围内解决，都是由于更大区域范围的因素引发，应当在区域范围内通过规划合理有效地解决。

针对大型城市生活环境以及拥挤问题的解决方法是从更大范围进行区域规划。在区域范围内，每一个次区域都将在各自自然资源的基础上，充分尊重生态平衡与资源再生原则的方式和谐发展。在这种方案中，城市将服从于区域，原有的城市与新建的类似城镇将作为区域规划中的必要组成部分来适当地进行发展。❷

苏格兰生物学家格迪斯（Patric Geddes）无疑最早认识到区域规划的必要性。他于 1915 年就开始关注人居与自然之间的关系，并致力于研究那些决定着现代城市发展和变化的动力（图 5–14）。

❶（英）彼得·霍尔. 城市和区域规划 [M]. 邹德慈，李浩，陈熳莎译. 北京：中国建筑工业出版社，2008：23–25.

❷（英）彼得·霍尔. 明日之城：一部关于 20 世纪城市规划与设计的思想史 [M]. 童明译. 上海：同济大学出版社，2017：146–149.

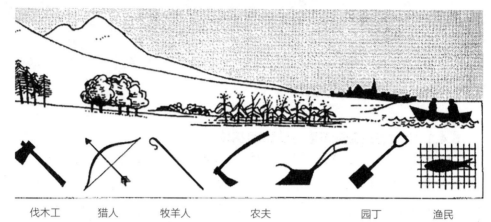

伐木工　　猎人　　牧羊人　　　农夫　　　　园丁　　　渔民

图 5-14　山谷剖面。在从山顶地区到河谷流域的地形中，城市建设者们在不同地域中发展了各自相应的城市功能，随着时间的推移，类似的功能意图所蕴含的建筑类型根据当地资源和气候，逐渐演变为风格各异的当地建筑

资料来源：PATRICK GEDDES. Cities in Evolution: An Introduction tothe Town Planning Movement and to the Study of Cities[M]. London：Williams & Norgate，1915.

　　格迪斯认为，城市向城郊自然疏散促使城市在更大范围扩展。19 世纪早期煤矿的开发，铁路、道路、运河的修建极大地推动一些地区的发展；工业集聚和经济规模的扩大造成一些地区的城市集中发展，如英国的西米德兰、中苏格兰和德国的鲁尔矿区。格迪斯看到，在这些地区，城郊的发展形成一种趋势，城镇结合成为巨大的城镇集聚区。格迪斯认为，在经济和社会压力的不断作用下，城市规划应当扩大到城镇群及周边地区，把城市和乡村规划都纳入进来。❶

　　格迪斯对现代城市规划的贡献在于牢固地把城市规划建立在研究客观现实的基础之上。他周密地分析了地域环境的发展潜力和极限对于居住布局形式与地方经济体系所产生的影响，促使他突破了传统城市规划的范围，强调把城市周边的整个自然地区也纳入到规划的基本框架中。

　　除了格迪斯，其他一些思想家也认识到区域概念的重要性。例如，霍华德在城乡关系的问题上持有相同的看法，他的田园城市本身即体现出一种区域性思想；艾伯克隆比则认为应当在一个更加广阔的范围来进行大城市的规划，把包括城市和它周围的整个地区纳入到同一个规划之中，为现代城市规划理论与实践做出贡献；雷蒙德·欧文则运用了霍华德的思想，在其规划中设想从伦敦大规模地分散一些就业岗位到附近的卫星城镇地区。

美国在区域规划方面的实验

　　从某种程度上而言，区域规划的概念是 20 世纪 30 年代席卷西方世界各国经济大衰退的产物。从区域观念产生而来的区域规划概念，最初主要是关于某些区域的

---

❶ （英）彼得·霍尔. 城市和区域规划 [M]. 邹德慈，李浩，陈熳莎译. 北京：中国建筑工业出版社，2008：63.

经济规划。这些区域由于种种原因，受到严重的经济问题困扰，从而造成区域性的衰退，导致与全国其他部分相比，失业率高而收入低。❶

虽然格迪斯在 1915 年的著作中，已经开始认识到区域规划的重要性。但是，直到 1929~1931 年的经济大衰退以后，人们才完全意识到国家和区域规划的重要性。

20 世纪 20 年代末，全球经济经历了史无前例的一次衰退，美国是这场经济衰退的主要始作俑者，也是最大的受害者。这一事件导致了许多社会经济领域的学者进行深刻反思，同时也促成了于 1923 年 4 月成立的美国区域规划协会。该协会包括了 20 世纪规划运动中几位最著名的人物，如克拉伦斯·斯坦（Clarence Stein），本顿·麦凯耶（Benton MacKaye），刘易斯·芒福德（Lewis Mumford），亚历山大·宾（Alexander Bing）和亨利·莱特（Henry Wright）等。该协会的目标是联络"在一个对城市的批判性考察中，在思想的协作发展和传播，政治行动和城市建设项目中联系各种各样的朋友"。

在区域规划协会存在的十数年间，其主要成员为一种更加综合性的区域规划目标做出了不同的贡献。

亨利·莱特认为以往的经济发展趋势导致美国 80% 的人口居住在 15% 的国土上，特别集中在 400 英里（约 644km）长、25 英里（约 40km）宽的哈德逊·莫哈克（Hudson Mohawk）❷ 走廊地带。莱特认为拥堵的城市与荒芜的农村之间形成了尖锐的对比，并提出在纽约州的州域范围内针对人口与就业进行统筹规划。

克莱伦斯·斯坦因认为，人们都还没有意识到，新技术的发展正在使纽约、芝加哥、费城、波士顿以及其他城市变成"恐龙城市"（Dinosaur Cities），它们在拥堵、低效以及高额社会代价的压力下逐渐瘫痪，而这些城市对于工业布局来说，几乎毫无逻辑可言。

经济学家斯图亚特·切斯发现：美国经济中很大的成分是由"将煤运至纽卡斯尔"❸ 构成的，横跨美国跨越大陆的货运完全没有必要。并且认为：那些浪费在不必要运输中的物资与能源，完全可以经过合理的规划布局而节省下来，并且使城市生活保持在一种步行化的轻松状态，而不至于像今天这样疲于奔命。

正如芒福德和斯坦因所认为的，关于这些议题的争论显示出社会认知的一个重要转向：没有必要仅仅为了技术而去追随变革的潮流，社会应当为了纠正系统更大

---

❶ 1934 年英国总失业率是 16.8%，北方一些城市达到 53.5%，而伦敦只有 9.6%。这导致了大规模的移民——1931~1939 年，有 16 万人离开南威尔士，13 万人离开东北英格兰，这些地区的失业率在第二次世界大战爆发前高得惊人。

❷ 哈德逊·莫哈克（Hudson Mohawk），纽约州东部的一低地，位于主要河流哈德逊河以及支流莫哈克河边。1825 年，伊利运河完工后，成千上万的人从相邻的州与国家涌入到美国纽约州，哈德逊与莫哈克河边的村落也因而经历了美国历史上最大的一次移民活动，成为人口的聚集地。

❸ 这里指英国东北部泰恩河畔的纽卡斯尔。由于纽卡斯尔本身就是英国主要的产煤区，因此"将煤运至纽卡斯尔"在经济学术语中就意味着费力去做完全没有必要的事情。

的无效率来进行干预。因此，需要一种区域规划，按照"自然地理实体为基础来划定的区域"，"在原产地最大限度地培植并生产食品、纺织品、建筑材料"，"在最低限度的区域间贸易，贸易主要针对那些在原产地无法进行经济性生产的产品"，再加上区域发电厂、货车短途运输以及"一种分散的人口分布"。❶

美国区域规划协会认为，新技术（电力、电话、汽车）可作为一种解放因素，使家庭和工作地点完全远离 19 世纪城市的狭小拥挤状态。但同时，社会更加需要一种区域规划，它将从宏观层面上的不合理行为着手，消除城市的拥堵和空间资源方面的浪费，平衡电力负荷，减少煤炭在铁路运输上的浪费，避免牛奶和其他物资的重复供应，通过鼓励本地果园以减少跨越太平洋运送苹果给纽约顾客的这种不经济行为，发展本地区林业以停止将西部木材运至东部山区，将棉花工厂设在产棉区附近，将制鞋工厂设在皮革生产区，将钢铁厂设在矿区，将食品制造厂设在小型巨能发电厂区域，并靠近农业地带。摩天大楼、地下铁道和偏僻乡村的必要性一去不复返了！❷

由此形成的一种"区域城市"，就是一种通往未来的乌托邦，在其中，各种各样的社区将纳入于同一个包含着农庄、公园和乡野地区的连续的绿色背景之中。

区域规划并不是去探究在大都市的庇护之下，一个地区能够扩展到多宽，而是去探究如何布局人口和民用设施，以便推动和激励在整个区域中形成一种充满活力的、创造性的生活——一个具有一定的气候、土壤、植被、工业和文化整体性的地理面积的区域。区域主义者力图规划这样一片地区，使它所有的基地、资源，从森林到城市、从高原到水面，都可以健康发展，并且人口的分布能够有利于利用自然的优势，而不是废弃和破坏它们。区域规划把人口、产业和土地视为一个整体。它不是通过一次又一次的竭力回避，让中心城镇的生活变得稍可忍受，而是试图确定在新的中心城镇需要布置什么样的设施。❸

5.4.2 超越有限维度思考：从设计到政策

18 世纪中叶以来，工业革命引发的城市化打破了城乡平衡，大量农村人口涌入城市，导致城市在规模和结构上发生巨变。现代城市规划从一开始就表现为一项伟大的社会工程，它通过对社会环境进行全方位的改造来实现一定的社会发展目标。

然而事实上，大多数城市规划所设想的社会工程在现实中都很难按照严格的"成功"或"失败"的标准来衡量。许多遵循科学传统的规划师常常认为他们的使命就是掌握一个彻底解决社会问题的方法，试验于现实世界，并进行大范围的推广。但

---

❶ STUART CHASE. Coals to Newcastle[J]. The Survey，1925：144.

❷ 同上。

❸ LEWIS MUMFORD. Regions–To Live in [J]. The Survey，1925：151.

是由于他们往往不能深入现实世界的本质，只是停留于自己的一厢情愿的思想之中，与现实相距太大，无法实质性地解决问题，因此，他们的作用是有限的。

　　一方面，土地使用开发和需求间的巨大差异给城市规划系统带来很多困难。常规的城市规划是基于土地使用可预测的基础上为不同土地使用分配适当的用地而建立的。然而，市场环境不仅导致不同机构间的协调问题，还要求规划系统必须包含市场机制，按照市场规律调整规划系统。❶

　　另一方面，在现实中，许多社会经济问题已经超出规划意义范围。例如，许多城市变化由区域性、甚至全球性的因素所引起，超出了行政边界的范围，国际经济不再处于战后初期的稳定状态下，规划师也更容易体验到市场需求。如许多研究所显示的那样，城市发展的资金渠道不是由供给和需求决定，而是由不同层次的相对利润决定。许多私人投资现在是"更多地由投资需求和供给驱使的决策，而不受最终用户需求驱使，甚至比最终用户需求更少。"❷

　　资本主义经济的发展，现代化交通的出现，以及社会平等观念的加强，使得任何一种出于个人目的、局限于某一方面的城市规划行为都无力掌握并控制城市的发展。在这样一种宏观社会经济背景之下，现代城市规划以18世纪工业革命为起因，在20世纪初形成并逐步得到完善。其主要目的是对城市环境进行必要的公共干预和管理，使城市得以健康、持续地发展。于是，现代城市规划以综合性、预见性、连续性和科学性为理想特征，作为一种人们理想中的、带有目的性的，对城市中各种活动进行公共干预、管理的行为而产生。

　　从现代城市规划发展的宏观视角来看，早期的城市规划往往表现为一种"工程设计"方式，第二次世界大战后，它逐渐演变成为一种"过程控制"的"社会经济"方式，也就是更加接近于一种公共政策的概念。从以物质空间环境为重心的"工程设计"，转向以社会经济问题为重心的"政策设计"模式。

　　从政府的角度来看，城市规划意味着一种政府行为，其目的并非单纯为了得出一张关于未来的精确的蓝图、构造一种实现蓝图的良好程序，也不在于确立一种绝对的规范标准，指明一种形成良好规划结果的过程。

　　城市规划是一项复杂事务，在多种经济形式并存的情况下，社会中的各种力量左右着大量的城市发展和建设，各种个体和集团关于如何发展城市，会产生各自不同的、往往是相互矛盾的看法。

　　大多数早期的规划师都过分注重物质环境的作用，简单地从物质环境的角度来

❶ 1953~1954年，建筑执照的取消带来了战后房地产业的繁荣。私人部门的开发行为开始起步，影响着规划申请和规划许可的程序。城市规划专业也面临很多的挑战，很多新的技术需要研究，尤其是在面临着开发行为比许多城市规划发展得快得多的情况下。

❷ H.W.E.DEVIES. Europe and the future of planning[J]. Town Planning Review，1993，3：138.

看待社会和经济问题，也就是设想通过将建筑物与空间环境进行一定的组合，解决城市所面临的各种问题。在中央理性思想的感染之下，规划师描绘的蓝图常常强调唯一性和正确性。他们把自己看作城市先知者，并且隐含地认为未来世界的发展只有一个正确答案。在这样一种传统下，规划师往往产生比较偏激的思想，似乎只要建设一个新的环境来取代旧的环境，不卫生、不平等、缺乏教育、婚姻不和与青少年犯罪等社会问题就会随着物质环境的改善而消失。然而他们却很少考虑社会问题是否必须要通过物质环境的设计来解决，以及是否可以用非物质的、更省力的方法来解决。许多从事城市规划工作的人并未真正认识到这一点，他们的注意力往往仅关注于空间形态这一具体事务上。

在现代社会中，政府对社会进行干预，应当以民主信念、公平竞争、公共意愿为准则，遵从各方利益。但也有很多人认为那些长期、死板、指令性的规划将某些政治领袖或某个专业规划师关于社会的观念强加于公众并不可取。因此，两种取向之间的矛盾往往使规划技术层面的操作适应不了复杂的社会现实。

从公共政策的角度来看，城市规划的本质是一种社会控制与管理，其目标是有关社会的效率和公平的合理平衡。因此，针对物质环境的控制实质上是一种社会控制，解决物质环境问题的目的在于解决社会问题。

以政策研究为基础的规划体系

现代城市规划与传统城市规划之间非常重要的区别，就在于它是建立在合理性的基础之上，因此，这也就意味着，规划过程需要建立在周全而严密的政策研究与分析的工作之上。而这一点，可以从第二次世界大战前英国的城市规划研究体系中得以充分认识。

1944年，艾伯克隆比（Patrick Abercrombie）受英国政府委托，组织编制大伦敦规划。艾伯克隆比将霍华德、格迪斯和欧文的思想融合在一起，勾画出一幅以大城市为中心，向外进行延伸发展，并且可能容纳1000多万人口的广大地区的未来发展蓝图，以解决自20世纪以来，伦敦所面临着的众多城市压力和问题（图5-15）。

大伦敦规划并不是凭空而来，它是建立在若干重要的研究基础之上，而这些研究报告，可以视同为一种缜密的政策分析，其中最为重要的就是巴罗报告（Barlow Report）。❶

经过多方调研和分析，巴罗报告认为，19世纪时，工业曾经从接近燃料和原料供应地转向接近通航水域，但由于20世纪的工业对这些因素的依赖性减弱，因此逐

---

❶ 巴罗委员会在英国城市和区域规划史上占有极其重要的地位。该委员会的工作建立了1945~1952年第二次世界大战后英国的规划机构，而巴罗委员会的成员艾伯克隆比则是第二次世界大战后英国规划体系的缔造者。

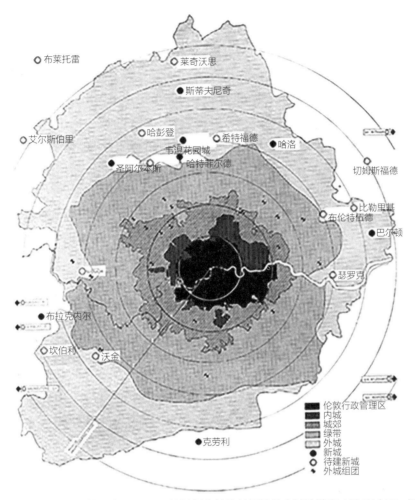

图 5-15　大伦敦规划最终方案，1945。该计划将从伦敦拥挤的内城疏散出 100 万人口，迁往城市周边的新城之中

资料来源 :（意）曼弗雷多·塔夫里，弗朗切斯科·达尔科 . 现代建筑 [M]. 刘先觉等译 . 北京 : 中国建筑工业出版社，2000 : 286.

渐转移至其他领域。在进行工业布局时，人们趋向于把工业分布在拥有多种劳动技能和专业服务的人口集聚区，而这些内容都是小城镇所缺乏的。但是如果这种趋势继续持续下去，势必促使新产业逐步远离传统工业中心，造成大量人口和社会资本的闲置。

　　巴罗报告分析了这种趋势的原因并指出，这种工业增长的方式主要在于"结构效应"现象，即繁荣地区的增长可以归因于它们较为有利的产业结构。只要这些地区的工业达到全国工业的平均增长率，就可以带动区域性增长。而衰退地区由于基础工业下降太快，整个区域继续衰退。为此，有必要付出更大努力来维持经济稳定。

　　巴罗委员会研究报告的价值在于，它把大城市的物质环境问题和国家、区域的发展状况联系起来，把产业、人口在国家/区域范围分布的问题与区域内的人口迁移相联系，从而也把社会经济发展问题与城市发展问题联系起来，并认为它们是同一个问题的两个方面。巴罗委员会首先调查工业和人口地理分布的原因以及未来可能的各种影响，认为把工业和人口集中在大城市地区，将会在社会经济和战略上造成缺陷。

另外一个非常重要的研究是斯图尔特报告。1936年，英格兰特别地区专员斯图尔特爵士（Sir Malcolm Stewart）在给议会的报告中，针对地区性衰退和发展不平衡的问题，建议英国政府为这些存在严重问题的特殊地区提供政府直接援助。报告认为，伦敦的工业增长不在于客观经济因素，而在于由政府行动所带来改变的主观因素。报告认为政府不仅要正面引导工厂迁往衰退地区，而且要限制在伦敦建厂。❶这一观点在社会上引起了广泛的兴趣和反响，并促使政府采取行动。

斯科特报告（Scott Report）则认为应当建立一个包括城郊在内的规划体系，把保护农业用地作为首要职责，要严格禁止在一等农业用地上的所有新建设。斯科特报告建议开发者在提出开发设想时，应当说明建设方案为什么是符合公共利益的，否则，就不应该改变现有的农业用地的用途。

该报告在提出时，正值英国处于第二次世界大战期间的海上封锁时期，食品非常短缺，致使英国必须依赖本国粮食，进而引起政府和公众的广泛关注。公众迫切要求抑制城市发展，鼓励城市进行高密度开发，以节约宝贵的农业用地。

尤思瓦特报告（Uthwatt Report）认为：对于土地开发这种问题，社会应当采取一种简单而果断的办法，针对尚未开发的土地（也就是农村土地）实行国有化，国家应该按照此前不久某一历史日期的价格为基础，向土地所有者支付补偿金以获取土地。但是，这些土地在城市建设以前，土地所有者仍可留在那里，一旦国家需要征收这些土地用于建设，就要支付另一笔附加补偿金，然后，才可以使用土地。同时委员会也建议，现有建成区内的房地产再开发应该由地方政府负责。政府按照此前不久某一日期的价格为基础，征购土地，进行改造。

1941~1947年，在英国政府的组织下，集中地出现了一批委员会的工作成果和报告文件。这些官方报告，针对城市发展的各个专门方向向政府提出建议。构成了战后英国城市和区域规划体系的基础。从此，现代城市规划越来越趋向于一种政策行为，与传统规划中的"设计方案"有明显有别。

在这些研究报告的基础上，大伦敦规划所要从事的就是有计划地从一个过度拥挤的大城市疏散过剩人口，把他们重新安置到经过规划的新城区，而这些新城区自

---

❶（英）彼得·霍尔. 城市和区域规划 [M]. 邹德慈，李浩，陈熳莎译. 北京：中国建筑工业出版社，2008：85.

身带有就业岗位和良好的居住环境。规划的基本方法在于进行全面调查分析，研究城市地区的发展趋势，对问题进行系统性分析，最后制定实施方案。

大伦敦规划方案接受并实行了巴罗委员会关于控制工业布局的建议，根据当时的人口预测，制定了把大量人口迁移到外围地区的方案。

因此，大伦敦规划是一个关于整体城市区域的规划方案，计划从拥挤的城市中心地区疏解60多万过剩人口，再加上伦敦外围的40万过剩人口，通过新城建设，将这总数超过100万的人口安置在兼有就业岗位和生活条件的新环境中。

5.4.3 建立现代城市政策体系

早在1909年，随着"住房、城市规划法"的宣布，城市规划体系正式成立，城市规划已开始成为英国政府主要关心的事务。地方政府授权负责编制本地区城市规划，以此控制管理城市中的开发行为。这一趋向迅速拓展到欧洲以及北美的其他一些城市，对现代城市规划运动产生重要影响。现代城市规划不再局限于少数建筑师、设计师、社会空想家、社会慈善家等社会成员的个人寻求，它成为政府的一项正式而常规性的工作。❶

英国的1947年城乡规划法，在世界现代城市规划史上代表了另一个重要转折点。该法使英国政府改变了原先的规划立法，代之以全新、综合而统一的土地使用规划体系。通过这个法，地方政府拥有实质权力制定并实施城市规划，战后英国城乡规划体系随之发生政策性转型。

第二次世界大战的硝烟尚未散尽，英国政府就已经针对重建计划未雨绸缪，其中包括社会安全、健康服务、土地控制、建设新城、更新老城等一系列计划，按照公共利益来加快城市发展，在更大范围内，通过"主动的"规划系统来合理布局产业体系。城市规划不再被视作用来弥补自由市场缺陷的一种措施，而是一种通往福利社会的工具。

1945~1952年，英国政府贯彻了这个时期的许多建议，这突出表现为一系列立法活动，包括1945年工业分布法，1946年新城法，1947年城乡规划法，1949年国家公园法和享用乡村法以及1952年城镇开发法，它们共同构成了战后的英国城市规划体系。该体系确立了以下五个基本原则：

（1）针对土地使用和开发采用综合、统一的定义；

（2）地方政府负责制定综合性的城市规划；

（3）任何开发行为都须向地方政府申请规划许可，地方政府根据开发规划（development plan）以及其他实质性因素的考虑进行裁决；

---

❶ 郝娟. 西欧城市规划理论与实践 [M]. 天津：天津大学出版社，1997：41.

（4）开发业主对地方政府关于规划许可的决定有权向规划部上诉；

（5）如果开发行为未能获得规划许可就开始进行操作，地方政府有权进行制裁。❶

在随后 50 多年的城市规划实践中，这五个原则一直是英国规划系统运作的基本原则，也成为世界上许多国家从事城市规划的参考样板。英国在 1947 年率先实行土地规划许可制度，地方政府以及规划部门在决定是否同意或否决某项开发申请时，也可以根据其他考虑来进行权衡，以增加灵活性。

英国在第二次世界大战之后建立起来的城市规划体系，使得城市规划第一次成为政府部门内置的行政体系，针对城市的土地使用进行有效的控制，从而广泛管理着英国城市开发活动的各个方面。其主要特点在于土地开发权的国有化，这为实行有效的公共控制、保证开发和土地利用符合规划方案提供了必要条件。

由于未来大部分的城市开发与城市更新由政府部门负责，这一体系的主要作用在于控制和协调社会、经济与物质环境建设发展的步调与方向。政府可以采取有效手段，针对新增就业岗位在地区间进行平衡设置，以调整在第二次世界大战之前，由于产业布局失控对城市发展所造成的不良后果。

在这一基础上，地方政府兼有制定规划方案和进行开发控制的职能，有权在调查分析的基础上，编制该地区的城市规划方案。规划方案由书面文件和用地图纸组成，表达出今后 20 年内在土地利用上的所有重大开发和变化的意图，并且每 5 年修订一次。该规划方案提交负责规划的国务大臣批准，地方规划政府根据规划方案控制开发。此后，任何开发行为，都必须报地方规划政府申请许可。

第二次世界大战后，随着一大批与综合性规划相关的立法通过，城市规划领域呈现出众多不同于以往的改革：城市规划在社会中具有正式的公共权威性，土地开发权利的国有化，在城市周边建设新城，针对工业布局进行控制，布局国家公园，保护自然环境等。同时，与规划体系的建立相对应，城市规划新技术也得以快速发展，城市规划师资格制度得以建立，同时其他专业领域如地理学和社会学等也在不断融入城市规划研究领域之中。

5.5 现代城市规划专业的转型

5.5.1 早期城市规划专业的认知

人们一般认为，现代城市规划的起源深受其他两个传统专业的影响，一个是建筑学，另一个是景观学。由于这两个学科专业从事的主要是考虑实体或景观的设计。从而也为城市规划这一专业带来了一些相应的认知。

---

❶ H.W.E.DEVIES. Europe and the future of planning[J]. Town Planning Review，1993. 3：136.

1. 城市规划作为一种创作活动

长期以来，城市规划被视作一种与空间或地形相关的规划，因而也被视为一种关于城市形态的布局艺术，它的任务就是为各种活动（或土地利用）提供空间场所，并且以空间的形象来表述，其他专业则为此配合服务。

由于这一过程的最终目标是为了实现建筑以及其他物质性要素的环境开发，在实践中，城市规划设计往往先从带有图解性的地形图开始，然后以具体的空间形象的图示，或者详细的平面蓝图作为表达，成为一个含义较为确切的"规划方案"。

在现代城市规划的早期阶段，城市规划的概念几乎全部来自于规划师或建筑师个人，在这一个人化的工作完成后，就会制作成相应的设计文本，并提交给相关部门或者公共组织，城市规划工作就可以宣告结束。规划师对于社会的影响，主要来自于其是否可以清晰地表明观点的能力，以及促使那些拥有实际权力的人们的意见达成一致，并将规划方案付诸实施（图5-16）。

这样一种"城市规划"概念的影响一直持续到今天，人们仍然把规划方案当作一种形象表述或设计。许多类型的城市规划必须提交具体的形象设计，以文字或图形的方式进行表达。与强调独立形象的建筑设计不同，城市规划设计集中于建筑物及建筑物之间的空间组合关系，所关心的是整座城市，甚至是作为一个更大的城市体系中一部分的城市。这样一种倾向主要源于人们长期以来习惯于从建筑的视角来看待城市，将城市仅视为一种由许许多多的建筑构造而成的聚合体，因此将整座城

图5-16（1）　沃特尔·格里芬（Walter Burley Griffin）在工作中，1912年

资料来源：（英）彼得·霍尔. 明日之城：一部关于20世纪城市规划与设计的思想史 [M]. 童明译. 上海：同济大学出版社，2017：210.

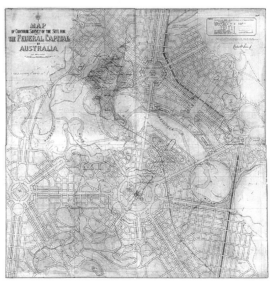

图5-16（2）　堪培拉规划图

资料来源：https://en.wikipedia.org/wiki/Walter_Burley_Griffin

市按照建筑设计的方式来考虑并处理，这一理解甚至到20世纪60年代仍然占据主流。

2. 城市规划作为一种知识研究

随着现代城市规划的涉及领域不断扩大，它不断融合来自其他学科的内容，因而自20世纪60年代以来，人们对于城市规划的认知也逐步转向一种知识体系的重构。

为了协调来自社会各个领域的相关内容，城市规划专业不断扩展专业范围，除了开始与之密切相关的建筑和工程学之外，社会学、经济学、法学、地理学等社会科学也不断融入，这些学科以其各自所强调的切入点，与城市学研究共同形成了一个整体。

虽然很多理论研究将城市规划看作是一门由建筑学、环境学、政治学、经济学、交通学、美学交叉形成的学科体系，但是很难将这其中的因果关系整理出逻辑关系明确的过程，因而常常只能停留于表面的叠加，这导致城市规划研究与现实中的事务缺乏密切关联。

与早期的按照理想模式思考现实问题、体现设计传统的城市规划理论不同，以知识体系建构为目标的城市规划体系所关注的并非是现实领域中发生的事情，或者即使研究的对象是现实产物，但也习惯性地从一种无关而中性的立场来观察。由于缺乏必要的内部理论支撑，基本概念没有得到明确阐述，因而也就无法解释和应对在现实领域中存在的大量问题。面对大量的抽象调查数据，思想上却处于一种零散、混乱的状态，导致许多矛盾被掩盖在"综合的、系统的、全面的"等笼统用语之中。

然而，城市规划毕竟是一种以实践为导向的专业，而不是仅仅停留于实验室的状态，如果仅仅是研究、描述和了解空间的占用方式，那么城市地理学方法完全能胜任。唯一能够将城市规划领域和城市地理领域区别开来的东西，就是行动意愿的存在以及在改造城市空间时行使权力的前景。

3. 含糊性引发的专业认知偏差

无论是将规划定位为创意性的设计，还是定位为知识集成的研究，都只是片面地理解城市规划的本质，引发专业认知的偏差。这种含糊性仍然普遍存在于各国的城市规划实践中，并相应地导致越来越多的批判者开始反思城市规划的真正目标。

麦瑞安姆（C.E.Merriam）认为："规划是运用社会智慧决定城市政策的行为，基于对资源的综合考虑和彻底分析，兼顾各种要素并尽可能充分利用资源避免政策失败或失去统一方向。" ❶ 托雷茨基（C.Touretzki）认为，"规划是在对经济发展趋势的科学预测指导和对社会发展规律的认真观察下，最合理、最理性地运用社会劳动和物质资源。" ❷ 纽曼（W.H.Newman）认为："规划是在做某事前的决策，即行为过程的

❶ CHARLES E.MERRIAM. The National Resources Planning Board, Planning for America[M]. New York： Henry Hdt & Co. 1941：486.

❷ CH.TOURETZKI. Regional Planning of the national economy in the O.SS.R. and its bearing on regionlism[J]. International Social Science Journal，1959，Vol11, No.3：3.

程序。"❶ 古力克（L. Gulik）则认为，"规划是在总体上限定出所要做的事情并限定按照某事物的目标来行为的方法。"❷

对于一门学科的看法反映了该学科的发展阶段，看法不同导致学科的研究对象以及研究领域的界定也随之变化；同时，对于学科领域看法的变化反过来又影响到学科的发展。在充满不确定性的现实环境中，如何制定规划成为问题。

5.5.2 现代城市规划专业角色的转变

1. 规划师职业的分化

在早期的现代城市规划工作中，规划师通常倾向于注重设计而不太考虑社会问题；另一方面，主要从事研究的规划师虽然认识到一个看起来很简单的城市规划之中所包含的深远而复杂的社会影响和内涵，但却无法针对现实进行操作。

自第二次世界大战以来，规划师的职业队伍发生了本质变化，其主要构成逐渐从"城市美学"（city beautiful）时代的注册建筑师和风景园林设计师，转变为从属于政府部门的经济、管理、统计、政治、社会等各种学科的专家。在现实的大量行为中，制定城市公共政策的技术性行为与政府性概念常常脱节。拉思·格拉斯（Ruth Glass）认为，造成这种印象的原因在于"迅速形成并定型的规划职业"。❸

由于城市变化发展过于迅速，城市规划专业同样也扩张得过于容易、快速，但是相应地缺乏对于自身本质作用、地位、角色的反思，以至于至今仍然存在这些较为含糊的认识：一个是关于规划师的职业身份的清楚界定；另一个是规划师与政府行政人员之间的边界和关系，以及他在社会活动中所应该保持的身份与姿态。

自第二次世界大战以来，随着经济扩张以及城市重建等工作的展开，世界各地的城市都在短时期内产生了对规划技术人员的大量需求。快速形成的城市规划专业由原先所涉及的几个专业拼合而成：建筑、景观、交通、市政等，而规划师也相应地大多来自于建筑师、工程师、经济师和社会研究者，他们大多数属于独立于政府部门的各种工作机构。无论是机构行为还是专业行为，它们都需要保持相对独立以维持自身稳定，这势必造成规划系统和规划专业的临时拼凑特征。

这也相应导致了现代城市规划专业所展现出来的面目是十分多样化的。保罗·苏克（Paul Zucker）通过对美国加州海湾地区159个规划师的调查表明，大部分年长的规划师所接受的职业教育主要是建筑学和风景园林，还有少量的法律专业，而年轻一代的规划师所受的教育主要是政治学、经济学和社会学。同时，城市规划研究

---

❶ WILLIAM H.NEWMAN. Administrative Action[M]. NewYork：Pitman Publishing Corp. 1958：15.

❷ LUTHER GULIK，Notes on the Theory of Organization [J]. Papers on the Science of Administration，New York: Institute of Public Administration，1937：13.

❸ RUTH GLASS，The Evaluation of Planning[M]//A.FALUDI. A Reader in Planning Theory Oxford：Pergamon Press，1973：50.

专业本身也发生了很大变化，从原来带有一定艺术气质和优越感的特征逐步变得更加现实、具体、功利和集成。❶

在 20 世纪六七十年代，城市规划专业自身已经开始意识到这一现象，并且对于这种相对独立、封闭的状况表示不满，越来越多的规划师强调需要关注社会现实问题，认为自己必须着眼于社会问题，而不是单纯地做一个对外界事务不闻不问的中立设计师。一些人开始把自己界定为"社会规划师"，并开始谈论一种新的专业导向——"社区规划"。作为一种融合不同利益和观念的，包含了考虑社会变革、融合各类设计以及兼具实践性管理的新概念，社区规划在随后的一段时间内得到了很快的发展。

2. 规划师的多元化角色

对于身处社会领域的规划师而言，其主要任务就是通过综合公共和个人利益，协调各种规划参与者的价值与目标；根据高层次系统规划制定的标准调整各种相对独立的专业规划，形成关于城市未来发展的更加全面系统的认识。

与政府官员相比，规划师更多从技术角度出发去思考问题，考虑城市功能布局的合理性、生活空间环境的适宜性、城市经济布局的战略性和实现规划目标过程中的技术可行性。由于大多数规划师侧重于专业技术领域，因而他们倾向于从技术角度来应对社会问题，但对于社会领域中存在的价值因素问题缺乏领导协调能力。

但是在总体层面上，城市规划以公共利益为导向，它在现实社会中的作用主要就是以社会整体利益为目标，分析、协调并干预在各类专业规划过程中所存在的不够协调的地方。综合性规划的任务就是通过融合各种专家意见和人民意愿，进行困难的决策工作。而这一性质的工作，与政府工作所肩负的职责相差无几。

对于政府官员来说，他们的主要任务就是融合不同利益诉求者之间的不同诉求以及利益冲突，通过促使个人利益与公共利益的融合来解决社会问题，促进城市发展。在这里，他们的角色可以定义成为"中间调停者"（broke-mediator）。❷

在执行这类涉及公共利益使命的过程中，政府官员往往更加能够起着领导作用，而规划师则在专业领域更具优势，两者常常认为自己有能力通过在社会经济中所起的作用，融合各方利益，进行相关决策，并在城市规划过程中发挥主导性作用。

不过，虽然规划师掌握着广泛的专业知识，但是在与政府官员相互作用的过程中，仍然处于次要地位。在行政领域中，大量的规划政策即使具备强有力的理论依据，仍需通过政治性的比重权衡才能作出。甚至有一种观点认为，如果规划无需制定文件贯彻执行，根本没有必要制定出具体的规划，只需凭借日常经验来进行就可以了。

因此，即使规划师希望保持独立性，但由于规划成果必须通过政府部门才能执

❶ JOHN W. DYCKMAN. What Makes Planners Plan? [M]//A.FALUDI. A Reader in Planning Theory. Oxford : Pergamon Press，1973 : 248.

❷ N.Beckman 语。

行，他们不得不涉及政治过程并受到政治制约。

这种关系导致在现实生活中，政府部门似乎成为规划师的直接业主，通过雇佣规划师为决策过程提供必要信息并进行分析研究，制定有效政策。而规划师的身份似乎成了政策建议者、政策顾问或者绘图员，两者间的关系形成了规划的决策过程。这个过程包含了决策者和提供科学依据的顾问，通过将科学专业的意见带入行政决策过程。

规划师成为建议者的角色对于决策的有效性并无直接性影响，更为重要的是，他与决策者之间所形成的决策是否有效，或者他们之间的关系是否会扭曲这一过程：决策者是否重视来自于建议者所提供的信息？决策者是否给予建议者所要解决问题足够明确的方向性指导？对于决策者来说，他用来制定政策的理由是否充足？

规划师虽然在决策过程中处于比较次要的位置，但与政府决策者在引导城市发展过程中拥有相同的目标。如果政府官员离开规划师所提供的科学、专业的意见，也会变得无所适从，无法为其所制定的规划政策找到有力的根据。基于政府官员在城市规划决策中的领导地位，如果规划师不与政府官员合作，他的设想往往也会成为空想。

因此，开明的政治环境能给予规划师适当的条件以进行必要的技术指导，如果规划师在这个过程中想要有什么作为，也需要积极地融合、参与进去，而不是消极地逃避。为了发挥自己的才能，促使规划政策更加有效，规划师应当对自己的专业和职能有清楚地认知，从而采取适当的行为。

在事务的总体组织中能够发展并保持与其他成员的良好关系，也是一种重要的工作能力，只有当规划师的职业概念中包含了公共政策领域中的相关概念，专业规划师才能够既在本职专业中获得成就，又能使制定的规划目标得以实现。

5.6 从城市规划到政策分析

5.6.1 在现实中并不十分"成功"的社会工程

现代城市规划的转型，主要源自于城市现实情况的改变。人们逐渐认识到，现实中的许多社会经济问题已经超出规划范畴。越来越快速发展的现代化进程，不仅为现代城市规划的转型提供了很重要的触因，也带来了许多前所未有的巨大挑战。

自第二次世界大战以来，随着市民收入普遍提高，小汽车很快普及，许多发达国家城市的社会经济发展速度远超人们的想像。但是政府部门在实际的建设过程中，前行步伐却相对缓慢，理想中的综合性规划系统迟迟未能建立起来，新城项目进展不是特别顺利，住房建设进行得较为迟缓，不能跟上第二次世界大战后初期出现的城市人口快速增长的趋势。英国在第二次世界大战结束时期所制定的许多城市发展政策，已经开始与实际情况不符，政府部门在实践中对法规所作出的较为刻板的执行方式，体现出越来越多的弊端，阻碍了规划师对城市作出富有远见的规划（图 5-17）。

图 5-17 第一个实施的田园城市——莱切沃斯，建于 1908 年前后，由巴里·帕克和雷蒙德·欧文设计，该项目虽然经过非常精细的设计，并且营造了非常优美的居住环境，但是在实施过程中却是饱经挫折

资料来源：（美）斯皮罗·科斯托夫.城市的形成[M].单皓译.北京：中国建筑工业出版社，2005：77.

　　1951 年保守党重新执政后，人们对城市规划的热情开始消退。为了加快住宅建设，政府放松了对许多领域的控制，同时也放松了对建筑执照的管理，私人建房再次繁荣起来，并带动了政府住房项目的发展。保守党政府认为，住房发展目标只有通过私人和公共部门的通力合作才能实现。❶

　　与此同时，由于一些城市，特别是伦敦在 20 世纪 60 年代出现了内城衰退现象，导致英国随后颁布了内城法（Inner City Act），并且于 1976 年停止了由地方政府负责新城建设，同时也解散了区域经济委员会（Regional Economic Planning Councils）。于是，私人投资成为城市更新的主导力量，公共资金只是起着引导作用，地方部门的权力遭到削弱，所实施的管理控制随之减弱，城市开发基金只是用于平衡盈利项目和亏损项目。

　　到 20 世纪 70 年代末传统的规划系统受到越来越多的批判。尤其是 1973 年石油危机导致了广泛的通货膨胀，引发了公众不满，地方政府的管理方式已不能适应形势的发展。崇尚自由市场经济的撒切尔政府首先对规划系统进行严厉批判，政府在规划控制方面的能力因权力下放而削弱。特别是在土地开发、燃气、水电、交通等方面的私有化进程，影响了城市规划在公共领域中的作为。

　　在这样的背景下，先前建立起来的城市规划体系并未发挥出全部作用，虽然这不能说是完全的失败，最起码也是不成功的。

　　与进展缓慢的城市公共项目相比，公共住房和私人郊区住房业得到繁荣发展。人们很快认识到，战前的那种城市发展状况得以重现，城市与农村的矛盾又开始凸显。城市政策首要关注的问题再次转移到城市边缘地带，在保护乡村未开发土地与日益紧张、需要扩张的城市用地之间，存在着越来越凸显的冲突和矛盾。

　　这种压力的重新出现，不仅在于城市人口增长的趋势，更重要的是在于人们对

❶ （英）彼得·霍尔.城市和区域规划[M].邹德慈，李浩，陈熛莎译.北京：中国建筑工业出版社，2008：151.

于住房需求的变化。随着小汽车的快速普及，人们对于住房类型以及生活方式的要求也发生了变化，进而加大了城市机动化和郊区化的进程，并由此引发大量新增道路的建设，进一步导致城市离心化的发展。

于是，先前设定的用于抑制城市扩张的绿带已经失去效用，城市蔓延已经跨出绿带所限定的范围，向更加遥远的地方发展下去。在这样一种背景下，人们就产生了折中性的想法，希望能够综合考虑各方因素，提出一种包容性的城市"溢出"机制，通过复兴衰退的小城镇，来缓解大城市的发展问题。

20世纪60年代，城市规划存在很多现实问题，其部分原因也在于城市规划工作与地方政府机制之间的不适配性，城市规划在编制和实施过程中存在的问题逐渐显露出来，例如各种城市规划职能与城市管理职能之间的分离；严格固定规划管理中的程序，抑制了城市规划在应对现实问题时的研究精神。在实践中，城市规划的各个组成部分相互割裂，经济规划被分解成为多个分支领域，导致物质性的城市规划与之缺乏关联。尽管当时一些计划是成功的，但地方政府的工作机制并不能与这种大规模的区域工作相适应（图5-18）。

于是导致了这样一种情形，城市规划在表面上具有较高的权威性，但是又缺乏实际的约制力，规划系统逐渐变得机构化，政治合理性高于现实合理性。

5.6.2 从单纯指令性到多元融合性的转型

1. 综合理性式规划在理想中的假设

M. 布朗克（Melville C. Branch）认为，美国的城市规划极少花费精力来制定20~25年期限的宏观总体规划。这是因为在一个强调市场环境的社会中，人们很少会将自己的未来托付给一个20年期限的终极规划。人们普遍认为，相比发展一个长

图5-18　面临拆迁的深圳岗厦村，其位置正处于深圳市新建行政中心的右侧，带有屋顶公共空间的崭新城市类型模式与现有的、充满生活气息的都市村庄交织在一起

资料来源：DAVID GRAHAME SHANE. Transcending Type: Designing for Urban Complexity, 2011.

期规划，着手解决今后几年中将要面临的具体问题显得更加重要，而且这样也可以加强一个城市或社区的应变能力。比如一个社区如果遇到紧急情况或自然灾害，它就可以调用所有资源尽快恢复正常。

自 20 世纪 50 年代以来，越来越多的规划理论开始对综合理性式的总体规划提出质疑。M. 布朗克认为，综合理性式的规划思想的主要问题在于：

（1）它假设了总体规划应当为城市今后 20 年或更长的发展期限而制定，并能够被地方立法机构所采用，通过立法、规制以及提供所需要的经费来实现它的要求；

（2）作为一种正式出版物，总体规划经常遭到临时事件的干扰，并在一段时间后遭到修改；

（3）总体规划极少能够获得适时信息的支持；

（4）到目前为止，总体规划还独立于或分离于政治过程或公共管理过程之外；

（5）城市规划被看作是长期的、总体的、包罗万象的，这样与短期操作行为中的突发事件缺乏关系；

（6）由于总体规划所关心的是遥远的将来，因而当前问题常常被认为是可以忽视或相对不重要的；

（7）它常常使规划师基于理想主义而不是现实主义，它是被动的，而不是积极主动的、持续性的；

（8）规划的重点还是在于设计，而不是可以量化的管理行为科学和科学方法。

许多理论逐步认识到，综合理性式规划在本质上是终极性的计划模式，它设定了城市发展的需求、趋势和目标，它可以预见、策划和决定城市在未来 20 年中的发展。这种终极式的概念假设了人们已知的、固定的愿望、目标和需求。综合理性式规划的前提在于，今天就可以针对未来的需求作出结论，而且规划师拥有足够的智慧和能力来做到这一点。

另外，综合理性式规划的概念假设了公众希望或愿意将自己的未来托付给规划师制定的要求。在这个过程中，不存在不可预见的事件或意外情况来阻碍规划实施的过程。它假设了规划实施是一种纯技术性的过程，它的未来是确定的，不会受到政治力量的干扰，也不会受到区域、国家甚至世界性因素的影响。它也假设了规划师或政府拥有足够的知识和技术能力分析城市所有重要的因素和现象，辨别和量化无数相互作用的关系，并使之相互协调。

2. 所受阻碍的现实原因

综合理性式规划于 20 世纪 50 年代随着系统工程学开始出现而逐渐形成，但是在现实中并没有随即得到广泛的应用。导致这种变化的原因有很多，如果以伦敦这样城市为例，其中较为主要的有：

（1）在实施层面上，城市规划的原本意图似乎越来越难达成。尽管 20 世纪 60

年代，一些原先确定的城市规划设想得以实现，例如新城得以建造，环城绿带得以限定，旧城中心部分进行重建，自然景观也有所加强。然而在第二次世界大战后的若干年中，城市规划由于过分强调物质环境的改善而对社会经济因素有所忽略，因此其关心的内容已经逐渐偏离 30 年代制定规划时所面临的问题，60 年代的规划措施逐渐集中在史蒂文内奇、哈罗新城等几个热点。许多原先制定的发展目标在现实中并没有完全实现。

尽管城乡规划部门花费很大努力协调，但成效甚微。同时为了争取更多资源，规划部经常与财政部发生争执，财政部认为旧城需要投入更多资源进行改造，而规划部的注意力则在新城，争论的焦点却聚焦在"什么是宜人的环境"❶这种抽象的问题上——富有历史情调的老城街区是宜人的，还是充满浪漫气息、田园风光的新城是宜人的？

（2）在操作层面上，新成立的城市规划系统在工作中总是显得心有余而力不足。在新系统中的规划师们认为，他们制定的综合性规划会以积极主动的方式，通过公共组织的方式来进行。尤其是地方政府和新城开发公司在社会住房、城市更新等领域中所制定的综合性规划被看作是基本的公共事业。如果资源充足，这将是可行的。但是在第二次世界大战后，用于城市建设的资金却严重匮乏，而且城市的新建和改造都进展得十分缓慢，因此，无论是公共部门还是私人部门在"重建英国"的城市发展中都没有太大作为。

即便对于一些得以实施的项目，有限的时间和资金制约了规划工作的深入进行，也会导致规划详细程度不够。但是在实施过程中更主要的原因在于，新制定的城市规划与原有的法规体系缺乏良好的适配性关系，尤其是难以与政府管理部门中的开发条件审批、总体发展秩序以及使用等级秩序相适应。

另外，来自社会层面的要求公共参与的呼声不断增长，公众认为市民应更多地参与到城市规划和家园建设中。为了争取公众对规划的支持，城市规划也需要更多的公共参与，这两方面的影响着重表现在贫民窟的清除和重建传统市区的综合性规划中。

于是，无论是宏观层面还是微观领域，人们认识到有必要对原有规划体系进行变革。通过社区规划以及主动性的综合性规划来满足城市不断增长的需求。

（3）在方法层面上，城市规划体系难以跟上现实中日趋复杂化的发展需求。大多数现代城市规划的制定是基于未来城市土地利用是可预测的基础上，由此才可能为不同的城市功能分配适当的土地及利用规则。然而，现代城市发展的市场化环境，不仅导致了不同机构之间的协调问题，而且还要求规划系统也应当适应市场机制，

---

❶ LEONARD REISSMAN. The Visionary : Planner for Urban Utopia[M]// MELVILLE C. BRANCH. Urban Planning Theory. Stroudsburg, PA : Dowden Hutchingon & Ross, Inc. 1975 : 28.

按照市场规律调整规划系统 ❶。

现代城市规划学科的许多问题一方面是由于城市系统的涉及面过于庞大、复杂，另一方面则是由于城市规划中所涉及的各种行为主体的价值观念、思维方式、理想目标不一致，因而无从形成统一的理论，也形成不了固定模式来指导具体的规划实践。

（4）在思想层面上，综合性城市规划体系原先带有"指令加控制"（Command and Control）的性质，使得城市规划系统于第二次世界大战后在国家政策体系中处于十分重要的地位，它由公共部门领导并体现，尤其体现在 20 世纪 60 年代新城的建设上。在 20 世纪上半叶的一些城市发展过程中，由于大多数城市规划体系注重物质环境因素，所以往往可以指导性的姿态行事。

但是自第二次世界大战以后，一方面由于城市规划体系变得越来越综合并且复杂，涉及到多专业、多部门、多领域的广泛参与，因此城市规划专业本身在综合性的过程中并不一定显得最为重要；另一方面，由于社会观念的改变和市民意识的增强，原先"指令加控制"的思维模式在社会现实中遇到了大量的抵制，社会希望采取一种更为包容、更加灵活的方式来处理城市规划问题。基础思想的演进，也使得现代城市规划形式与内容变得愈加复杂。

3. 从城市规划到城市政策的转换

随着相关专业不断地融入，城市规划的视野更加开阔，但社会参与的需求也使得规划权力趋于分散。早期的现代城市规划一般仅限定于"规划师""政府官员"的"专业规划"或"精英决策"，而第二次世界大战以来的城市规划体系对市民的个人权益予以越来越充分地认识和尊重，公共参与逐渐成为城市规划的重要组成部分。

总体而言，城市规划与城市政策的差别性体现于"公共性"的特征。我们可以把那些影响广泛（包括对不直接相关的人有影响）的问题称之为公共问题，而把影响有限、涉及一个或少数几个人的问题看作是局部问题。社会上存在各种各样的公共问题，但是只有那些促使政府采取行动的问题才是政策问题。

例如，某一社会阶层的收入较低，但该阶层接受了这一状况，而且没有为改变低收入作出任何努力，也没有为他们的利益采取明确行动，公共部门没有对该问题进行干预，这里就不存在政策问题。也就是说，如果问题没有得到表达，就不能成为政策问题。再如，假定某人对现行住房分配不满，从自己利益出发，他可能寻求有利的方法使住房条件得以改善，但这只是个人问题。如果现行住房制度引起了社会中大部分人不满，并的确对社会的稳定运行造成影响，导致政府采取措施来修正住房制度，那么，这就成为一种政策问题。然而在实际应用中，两者之间的区分仍

---

❶ 1953~1954 年，第二次世界大战后，建筑执照的取消带来了战后房地产业的繁荣。私人部门的开发行为开始起步，影响着规划申请和规划许可的程序。城市规划专业也面临很多的挑战，很多新的技术需要研究，尤其是在面临开发行为比许多城市发展得快得多的情况下。

然非常微妙，可以通过以下几个方面来加以识别。

（1）城市规划既可以指公共领域、也可以指私人领域中针对未来行为的一种计划。而城市政策，意指该行为需要动用公共资金和其他公共干预措施，通过动用政府权威对公共领域中的私人行为采取的某种控制或行动。由此，城市公共政策与私人领域（例如某房地产开发商或政府项目开发实体）内部的规划设计行为有着显著区别。

（2）城市政策涵盖面比规划要广。城市规划在字面上只代表了政府行为所讨论的一个方面，"规划"（也就是一个计划）通常指刻意执行某些任务，并且为达成这些任务把各种行动纳入到有条理的顺序中。而城市政策所包含的范围往往比这种计划模式的范围要大。如果类比于经济政策，城市公共政策的取向包括计划性的和市场性的两方面。如果只强调城市政策的计划性方面，则有失偏颇。

（3）这两种概念所对应的行为有所区别。城市规划在一般意义上指比较具体的操作，更加技术性一些，它可以是独立于政府范畴之外的技术领域，如城市形象设计常归于规划范畴。而城市政策则更加抽象、意味更广，它不仅仅是技术问题，更包括价值取向、社会目标等许多难以清楚描述的内容。许多现代城市规划理论往往把注意力集中在具体的方法手段上，但事实上，一些抽象的、宏观的公共政策比那些具体的实施解决方案，对城市发展所造成的影响更大。

（4）城市公共政策是现代城市中具有公共干预性质、针对城市发展问题的行为。许多城市规划研究通常关注技术范畴，视城市规划为独立于社会政治领域之外的行为，很少注意政策属性的问题。然而，如果仅仅考虑技术性的分析，而不考虑现实中的政府行为（即通过政策研究来促进、改善现实中的政府行为），那么，这种分析是不全面的。

在大量的实际工作中，城市规划与城市政策之间的边界并不清晰。可以认为，城市规划的成果就是一种公共政策，而与城市相关的各类公共政策，也需要通过具体的城市规划来进行落实。然而在具体的操作层面上，人们对这两个概念的使用还是存在一定的差别性。也相应体现出，现代城市规划在总体层面上，呈现了一种从开始的"项目设计"越来越朝向制度化的"公共政策"形式进行变革的趋势。

第 6 章

决策理论视角下的
现代城市规划

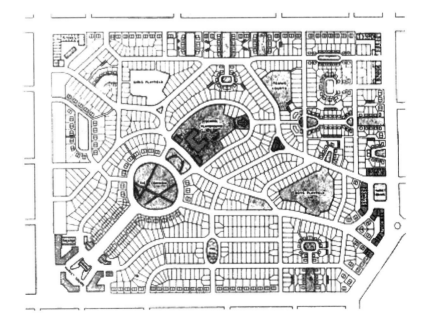

6.1　城市规划领域中的决策理论

6.1.1　决策理论

现代城市规划体系于 20 世纪初开始形成，并在相关理论的不断完善下促进城市规划朝着合理化、严密化的方向发展。实际的城市规划不仅包括日常的行政性工作，也包括理论性的梳理和探索。但规划工作的复杂与多元也使得理论研究始终缺乏系统性。

凯文·林奇认为，城市规划理论体系应该由功能理论（functional theory）、范式理论（normative theory）和决策理论（decision theory）三个部分组成。他们作为一个整体，相互联系、相互支撑，构成了一种密切的理论关系。同时，这三个理论的构成和侧重各不相同，如果不加以区分，则很难掌握城市规划过程并制定出高效的规划政策❶。

1. 功能理论

功能理论经历的发展时间最长，成果也最为丰富。其重点在于城市的空间系统，主要是关于城市如何发展，如何操作等问题。功能理论从不同的角度研究城市系统，形成许多分支领域，例如关于交通规划、基础设施、土地利用、规划编制等方面的理论。功能理论侧重于城市系统本身，解释城市的形态、结构及其运行机制，因而最具实践意义。

---

❶ （美）凯文·林奇 . 城市形态 [M]. 林庆怡等译 . 北京：华夏出版社，2001：37.

　　然而在凯文·林奇的界定中，功能理论所要探讨的比实用性操作更多。如果将城市作为一个历史过程，那么就需要采用一定的标准来研究这一过程，并预测未来的发展趋势；如果将城市视为一种人文生态系统，那么就需要研究由一系列由经济和居住行为形成的结构性图示，如芝加哥学派研究的同心圆、扇形等城市结构示意图，也可以研究由社会吸引力与排斥力相互作用的动态系统；如果将城市视为社会生产和物资分配的空间形式，那么就需要将城市视为一种经济载体，针对各种经济物资的生产、分配和消费过程进行研究；如果将城市视为一种引力场，那么就需要控制人口和经济分配的城市之间的引力与斥力，以及它们所形成的相互作用的城市体系；如果将城市视为一种社会的冲突领域，那么就需要研究城市中各种形式的政治冲突；如果将城市视为一种空间环境，那么就需要从心理学、美学等方面来研究城市的物质空间形态（图6-1）。❶

　　总体而言，功能理论是在一种由因果关系所构成的逻辑线索中，探讨城市在各个领域中呈现出来的不同现象。

　　2. 范式理论

　　范式理论主要侧重于价值目标与城市的空间形态之间关系的研究，是针对功能理论，或者因果关系所不能解释的城市社会文化特征这一缺陷而提出的。它注重研究人们在主观意识中，关于城市"好""坏"的评价，城市应当如何发展等问题。功能理论所针对的对象是城市现实环境，但不能够解释社会价值观念等问题。范式

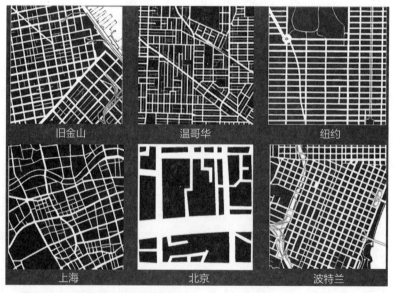

图 6-1　相同比例中的不同城市肌理，显示出它们各自的发展背景和过程

资料来源：https://www.smartcitiesdive.com/ex/sustainablecitiescollective/invisible-design-features-cities/1105691/

---

❶　（美）凯文·林奇. 城市形态 [M]. 林庆怡等译. 北京：华夏出版社，2001：37.

理论则弥补了纯粹功能研究的不足，因为物质现象在满足社会价值目标方面虽然很重要，但它并不是决定性因素。譬如，人们经常将物质性的生活水平与生活中的幸福指数联系在一起，但是在现实中，很可能一个生活在豪宅中的富人是悲惨的，而一个生活在贫民窟中的人却是欢乐的。❶

同时，物质形态只有在一种稳定的价值系统中，才可能对某种社会文化现象产生预期性影响。功能理论研究必须考虑到所处的社会文化环境，才能够形成应有的效果。❷

3. 决策理论

决策理论主要是关于如何制定城市发展政策，这个部分已经超出了传统意义上的城市规划理论范畴。

与功能理论和规范理论的本质不同，决策理论并不针对城市系统本身，而是针对整个规划过程，主要关注城市规划的制定、执行和作用等。❸

由于城市规划所涉及的行为主体是由许多代表不同利益的机构、组织、个人所组成，在这样的一个环境中作出明确的城市规划决策很困难。在规划过程中确定谁是业主、谁来参与规划、谁对决策过程起决定作用？这些问题在现实环境中很难回答。决策理论的重点就是针对这些问题进行探索。只有清楚地辨识城市规划的过程，才能制定出合乎实际情况的规划政策，取得良好的效果。

凯文·林奇关于城市规划理论体系的建构，从本质上弥补了不同城市规划理论之间的缺陷，同时也梳理了不同理论观点之间的关系。

6.1.2　复杂形势中的决策理论

1. 从封闭领域到开放领域

一般认为，有关城市规划的方法论主要在于如何解决现实问题。尽管在大多数实践中，规划人员确实可以成功地为城市问题寻求解决办法，但是从更为宏观的角度来看，这种单纯的技术性解决方式却不一定全面。

技术性方法论的观点潜在认为，规划师可以更多凭借自身的专业能力，而不必

---

❶ （美）凯文·林奇. 城市形态 [M]. 林庆怡等译. 北京：华夏出版社，2001：40.

❷ 实证研究是指一个理论或假说所研究的有关因素（变量）之间的因果关系，它不仅要能够反映或解释已经观测到的事实，而且还要能够对有关事物未来将会出现的情况作出正确的预测，这个理论也将会接受将来发生情况的检验。通常人们将这种阐述客观事物是什么，将会怎样的研究称为实证研究。实证研究有正确与错误之分，科学与不科学之分，而它的检验标准则在于能否被客观事实与人类自身的逻辑推理所证明。

范式研究是指在社会研究中，那些涉及价值目标选择的问题，以及那些不涉及有关事物之间是否存在某种因果关系的问题而是涉及对应该怎样行动的问题所进行的研究。这些研究陈述事物应当怎样，并确立某种价值规范标准。范式研究不可能诉诸事实来确定哪一种主张是否正确合理的，哪一种是不合理的，它只能通过社会理性来树立某种价值标准。

❸ 同①，第45页。

投入大量时间和精力去针对涉及价值目标的问题进行分析，就可以成功地进行评价、确定，并且提出问题的解决方案。但事实上，城市规划是一个动态的、多层次的过程，其中的很多因素和内容在事务尚未展开之前，仍然处在混沌之中。因此在一些场合中，对问题进行构建的方法，可能比解决问题的方法更为重要。

在功能理论中，每一种有关城市功能的角度都有各自的侧重和作用，但是这些理论分支都具有一些共同的特征，例如：

（1）这些理论都带有某种各自的价值目标假设，虽然这些价值目标可能是隐含的，却有可能在某些场合中形成冲突。例如在涉及历史街区的城市规划中，交通规划的研究重点在于交通方面的问题，而不会涉及历史文化保护方面的因素，因此经常会导致在以小尺度为主的历史街区中按照通常规范来设计，导致历史街区的结构性破坏。

（2）这些功能性理论在本质上大部分都是静态的、机械的，只能作出小幅度的变化与调整，但无法适应城市社会复杂的变化过程，也难以应对连续性的、不可预见的变化。

（3）这些功能性理论无法解释社会环境问题以及丰富的城市文化与意义。城市空间被抽象为一种中性化的容器，人们在城市具体环境中所感受的许多东西都被忽略了。

（4）功能性理论一般不太会将城市环境视为一种具有目的性的人工事物，最终是由市民来具体使用，因而使得城市环境被一些呆板、僵硬的法规与政策控制，而不太考虑市民的观点和需求。

在更加广义的层面上，不同领域中的城市规划事务通常是由与之相应的政府部门负责的，它们经常按照这些部门的特定视角来设计，成为一种狭义范畴的"城市规划"。但是在宏观层面上，却经常难以融合成整体，并且各部门之间也经常表现出相互矛盾的可能性。例如，一座城市的滨水空间既可以被视为城市重要的公共环境，也可以被视为河道管理部门重要的防汛通道，也可以被水务部门视为重要的港务场所，这也相应导致在城市的一些滨水空间里，几种状况都有存在的可能性，而呈现出一种相互分隔的状态。

即便在同一部门内，由于存在价值观的差异，规划决策常常也会受到来自决策者个人意识观念的影响，而并不是根据现实情况来进行决断。

虽然城市环境是复杂的，但是与之相应的人类价值系统更加复杂而矛盾，尤其是一些涉及心理学、社会学、美学等方面的问题，更加难以度量并被客观地掌握。因此，范式理论的研究方法与功能理论中所采用的方法不同，这是一个新兴的难以驾驭的领域，需要给予更多的重视与研究。

大多数现代城市规划理论潜在认为，现代城市规划系统是由许多政治的、社会的、经济的和物质的分支领域组成。通过政府部门来维护公共利益，是城市规划所

图 6-2 芝加哥，1892 年，局部鸟瞰图

资料来源 :（美）斯皮罗·科斯托夫 . 城市的形成——历史进程中的城市模式和城市意义 [M]. 单皓译 .
北京：中国建筑工业出版社，2005：116.

依托的重要概念，这使得城市规划在总体上能够以公共利益为目标，并能够得到社会的广泛支持。

由于排除了有关价值因素的讨论，这就相应导致了关于纯粹功能因素讨论在决定城市未来的变化发展过程中，并不一定能够发挥主导作用，而公众的社会意识形态对城市产生的影响也并不一定能够被人们以某种技术方法所掌握（图 6-2）。

2. 复杂局面中的决策理论

由于在现实环境里，实际工作中的诸多问题单纯依靠技术经常无法解决，这就需要诉诸理论研究回溯问题的本源。从决策理论的视角出发去研究城市规划的角色及任务，其目的也在于此。

M. 韦伯（Melvin M. Webber）将城市形容为"充满了为追求不同目标而激烈竞争的各种利益集团的集合"。❶ 由于在城市中，存在着大量来自各方面对于空间资源的激烈竞争，以及由此造成的悬殊差异的后期效应，极少有人愿意牺牲个人利益来

---

❶ MELVIN WEBBER. Comprehensive Planning and Social Responsibility: Toward an AIP Consensus on the Profession's Role and Purposes [M]//A. FALUDI. A Reader in Planning Theory. Oxford：Pergamon Press，1973：104.

实现抽象的公共利益。因此，单纯的技术性措施在现实环境中很少能够完全发挥作用。价值观念在决策过程中所起到的重要作用，使得在制定城市公共政策过程中，不可避免地会涉及人为因素，这使得城市规划的制定过程复杂而矛盾。

如果这种人为主观因素在现实环境中无法回避，那么城市规划的制定就需要面对这样的现实。

即使是从事规划编制的专业人员，他们的价值观念在工作过程中对于城市规划也会产生重要影响。因为他们在规划和项目中同样会拥有自己的倾向，每个人会根据自己的偏好来看待城市未来的发展之路。相比起其他诸如社会、经济、教育、法律、交通、卫生和生态环境等方面的公共政策，城市的物质空间规划同样存在着职业上的偏见。

由于在现实领域中，公众很少拥有一致的价值目标，城市规划的决策过程也很难成为一个简单的过程。但是无论如何，积极面对现实问题总比回避矛盾要好很多。就如拉思·格拉斯（Ruth Glass）所认为："如果承认意见分歧存在，那么，再严重的利益冲突都可以得到解决。"❶

许多城市的规划过程缺乏针对价值观念的分析，原本可以避免的意见分歧常常发生。这也意味着在城市规划工作中，需要采取一种更加务实的态度。

决策理论关注于如何在城市规划过程中做出合理决定的问题。为了做到这一点，首先需要纳入考虑的就是应当如何去界定问题，并将哪些问题纳入到考虑范围之中。在这样的过程中，城市规划就需要认真考虑在决策过程中所涉及的各种价值观念。

在20世纪70年代和80年代，人们开始认为，规划师作为一种协调者，可以在土地开发和利用过程所涉及的不同利益群体之间进行协调。

在20世纪90年代，许多规划学者开始从当时普遍流行的理性规划方法中走出来，探讨有关城市规划理论的新方向。朱迪思·英尼斯（Judith Innes）在她的文章《规划理论的新兴范式：交流行动与互动实践》中，创造了"交互性规划"（communicative planning）一词。❷英尼斯尝试弥合规划理论与实践规划之间的鸿沟，为城市规划者提供一种建立共识的工具，以创建允许不同利益相关者都可以参与的协作性和参与性规划环境。

在这种方式中，城市规划师并不完全被视为技术专家，其职责更多在于将市民以及其他领域的专家有关城市的观点收集并协同，将利益相关者聚集在一起，并使他们参与制定决策的过程。

---

❶ RUTH GLASS. The Evaluation of Planning: Some Sociological Consideration [M]//A.FALUDI. A Reader in Planning Theory.Oxford：Pergamon Press，1973：62.

❷ JUDITH INNES. Planning Theory's Emerging Paradigm: Communicative Action and Interactive Practice" [J]. Journal of Planning Education and Research 1995，14（3）：183-189.

这也相应意味着，城市规划不仅是一项专业技术工作，而且涉及价值取向的协调问题。它不纯粹是一门科学，也不完全是一门技术。作为一种具有意识的社会干预，城市规划在本质上是复杂的决策过程，是一种社会实践（行动）。❶

许多城市规划理论认为，城市规划的实践需要实质性的专业知识或技能。例如，有关城市设计、系统分析、城市更新、可持续发展等方面的议题，但是规划师的职责也不完全只限于这些方面。进一步而言，人们对于城市规划在整体社会事务中的看法也发生了一定的变化。城市规划师在城市规划制定过程中的主导性地位也受到了一定的挑战。城市规划师甚至可能"并不是一个特别有资格做出更好的城市规划决策或提案的人"。❷因为有关城市规划的决策会涉及价值评判的问题，而价值判断在不同的场合下，会呈现出不同的结果。

从这一角度出发，城市规划所要讨论的问题就会转变为：是否有必要针对某一问题采取行动，或者提请别人去采取行动，以改变当前的空间利用方式，使之达到比现状更理想的状态；与之相应，在规划方法上，城市规划研究应当从"应该怎样，到为什么这样"。在复杂局面中从事判断与选择，以及由此产生的决策标准就成了规划中所面临的核心问题，而城市规划方法的特征性就是由这些问题所奠定的。❸

作为广义层面上的公共政策制定的重要参与者，规划师需要与城市发展过程所涉及的其他相关者建立联系，在交流、沟通和谈判方面发挥作用。在实际中，许多规划师确实就在规划过程中扮演着管理者和推动者的角色。甚至在某种情况下，城市规划设计在整个过程中是作为一种决策辅助行为来进行的。如果能够这样理解，就意味着在城市规划过程中，需要进一步理清城市规划专业在政府事务中上所涉及的决策过程、意识观念和专业实践等各个范畴之间的关系，从而去理解构成这一决策理论的背后逻辑和思路。

6.2 城市政策分析面临的客观因素

6.2.1 研究对象的复合性

1. 从单一系统到多元系统

在现实生活中，几乎所有的公共与个人事务在操作之前，都需要制定严格的计划。譬如在出门旅行时，人们一般都会根据自己的旅行目标，制定周密的交通、住宿、参观、工作等内容的前后组织和时间安排；与之相应，公共部门则会根据社会上大量的此类需求，在交通规划中尽量为铁路系统、公路系统或航空系统制定非常严密

---

❶（法）让·保罗·拉卡兹.城市规划方法[M].高煜译.北京：商务印书馆，1996：4.

❷ 同上。

❸ 同上，第6页。

的线路安排和时间计划，将不同的出行需求密切地衔接起来，并且根据社会需求在时间发展过程中的变化，不断做出适应性的调整。

然而对于城市这样一个巨型系统而言，制定一项周密的行动计划极其困难，甚至很难实现。因为一座城市所涉及的领域要比地铁、船只或飞机航线所涉及的领域要复杂得多，内容也丰富得多。

彼得·霍尔认为，制订一个载人宇宙飞行计划已经显得非常复杂而困难，这使得在飞向月球的征途中，对宇宙飞船的大部分调整不是由宇航员操作，而是由地球上的美国得克萨斯州休斯敦的一个非常复杂的计算机控制系统来进行的。这需要大量来自不同部门、不同领域的多种专业化活动之间的密切配合，才能够获得成功。❶

然而即便这样一种复杂性的操作与城市系统相比，仍然是简单的，因为宇宙飞行所要执行的是单一目标的使命，工作非常明确。但是与城市相关的事务则完全不同，企图采用一个模型就能将城市简化成为一张清晰的图表，不仅几乎难以实现，而且产生错误的概率也大很多。这是因为城市的物质环境是动态的，而且极为复杂。另外，规划师所能采用的控制体系与船长或飞机驾驶员所采用的体系相比，则要粗糙、低效得多。

城市是人类现代文明的中心，大量的物品、服务和思想在这里产生并传播，最稠密的人际关系在这里发生。由于减少了空间距离障碍，人们可以在这里接触到最丰富的各类事物。城市减少了从买方到卖方，雇佣方到受雇佣方，信息来源方与信息接收方，帮助方与受帮助方的距离。

城市能够在现代社会中得到极大的发展，就是因为现代城市规划所带来的有序空间安排扩大了人与人之间交往的机会。许多公司和企业始终都依赖着城市中心商务区所带来的便利环境，现代社会则依赖城市中心区来加强物资和服务的交流。由于这些经济和文化因素的影响，城市规划有必要不断保持并发展现有的城市中心区，使其维持生命力，成为社会的交流中心（图6-3）。

现代交通的发展、人均收入的提高以及其他一些因素，可以使得许多家庭和企业在适宜的城市外围地区获得宽敞空间。在迅速郊区化的时代，城市规划通过提高交通和通讯能力来解决城市新区与其他地区的联系。在这样一种背景下，城市系统所涉及的内容变得越来越多元而复杂，城市发展所涉及的计划也变得更加难以判断和决定，这是当前城市所面临的重大难题之一。

后工业时代的现代经济发展趋势，已经开始逐步脱离了地理空间因素的束缚，跨地区、跨国域的经济策略的日益普及，使得各类城市要素之间的关系更加离散，空间因素在其中的影响力变得逐渐减弱。这使得城市规划所涉及的许多价值评判标

❶（英）彼得·霍尔. 城市和区域规划 [M]. 邹德慈，李浩，陈熳莎译. 北京：中国建筑工业出版社，2008：5.

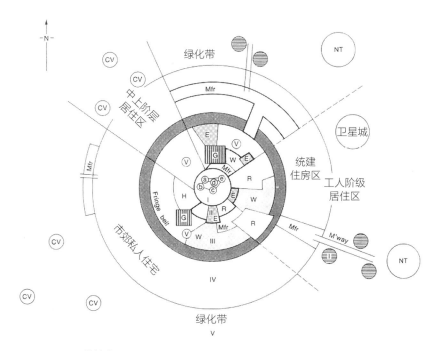

关键点

R：本地行政机构的发展规划
Mfr：坐落于放射性、同心圆型道路或过渡区的制造产业
V：封闭型住区
G：中产阶层化的区域
W：稳定的工人阶级社区
CV：通勤者住区
E：少数族裔居住区
I：市际商业 / 工业区
a, b, c, d, e：城市中央商业区内的活动功能节点

I：城市中央商业区
II：起到功能转化、交接作用的区域；过渡区 ⎫
III：1918 年前的居住区发展　　　　　　　　⎬ 城区
IV：1918 年后的城郊区发展　　　　　　　　⎭
V：承担通勤者居住需求的卫星城　　　　⎫
NT：新建城区　　　　　　　　　　　　　⎬ 郊区
░：城区与郊区之间的分界——常以一条以社
　团用地为主的城市边缘带作为表示与界定

图 6-3　调整过的城市发展同心圆模型，显示出现代城市发展的不规则性。随着城市不断向外扩张，
　　　　原有的一些城市中心内容也被疏解出来，甚至扩散到远离城市范围的远郊

资料来源：PAUL KNOX. Urban Social Geography: An Introduction 2nd Edition[M].

New York：John Wiley & Sons Inc.，2002.

准都面临着新的调整，因为距离最近的不一定是最方便的，体积最大的不一定是最好的，体量最大的不一定是最美的。由此进一步而言，未来城市的生活品质应该以什么来体现？未来城市的工作效率应该以什么来衡量？这些问题都面临着新的解答。

2. 从复合因素到空间载体

通过土地开发权控制和管理城市空间，具有一定特殊性。自 20 世纪初期以来，许多城市即开始通过土地开发利用的控制，以应对现有城市环境中的各类问题，努力实现城市社会经济发展的未来目标。

在传统城市环境中，由于物质空间环境与社会经济要素之间的关系相对简单，城市公共设施与土地使用的区位安排是以一种较为明确的方式，体现于城市生活质量之上的。因此，关于城市物质空间要素的组织，可以按照一种具体而切实的方式来进行。

但是由于现代城市概念过于复杂，所需考虑的范畴已经被无限扩大，它既涉及大量物质性因素，也涉及更多的非物质性因素，从而导致物质因素与其他因素之间的千丝万缕的关系，并导致这项工作在现代城市发展的背景中，是非常难以实现的。

然而，物质空间的形式以及场所环境的品质仍然还是城市规划工作的重点，无论在考虑对象还是在实施目标方面，城市规划都离不开空间性因素。城市规划工作所涉及的社会范畴中各种不同政策议题，最终都需要在空间上得以反映，并且在空间上得以协调。一些国家级的，有时甚至是国际性的宏观经济发展战略问题，需要经过不同层级的城市规划，在空间层面上得以落实。例如近期即将实施的长三角一体化的发展战略，需要依托位于江浙沪三地的交界的地区（上海青浦区、浙江嘉善、苏州吴江）作为示范区；粤港澳大湾区的建设，也需要落实于具体的交通基础设施的建设，以及相关产业区、功能区、示范区的实质性内容。

无论多么宏观、抽象的城市或区域发展政策，一旦在落实到具体实施进程中时，都必然需要以特定的空间载体作为出发点，考虑这些不同社会经济因素在地理空间和区位特征等方面所带来的影响，考察各种产业、功能在空间结构上的演变，以此促进商品和事务流通以及各种生产要素的优化组合。

抽象的政策因素与具体的空间载体之间始终存在辩证关系。即使从最为战略性的城市规划来看，宽敞、舒适、卫生的住房，其本身就是美好生活的象征；而富有想象力、造型优美的建筑、街道和城市环境，则是一个美好社会的体现。在城市系统中，物质环境始终是最为重要的一个因素。

城市规划可以通过物质环境的改善来提高生活质量，促进社会整体更加美好。然而这一过程究竟如何进行操作，在规划领域内部仍然存在很多争议。虽然人们常常认为社会经济活动与物质因素相比总是属于后一阶段的事情，但是对于它们的思考和预测同样不可低估。因为许多城市规划所造成的失误，就在于人们对于城市复杂性（特别是社会领域方面）的认识不足，导致在实际工作中的相对简化。

这意味着需要转变思想观念，对如何编制规划采取新的思想态度。为了实现最本质的目标，城市规划需要尽可能多地考虑可以预测和不可以预测到的各种情况。

社会科学家莫里斯·布罗迪（Maurice Broady）曾说："建筑规划师常认为物质环境设计将会自动达到理想的社会目标。这样想的结果常常使他们采取一套设想，我们可以称之为'建筑决定论'。这一论点认为，建筑上的设计可以对人们的行动有直接和决定性的意义，并能在很大程度上消除或改变那些能影响环境的社会因素。制定完全的'总体环境'时，必须把建筑设计结合进去，社会组织与物质设计必须看作是总体环境的两个相辅相成的方面。"❶

---

❶ （英）W·鲍尔. 城市的发展过程 [M]. 倪文彦译. 北京：中国建筑工业出版社，1981：109.

6.2.2 现实领域的复杂性

1. 研究领域的不全面性

许多在城市规划历史上产生重要影响的研究或者案例，往往基于当时的社会现实，但随着后期研究视角的放大，经常就会呈现出当时在思考范畴中的局限性。

例如，为适应现代城市因机动交通发展而带来的规划结构的变化，改变居住区结构不得不按照道路划分为而成为方格状的现象。克莱伦斯·佩里（Clarence Perry）于 1929 年提出了"邻里单元"（Neighbourhood Unit）理论模型，其目的是为了针对当时城市道路上机动交通日益增长，导致经常发生车祸，严重威胁老弱及儿童穿越街道以及交叉口过多和住宅朝向不好等问题，要求在较大范围内统一规划居住区，使每一个"邻里单位"形成居住的组团，并把居住区的安静、朝向、卫生和安全置于重要位置，将小学和一些为居民服务的日常使用的公共建筑及设施放置于社区内部，并以此控制和推算邻里单位的人口及用地规模。

该理论对于 20 世纪 30 年代欧美的居住区规划影响颇大，在当前国内外城市规划中仍被广泛应用。邻里单元概念及设想，从土地使用、交通、空间设计以及一些社会理论方面都表达出了一种美好的设想（图 6-4）。

然而从现实角度来看，真正按照邻里单元思想进行建造的居住区并不多见。虽然邻里单元的概念在理论上是有说服力的：根据学校确定邻里的规模；过境交通大道布置在四周形成边界；邻里公共空间；邻里中央位置布置公共设施；交通枢纽地

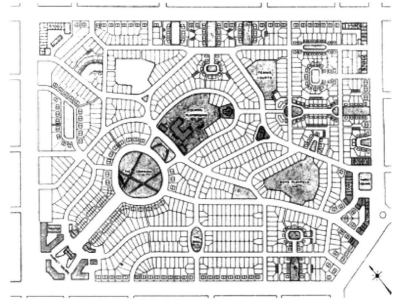

图 6-4　20 世纪 20 年代邻里单元的标准模式

资料来源：RICHARD LEGATES AND FREDRIC STOUT. The City Reader（sixth edition）[M].
London：Routledge，2016：568.

带集中布置邻里商业服务；不与外部衔接的内部道路系统。但是许多实例表明，这种概念并不适应于现代生活要求。

例如，邻里单元所提出的以小学作为社区中心的概念，虽然在理论上比较有说服力，但是在现实中，学校的品质是有差异性的，对于一个社区环境会产生举足轻重的影响，并且对于现实中的居住生活产生了极其不平衡的影响。

在现实中，邻里单元的实施同样存在着很多障碍。由于邻里单元的设计与建造需要采取公共行为统一进行，在一种私有化的制度环境中，如果某个私有土地被政府或公共部门所征用，应当按照相应的市场价格得到补偿。然而在这种情况下，公共部门是缺乏用于购买邻里单元所需要的开敞空间的资金的。

在 20 世纪 60 年代以来的一些反思中，许多理论研究认为，在抽象状态中构想的邻里单元模型，在现实中会导致较为严重的社会问题，因为它所提出的观点在空间上加剧了社会隔离，加剧了穷人、老年人以及其他少数族裔的生活困境；同时在后工业化时代，人们的就业、商业、娱乐、教育在城市环境中的分布越来越分散，邻里单元所起的作用实际上并不存在。

因此，许多在理论层面上理想、完美的研究模型，在现实中却是难以成立。其中的一个重要原因在于，每一个理想模型的思考，都是建立在相对有限的范围之内的，这也就意味着，它们总会存在着一些相应而来的副作用。例如，改善城市空间环境、提高交通系统效率，这些措施虽然可以直接提高城市环境质量，但是另外，这种提高可能并不是面向全体市民的。对于那些低收入、低层次的家庭，由于这些提升了的新环境，他们需要的廉价住房和交通设施在城市规划中可能变得更加困难了。

2. 多元关联的不完整性

由于现代城市是一个巨型复杂系统，一种物质环境与社会环境的综合体，因此在城市规划中，很多事务发展所呈现的并不是因果关系，而是互动关系。

例如，修建轨道交通可以极大方便人们的出行，由此而来的良好可达性可以使得地铁沿线的建筑密度要比其他地区的密度要高。然而事实上，这样一种高密度发展也并不完全是由于地铁线路的修建而单独引起的。实际上在规划地铁线路时，规划师也需要按照已有地区的人口密度来进行线路选择，因为只有将地铁线按照现有人口密集区域布局，才能保证地铁线路的修建获得最大的效率。但是这样的举措，又会进一步提高地铁站周边地区的空间发展密度。

与之相应，高速公路和交通设施也并不仅仅是为了满足现有的交通出行需求，它同时也会对于周边的土地使用和可达性产生重大影响。因此在布局这些基础设施时，也需要考虑周边土地利用的相关因素，以保障交通设施投入的经济与社会效应。总体而言，许多在城市规划工作中所做出的决定，往往并非是单向性的推导，而是多方因素之间进行相互权衡的结果。

由于在不同城市要素之间存在着的多元化的关联性，城市规划不可能成为一种一劳永逸的轻松工作。例如，由政府部门所负责的各类公共服务设施，如教育、医疗、健康、娱乐等，体现着政府为市民提供服务的质量。在大多数的项目规划中，这些服务设施的布局一般选址于交通条件最好的地方，并且按照步行化的因素来进行考虑。然而随着私人小汽车数量的增加，可达性的衡量方式则会发生改变，因为决定这些公共服务设施的便利因素的，有可能不在于步行距离和地方环境，而在于交通路线和停车空间。

城市中的每项事务都与其他事务发生着复杂联系。这也相应需要承认在城市中存在大量不可预见的因素和偶然因素，影响着城市规划实施的效果，这就需要规划师在考虑诸如社区住房政策问题时，同时也需要考虑社区的社会环境与土地利用情况；在考虑城市更新问题时，既需要考虑亟待改造的陈腐性破旧建筑，也需要考虑当地居民的人口特征、生活状况、就业状况等因素，并且反过来需要针对物质性改造进行更加深入而综合性的思考。

"在任何情况下，不论邻里单元的规划如何美好，都很难实验现代生活中的各种复杂情况。" ❶

3. 时代变迁的不稳定性

城市规划的一个重要特征在于它的未来导向。如何客观而准确地预测城市未来发展方向，是城市规划需要实现的重要目标。在现实环境中，这种带有预测性的思考面临着来自各种领域的不同挑战，并且在总体层面上显得不是特别成功。

就如英国于第二次世界大战后制定的多项规划措施那样，在当时，战后规划系统的规划师们按照一种平稳的经济发展、较小的人口增长、较小的人口流动、地区之间的经济平衡以及可控制操作的管理任务，去构想城市在下一阶段发展过程中的内容，社会安全和更广泛的社会服务成为焦点。然而，这样一种出发点很快就被20世纪50年代出现的生育高峰、经济膨胀、小汽车普及以及广泛郊区化运动等因素意外打断。

自20世纪初以来，小汽车成为许多城市的重要交通方式，人们的出行距离更远，活动范围更大，导致上班、购物、访友等形式的变化，自由度大大增强，因而也就不太愿意按照规划安排、事先设想好的、限定于邻里单元内部的生活方式去生活。

同样在20世纪60年代末，在全世界范围内又掀起了反对在城市中建设高速干道的运动，反对的浪潮从旧金山延续到伦敦，从新奥尔良延续到巴黎。在此以前的十年间，规划师曾经理所当然地认为，应该采用专用通道把快速交通引入到城市之中。

---

❶ （英）W·鲍尔. 城市的发展过程 [M]. 倪文彦译. 北京：中国建筑工业出版社，1981：22.

但是随后，反对者开始强调高速公路的噪声、污染、视线干扰等缺点，并且强调它对于传统社区带来的不利影响。最后导致限制在城内使用小汽车，代之以建立良好公共交通的政策导向。

而这样一种历史性的回潮，更为鲜明地体现在美国波士顿于 20 世纪 90 年代开始的耗费巨大的中心隧道工程❶，韩国首尔于 21 世纪初进行的清溪川高架桥生态化改造❷以及纽约高线公园等项目中，这些重要的城市事件非常突出地表现出在城市基础设施及其所承载的生活方式，在不同的历史发展阶段为城市环境带来的变革（图 6-5）。

这也表明，在城市发展的过程中，社会所关注的城市议题随着形势的不同而会发生不断的变化，规划所要考虑的公共利益概念也是随着不同环境而变化的。

因此，衡量一个规划正确或成功与否，是通过若干年后现实与理想的比较而得出的。W.G. 罗伊赛勒（W. G. Roeseler）认为，一个成功城市规划的衡量标准得益于

图 6-5　波士顿高架环线改造（左：改造之前，右：改造之后）

资料来源：https://www.joshuascott.com/articles/the-big-dig

---

❶ 美国波士顿的中心隧道工程是一项著名的跨世纪"马拉松城市交通道路改造工程"，它从 1991 年开始动工，直到 2006 年其主体工程才算基本完成，目前仍有些收尾工程在进行中，这个旷日持久的城市改造工程被当地人亲切地称之为"大挖掘（Big Dig）"，也有人戏称它是波士顿的"永恒之掘"。"大挖掘"是世界城市改造史上的一个跨世纪神话，而神话的诞生源自波士顿人的一个梦想。说它是神话，是因为这个美国历史上规模最大、耗资最多、工期最长、难度也较大的城市交通道路改造项目，在造价与工期上都是史无前例的，仅其中一段 1/10 英里（≈ 0.17km）的地下道路造价居然高达 15 亿美元，目前该工程的投入已达到 150 多亿美元之巨，简直就是在用金子去修路。同时这也是个"盲人摸象"的梦想工程，因为这是其他城市从来没有过的交通地下化大型项目，波士顿人希望借此解决日益严重的交通拥挤与都市空间不足的问题，并增加许多新的公园绿地。

❷ 清溪川是设计之都——首尔在市中心将原有的高架桥拆除重新建设的城市缓冲带。有人工的小河，休闲的广场，韩国在 20 世纪五六十年代，由于经济增长及都市发展，清溪川曾被覆盖成为暗渠，清溪川的水质亦因废水的排放而变得恶劣。在 20 世纪 70 年代，更在清溪川上面兴建高架道路。2003 年 7 月起，在首尔市长李明博推动下进行重新修复工程，不仅将清溪高架道路拆除，并重新挖掘河道，并为河流重新美化、灌水，及种植各种植物，又征集兴建多条各种特色桥梁横跨河道。复原广通桥，将旧广通桥的桥墩混合到现代桥梁中重建。修筑河床以使清溪川水不易流失，在旱季引汉江水灌清溪川，以使清溪川长年不断流，分清水及污水两条管道分流，以使水质保持清洁。工程总耗资 9000 亿元，在 2005 年 9 月完成。清溪川现已成为首尔市中心的一个休憩地点。

规划目标及其制定的项目是否实现。按照公共和私人发展的性质，一个规划应当在20 ～ 25 年的周期内实现规划目标。❶然而由于现实中的时间因素，这样一种衡量过程实质上也难以发生。

随着时代进步和技术发展，早期工业化时期所呈现的许多城市问题已经成为历史，困扰着整个社会的现象，如住房紧张、环境恶劣等，似乎已经得到解决，城市规划专业已经形成，并成立了正式机构。但是最本质的社会问题仍然存在，新的问题不断涌现，社会并未达到理想状态，早期思想家们分析的社会弊病仍然在产生影响。

历史证实，即使在强而有效的规划系统中，现实世界千变万化的情况也是规划师无法准确预计的。即使仅隔几年，现实发展可能就与原规划方案南辕北辙。更加广泛、综合的城市规划需要研究个人和社会需求，研究社会人口的变化，就业岗位在空间中的流动以及这种流动对生活方式和住房形式的影响；研究包括年龄、职业、教育程度等因素所决定的家庭结构、家庭收入以及导致个人或家庭变迁的社会因素和心理因素，这种变化又影响着城市中心附近的住房市场。研究就业流动需要研究低收入家庭在就业岗位迁往城郊后，交通费用对家庭经济的影响。

科文特花园与哈勒广场

在 20 世纪 60 年代，全球著名城市伦敦与巴黎都曾经由于现代交通体系的兴建，原有的一些历史地区经受了相应的改造。其中著名的案例即伦敦的科文特花园和巴黎的哈雷广场，这两个背景相似的项目由于不同城市文化背景，以及市民与政府在过程中不同的处理方式，其结局也呈现出不同的效果。

科文特花园（Covent Garden）位于英国伦敦西区，原本是威斯敏斯特教堂修道院的所在地，在 16 世纪英格兰宗教改革时，修道院领地被没收。后来该地成了菜市场，在随后的三百多年间，科文特花园一直是伦敦居民买卖鲜果的地方。随着西区不断发展，该地成了集合菜市场及购物商场的商业中心，露天摊贩是其一大特色。

到 20 世纪 60 年代末，科文特花园深受交通拥堵之苦，以至于广场空间已经不能用于现代批发经销市场，政府计划进行大规模的重建。在公众的强烈抗议之后，广场周围的建筑物于 1973 年被保存下来，重建项目没有继续进行下去。第二年，科文特花园市场被转移到位于伦敦西南部的巴特西和沃克斯豪尔之间的新基地。

科文特花园市场在经历了一段不景气的时间后，于 1980 年重新开放，转型成为一处餐厅与酒吧汇集的购物街区。中央大厅旁设有众多的商店、咖啡馆和酒吧，而蔬果市场摊位则出售古董、珠宝、服装和礼物，成为市民喜爱前往的场所。街区内的皇家歌剧院与小商店成为科文特花园的一大特色，位于东侧的河岸街则保存着众多建于 17 至 18 世纪的建筑物（图 6-6）。

---

❶ W.G.ROESELER. Successful American Urban Planning[M]. Lexington : D.C.Heath and Company，1982 : 3.

图 6-6 伦敦科文特花园于 17 世纪时的场景，以及现代经过持续渐进更新后的场景

资料来源：https://www.coventgarden.london/content/chinese-about-covent-garden

巴黎的哈勒广场（Les Halles）在 20 世纪 70 年代则呈现了另外一种故事。哈勒广场同样曾经是巴黎的中央新鲜食品市场。18 世纪 70 年代最早建成玉米交易所，在 19 世纪 50 年代，由维克多·巴尔塔克（Victor Baltard）设计了著名的巴黎中央菜市场，采用铁结构与玻璃建造，并在随后的一个多世纪中成为巴黎的著名景点之一。

20 世纪 60 年代，因巴黎新型地下快速轨道交通网络 RER 的建设，哈勒广场成为 RER 的汇合点，也成为巴黎最繁忙的交通节点，平均每个工作日人流量为 75 万人。由于无法适应新的交通需求和压力，并且中央菜市场需要进行大规模维修，最终导致这个曾经商铺云集、繁华一时的哈勒广场于 1971 年被拆除，连同一起消失的还有丰富多彩的城市氛围。食品批发市场随后被搬到了兰吉斯（Rungis）郊区。1977 年，伴随着一个大型 RER 和地铁枢纽夏洛特站（Châtelet-Les-Halles）的建成，该广场地区随后新建了一个大型地下购物中心，但是其城市气氛急剧跌落。这项改造工程及其周围环境因其设计饱受市民的批评。2002 年，市长贝特朗·德拉诺（Bertrand Delanoë）宣布，巴黎市将开始就该地区的改建进行公众咨询，称哈勒广场为"一个没有灵魂的，具有建筑轰炸力的混凝土丛林"。2010 年，巴黎市政府重新启动针对购物中心的改建工程，并于 2018 年重新开放了重建后的哈勒广场（图 6-7）。

图 6-7 巴黎哈勒广场由之前的巴黎中央菜场改造为缺乏活力的下沉式广场

资料来源：https://www.coventgarden.london/content/chinese-about-covent-garden

6.2.3 难以把握的社会现实

1.社会观念的差异性

城市规划所面对的现实环境永远都是复杂而难以预测的，因此，在现代城市规划史上，许多乌托邦式的规划设想不能够在现实中得以建造。甚至一些有强烈现实意义的规划工程、政策体系在实施过程中也很难完成预定设想。

相较而言，更加难以预测的是由于人们不同的价值观念所导致的政策分析过程中的复杂性。

其中较为显著的是文化因素。例如在现代城市规划中极有影响力的"新城"和"邻里单元"的概念，它们所构想的一种小型化社会单元是英、美等国家的城市规划特征，它反映了英美文化中的一种特性。

图6-8 美国郊区化进程中的独立住宅区

资料来源：PAUL KNOX. Urban Social Geography: An Introduction 2nd Edition. New York：John Wiley&Sons Inc., 2002：202.

小型社区和带有花园的小型住房，反映了人们对于小型和私有领域的偏好和对大型事物的排斥。

英格兰与威尔士的城市自1860年后开始郊区化：首先是中产阶级，然后工人阶级也开始从拥挤的城市中心地区向密度为每英亩10~12户的、带有私人花园的单户住宅迁移。大约在同一个时期，大多数美国城市也出现了同样的进程。20世纪二三十年代，在私人汽车普遍流行的背景下，美国城市郊区的独户住宅大量增长（图6-8）。

不过，在工业化与城市化进程比英国晚几十年（大约1840~1900年）的其他一些欧洲大陆国家，城市没有扩张到像英国城市那样的程度。虽然一些中产阶级也经历了一定的郊区化过程，但是由于公共交通得以良好发展，大多数中产阶级和工薪阶层仍然继续居住在由多层公寓组成的传统街区中，这些街区基本上处在步行距离范围内、处在密度较高的市中心。是要方便地通达工作地点和市中心地区，还是离开闹市区的喧闹而拥有一个静谧的郊外？对于不同的家庭而言很难有一个定论，在其中起着重要作用的仍然是由文化因素所决定的社会选择。

这相应导致在大多数有关城市规划的争论中，都包含有大量相互矛盾的价值判断。

例如，在许多涉及城市的保护与更新的项目中，是否应当更多地保留旧有建筑，以维护城市的历史传承？还是应当更多进行建筑改造，以改善当地居民的生活？人们经常就这样的话题进行广泛而激烈的争论，从中所形成的结果，也因为各种因素而相差甚远。

从这两类观点的各自立场而言，它们都拥有理由充分的立足点。为什么历史性的城市空间让人回味无穷，而现代城市空间却索然无味？为什么自然环境较差的四合院、传统里弄的生活让人觉得舒适温馨，而现代居住区却让人觉得了无情趣？这些问题无法从客观标准来进行判定，而在于人们的范式理解判断，并且随着人们的价值观念而变化。

同时，大众社会的价值观念也会随着时间和环境的变化而变化。

例如在20世纪50年代末、60年代初，人们在城市更新运动中关注的议题是"综合性再开发"（comprehensive redevelopment），其目标是尽量清除那些衰退的城区，以便营造更好的环境。但是，到20世纪60年代末、70年代初时，由于很多著名的建筑物在城市发展中遭到拆除，引发城市保护运动的兴起，人们不仅怀念逐渐消失的传统城市、传统建筑的特征，还对物质规划的基础思想进行了反思。此时在传统城区中成为中心议题是"保护"（conservation）和"城市自主性"（urban spontaneity），特别是一些年轻的规划师，希望能够继续维持旧城区的混沌和无秩序。

2. 工作体系的不完整性

许多与城市更新相关的规划研究往往重点关注如何提升物质环境。然而城市环境是如此复杂，仅从这一角度出发会导致较为片面的现实效果。

例如，大多数城市更新项目重点考虑如何通过改造来提升现有的城市环境，因此都会涉及原有居民的动迁，将其安置在城市外围较空的地区，同时将现有的城市环境进行改造，然后引入新的居住人口。然而这样的更新过程往往缺乏对于低收入或弱势群体的考虑。在进行大规模的动迁后，许多城市规划并没有为动迁居民考虑必要的交通设施，导致他们在新场所的流动性降低，再加上本身就缺乏熟练技术，使他们在就业方面遇到了额外的困难，一些居民实际上就被剥夺了再就业的机会。

许多城市传统区域在改造之前，城市功能是多元混合的。在同一栋建筑或街区里，由于存在着复合性的功能使用，经常混合存在着职员、工人、居民、商人等，彼此不分界限。但在进行改建后，原有的格局被解体，分别分布于城市的不同功能地区，原先不同阶级不同职业的人相容共处的情况逐渐消失。

第二次世界大战后，许多发达国家在城市衰退地区面临着持续性失业问题，再加上日益普及的工业自动化又挤占了许多低技能的就业岗位，导致许多城市居民对于生活状况深感失望。由于缺乏工作或者稳定的经济来源，许多人得不到良好的教育，导致工作能力低下，社会交往面狭窄，缺乏工作机会和社会交往，使得他们更加难以就业。这进一步导致了形势的恶性循环，使得他们的居住环境不断地衰败下去。

W.鲍尔认为，相比起城市再开发的工程，没有比改善教育系统和强化区域作用更加有效的办法来改善他们的处境，也没有任何社会行为能够使他们维持自我的发展。❶

由此看来，空间环境的改善只是解决城市社会问题的部分条件，但不是充分条件。空间规划师在实现社会目标中确实可以发挥重要的作用，而这种潜在作用只有当规划师正确地评价其他社会和经济因素的作用后，才能发挥出来。一座城市的社会公平和经济增长水准往往体现于市民在就业、教育以及个人素质方面所获得的发展机遇。尤其是在现实操作过程中，需要一个较为全面而完善的工作体系，才能使得这一目标得以实现。

城市规划师逐渐认识到，社会和经济因素从根本上决定了城市发展。因此，任何一个城市规划，必须以当地的社会和经济力量为出发点。

3. 评价体系的不清晰性

虽然现代城市规划在设计过程中的研究、分析、管理、决策等各个阶段中发展了许多评价技术，但是所依托的评价标准极少能够与现实吻合。城市规划决策研究一般关心决策的技术内容，而很少能够真正在其中融入社会发展目标。

一旦进入庞大而复杂的现代城市领域中，传统思维的惯性经常使得城市规划目标含混不清。城市物质环境与城市总体经济发展、就业、空间环境保护的目标经常被假设成是统一的，但在现实中却相互矛盾：空间规划与社会政策、经济政策相矛盾，政府的公共政策与空间无关。即使有严格的技术和管理，城市规划的操作如果离开社会价值和公共利益方面的考虑，就会存在很大的缺陷。

仍然还以城市更新项目为例，如果拆除一片城市传统住区并代之以新建高层公寓，在当前的成本核算中可能比整修传统建筑要便宜，于是决策者就面临一种选择：是满足当前动迁居民的住房需求，还是保留地区的传统价值，为将来的居民保留传统街区的历史记忆？

然而在大多数现实案例中，这样的一种价值评判体系并不存在。为了尽快实施这样的一种社会工程，城市传统街区一旦被改造之后，常常就会变成一种单一阶层的社会。这种现象在当代城市中越来越普遍。在英国，由于许多开发部门几乎完全由当地房管部门负责管理，这些房管部门把住房困难户安置在重建后的新楼里，而这些住户一般来说经济上都比较困难，因此，改造区的新住宅楼的居民几乎全部由低收入家庭构成。

1967年11月《建筑评论》（Architectural Review）一篇文章尖锐地指出："通过

---

❶ （英）W.鲍尔.城市的发展过程 [M].倪文延译.北京：中国建筑工业出版社，1984：155.

清除整个地区，社会生活的有机组织被毁坏，随之而来的是一种枯燥无味、被隔离的生活方式。对于这种生活方式，人们也许要花几个世代才能适应。在城里和城镇边缘，一直在建造新的穷人聚居区，那里交通不便，只有步行小道，人们受交通限制，只好被禁锢在那的小天地中，与当地人联系，也仅靠这小道，来满足人们喜好群居交往的习性（这是城镇的主要功能）。许多纪念性建筑物和典型的建筑物建起来了，但这些供观赏的建筑物，与人们的需要毫无关系。"

在美国的城市更新中也存在同样一种弊病。穷人被搬迁出贫民地区，而原地建起的新住宅房租很高，只能针对中等和中上等收入的家庭。因此，它也产生了单一阶级的社会，不过是另一种阶级。从这一点上来说，情况并不比改造以前好多少。

在城市规划面对的许多问题中，如何权衡非同代人的利益是非常困难的。例如，公共住房的建设应该反映第一代住户的标准和希望，还是第二代或第三代？如果仅仅按照当前的最低标准，就会产生在第二、第三代人低于标准的问题，而且到那时不可能重新设计，除非不计代价。但是，预先满足第一、第二、第三代人的标准，就没有足够的资金来满足当前日益加剧的住房需要。同样，关于保存和保护的决定也有非同代人的利益问题。

工业分布法

英国政府于第二次世界大战后 1945 年出台的工业分布法源自于战前就已经成形的巴罗委员会报告，其目标是在全国范围内合理统筹并控制工业分布的情况，也就是促使现有较为密集的产业离开拥挤的伦敦地区，前往较为衰退的北部地区，以平衡产业布局和相应的就业人口。

因此在伦敦，该法规定任何新建工厂或车间扩建，只要超过一定规模，就必须向商务部申请，以取得工业开发执照。这就进一步加强了政府在控制工业分布状况时的措施力度；另外，对于开发地区的新产业给予积极鼓励，如果建厂将得到政府的奖励，政府提供低租金的专建厂房和现有厂房，安装新设备的投资拨款及各种贷款。

按道理这一双管齐下的措施会取得相应的效果，将产业布局逐步引导向规划要发展的衰退地区。然而它在现实中却并未取得明显的效果，聚集在伦敦附近的产业集群反而有所增长。出现这一现象的原因，主要在于工业分布法在本质上存在三方面的局限性：

1. 工业分布法所界定的工业就是加工业，而办公事务以及其他形式的第三产业（服务业或制造业）却没有纳入限制范围。因此在该法案中，第三产业对城市发展产生的影响被忽视了。

2. 该法案所采取的鼓励措施主要是提供产业设备，这就意味着那些大量使用机器而不是人力的资本密集型企业可以得到资助，企业可以利用这种奖励去实现机械化并减少劳动力，但这进一步加剧了地方的失业情况。

3. 该法案还存在很多其他漏洞。例如那些未能在伦敦或英格兰中部地区取得工业发展执照的企业，可以通过每年不到10%的扩建来将现有工厂逐年扩展，那么十年之后就可以扩展到100%，同时也可以进一步把仓库或办公用房迁移到其他建筑中去，把厂房面积腾挪出来投入生产。这样，虽然整个政策的想法是要把就业岗位引导向开发区，但其实收效甚微。❶

因此，许多指导出来的规划政策在理论层面上思考很多，并且似乎已经无懈可击，但是在现实环境中，仍然难以避免存在较大漏洞，导致最后政策的失败（图6-9）。

同时，一些难以预料的其他效应有时也会对所制定的政策产生意想不到的效果。例如1964~1965年，英国对办公楼开发（office development）也进行了一定的控制。采取这一措施的目的就是限制伦敦和其他大城市中的办公建筑的增长，并引导这些开发向新城或开发地区进行疏解。但是，这种限制却对伦敦中心地区的一些重要地段的重建产生了不利影响。如皮卡迪利广场（Piccadilly Circus）由于受限于办公业态的控制，整个地区的商业氛围也受到了连带影响。

图6-9 20世纪初的伦敦道克兰码头，随着城市产业的转型，货运码头已经出现衰退的趋势

资料来源：PETER HALL.Cities in Civilization[M]. New York：Patheon Books，1998：946-981.

6.3 城市政策分析面临的主观因素

6.3.1 决策主体的不稳定性

一个良好的城市政策，在很大程度上取决于决策者在其中所发挥的积极作用。然而在现实环境中，决策者本身往往不稳定。在决策过程中起决定性作用的，一般都是来自于政府部门的主要官员，通常情况下，他们在同一岗位的任期往往只有3~4年，有时更加短暂。然而一个城市规划项目的编制与执行周期，很可能要超出

❶（英）W. 鲍尔. 城市的发展过程 [M]. 倪文延译. 北京：中国建筑工业出版社，1984：105.

部门官员的任期时间，这样导致决策过程的不连贯性。不论是在什么情况下，新上任的官员都势必需要面对众多的陌生而复杂的政策问题，在较短时间里做尽可能准确的判断。

如果从个体角度而言，政府部门及官员的一个重要目标就是在其任期内取得一定的政绩，同时也能实现相应的公共目标，这往往使得他在具体的工作中，需要掌握并调节这些处于持续变化中的不同要求，使自己工作的诉求与社会公共需求之间达成一致。

即使是参与编制规划的专业人员，在工作过程中往往也会带入自己较为主观性的因素，对城市规划产生影响。因为他们在项目和规划中相应也带有自己的个人兴趣导向，每个人会根据自己的偏好来看待城市的改良之路。相比起其他诸如社会、经济、教育、法律、公共卫生和工程学等方面的公共政策来说，城市物质空间规划同样存在职业方面的不同观点。

城市规划过程的复杂性经常还由于不同等级的规划系统之间，以及不同规划人员之间相互的复杂关系而引起。在现实中人们经常会遇到，国家级或区域级的政策目标在进行深化和落实时，往往在地方或局部地区的规划中产生意想不到的结果；而用于管理产业分布的规划经常又与管理城乡空间的规划彼此独立……具有不同背景的规划师们都自认为是城市规划领域的专家，尤其在各自的专属范围内，他们都保持各自很强的专业观念，从而与其他领域并不能有机相融。为了完成一个规划项目，许多临时组合在一起的各种专业之间难以形成融洽的合作关系，也没有对自己在工作中扮演的角色有着清楚认知，导致经常存在不可捉摸的直觉与不容违背的客观性之间的矛盾。❶

再进一步而言，在城市规划过程中所涉及的利益相关者，也是处于不断的变化之中。或者即使对于同样一个人员，在不同时间、不同环境下，他的观点和思路也会发生变化。这使得城市规划在操作过程中，各类参与者、涉及者之间的沟通与交流是非常有难度的。许多城市问题由于太原则、太抽象，而很难让普通公民参与其中，进行准确判断。

因此在很多情况下，城市规划对于社会问题的思考并不是由一系列严密而审慎的决策行为而紧密组织起来的。有时恰恰相反，许多决策者、参与者由于过于个人化、主观化而不能与其他成员密切合作，结成整体，并且在某种场合中由于过于情绪化而不能妥协他们的信念，以实现规划本该去实现的最终目标。

因此，绝大多数的城市规划决策都是在一种政治性氛围中作出决策的，这也意味着在城市规划工作中，需要采取一种更加现实的态度。决定一个规划的成败往往

---

❶ 尤其是在建筑学中，主观的口味和判断就会起作用，缺乏了这些主观性，设计就会缺乏创造性。

并不在于其内在的严密性，而是在不同成员之间是否能够就某一问题达成一致。城市政策在解决问题时面临的许多内在矛盾，经常使决策者在处理问题时表现出模棱两可的特征，以便综合各类不同的价值观念。

6.3.2 基础思想的不完善性

1. 基本原理的不清晰性

理论的形成源于人们能够从研究领域内部各要素的相互关系得出一些共性或普遍性的认识。城市规划理论应当是对城市内在本质的反映，对城市发展规律的总结归纳。

但是规划理论的价值常常在实践中不能够得到很好的体现，差异甚大的各种城市规划过程体现不出规律性，也很难形成某种系统性的理论，去有效解决规划中出现的各种问题。同时，从事城市建设具体工作的人员经常也可以凭借经验与直觉顺利地完成工作，而不依赖于他对城市规划理论系统性的掌握。因此，规划理论及政策与日常行为之间关系难以紧密，理论对于实践经常并没有体现出太大的指导意义。

许多人认为日常工作经验足以应付规划中出现的问题，这使得人们对于规划理论的作用产生怀疑。这导致正统的规划理论在现实操作中经常缺乏有效性，而有效的日常经验却又难以形成有效的理论体系，从而难以使更多的人理解和掌握。

在城市研究中，针对城市物质环境所做出的各类计划和规制应当是建立在各类要素之间的关系之上的。如果说城市是一个复杂的社会系统，物质环境应当与各类社会经济关系联络在一起，人们对于这一复杂关系的理解，并不在于关系的简单叠加（如社会组织、人口资源，劳动力技能和能力，社会文化的知识与智慧的积累，以及用来组织合作生产的方式），而是通过具有时间效应的综合性经验进行把握。

因此，针对城市物质环境的深刻理解并不仅限于美学，而应建立在更加广泛的学科基础上。城市规划师最终需要通过总体性的判断和把握，去决定是否需要继续拓展城市空间，以便容纳更多的产业发展机会，还是需要在这种扩张压力下去限制城市规模，审慎地整体控制城市无规划地向周围农村腹地的蔓延。

然而，诸如："综合考虑各方面的因素""短期利益与长期利益相结合""经济利益与社会效益相结合"……城市规划常常设想了一种改善社会的良好工具，将个人与社会，城市与乡村，过去与未来，保护与变革等互有矛盾的目标融合在一起，所有这些，都可以兼容在"综合、持续、连贯"的口号之下。

另外，关于城市用地区位与物质形态的城市规划也必须考虑政府其他部门实行的经济、就业等计划。必须按照公共资金的增长计划与预算，在所有建设和服务行为之间分配财政和其他社会资源，以此创造包括各种形式的设施与服务的最有效计划，这样才能实现城市在社会意义上的目标。

换言之，城市规划需要综合性地面对来自各方面的问题，以便在决策过程中使来自各方面的诉求都可以得到满足，以获取规划项目的通过。在一种模棱两可、包罗万象的"口号"下，城市规划的目标越来越宏伟抽象，手段却越来越含混无序。不同层面的理想被提出，却缺乏慎思。措辞中的模棱两可帮助城市规划融合不同价值观念，赢得普遍赞同，也避免两难问题的抉择。为了可以获得多方面的支持，赢得资深专家的认可，并维护综合性规划的思想，它往往包含了广泛的维度和理想。

模棱两可虽然可以避免规划中的许多矛盾与不确定性，却导致缺乏自觉反思。如果以过于偏激而认真的观点来看待社会目标，规划就必然会带有偏见来迎合或顶撞特殊集团，导致更加激烈的价值冲突，这样的情况下，问题就难以得到解决。因此，政策制定往往会趋向含混，而规划控制的标准也会变得模糊。尽管现代城市规划被看作是一种社会政策的工具，用来确定社会政策目标，并允许存在价值判断，但由于常常在评价标准方面遭遇严重障碍，并且在自身专业中也缺乏足够的动力进行深入研究，因此价值前提就变得模棱两可并导致规划的分析愈发复杂。

所以，现代城市规划是一项十分庞杂的任务，它不仅需要考虑专业内部的所有事宜，也要事先考虑其行为可能产生的结果以及对其他机构带来的影响。这样，才能使每个机构都更好地了解未来可能出现的情况，并做出自己最好的选择。

2. 基础思想的不完善性

长期以来，科学理性的概念与客观实际的方法联系在一起，成为城市规划的专业目标。有关合理性的概念，也相应成为现代城市规划在各个时期中所要不断理解的一种基本思想。

戴维多夫认为，合理性是指使一个决策行为具有充分的理由以及对相关系统的完全知识。❶

在第一点中，城市规划的任务就是为决策者提供完全的信息，在某些情况下，为业主和公众提供关于现状，以及处在另一种情况下的未来将是怎样的信息。有了这些信息，行为者就可以更好地采取措施。

第二点对于城市规划来说更加重要，可以使规划师按照所有的目标辨别最好的选择，这些选择中，还隐含着最优化、最有效的行为选择。

但是在大多数的城市规划实践中，如要做到这两点是极其困难的，并且常常得出一种不太令人满意的效果。如果将合理性作为一种纯粹的科学行为、认识方法或计算工具的概念，那么就有可能出现以下几方面的问题：

---

❶ PAUL DAVIDOFF, THOMAS A.REINER. A Choice Theory of Planning[M]//A.FALUDI. A Reader in Planning Theory.Oxford : Pergamon Press, 1973 : 15.

（1）规划人员注重的是"放之四海皆标准"的知识体系和判断标准，力图为城市发展提供一幅关于未来发展的"准确"蓝图，而行为操作者所处的社会历史环境可能被忽视。抽象的数学公式反映的是想像中的"理想行为"，而不是复杂的社会形态，人们真实生活中所面对的判断、选择等行为将被忽视。

（2）在这种前提下，良好有效的城市规划首先应当由技术过程研究出来，然后再由实践性的行政过程应用，从而给人的感觉是规划可以独立于以实践为第一性的实施过程，导致规划与实施两种行为的分裂。

针对理性的思想基础，最根本的争议在于：是否可以科学地预测未来，并合理地制定发展目标？针对这个问题，在城市规划专业的演进过程中，决定了规划是采用中央集权的主动设计模式，还是采用民主分散的被动控制模式？

科学理性的概念前提是一个共有的、普遍的目标和价值观。规划如要成为一个有效的技术过程，不仅需要对所涉及的问题有完整、系统的理解，也需要稳定社会意识形态的支撑。然而人类现实社会中的意识形态本身就是一个复杂的动态系统。费沃拉伯德（Feveraberd）甚至认为规划中没有科学的方法，"没有唯一的程序或者一系列的规划可以规定规划过程的每个部分并保证它科学可行"。❶

综合理性的规划过程常常要求决策者将决策过程中所面临的各种价值目标，尽可能通过技术措施进行排列组合，以获得最为优化的结果。但事实上，这种决策方式所得出的结果往往与现实中的情况差别较大，造成在规划中前面的分析过程（尽可能合理性的）与后面的实施过程（日常主观性的）脱节。

在实际工作中，针对复杂价值系统的判断并不能以简单的顺序排列，其原因在于：

（1）价值目标的强烈程度与排序状况度可能随着城市中不同的针对对象而变化：对于市民来说，最强烈的价值目标可能是提高住房水平，增加就业机会；对于政府官员来说，最强烈的价值目标可能是经济指标的增长，社会矛盾的缓解；对于保护主义者来说，最强烈的价值目标可能是城市历史文化的保护，自然景观的保存。

（2）价值目标的强烈程度可能随着时代的发展和环境的变化而变化的。当城市社会处于生存边缘或战争边缘时，加强经济发展、加强基础设施建设，或提高防御能力可能上升到主要地位；而当城市社会发展到一定阶段时，环境保护意识、提高城市生活舒适性则可能上升到主要地位。

在城市活动中代表各种行为者的价值目标往往是矛盾的、相互影响的，城市政策目标的制定、决策过程也是琐碎而复杂的，经常以争执为特征，通过讨价还价的方式来进行。

❶ CHARLES E. LINDBLOM. The Science of "Muddling Through" [M]. A. FALUDI. A Reader in Planning Theory. Oxford : Pergamon Press, 1973 : 154.

从自然科学的思维角度来看，一门理论的正确与否在于是否能够经受实践的检验。❶尽管许多规划理论的根据来源于科学原理，符合客观发展规律，但是在城市规划实践中，许多规划问题的根据并不在于客观事实，而在于人们的价值观念。

许多理论针对综合理性规划体系的批判，实质上是针对它的基础思想。梅耶森（Meyerson）认为传统的综合性规划在实践中很少发挥作用，因为在实施长期规划的实施决策中，缺少相应的信息和指导。他同样认为规划需要政治和市场两种作用力，认为综合规划的目标不在于自身的完善，而是如何使综合性规划更有意义地指导实际决策。❷

3. 思维过程的不系统性

在以设计为基础的城市规划中，物质环境是影响社会行为最重要的因素，并直接关系到市民生活的各种福祉。城市规划专业长期以来一般被视为在物质环境领域中的一种措施，针对各种社会问题开出的药方偏重物质环境改善。如果采用经过合理选址和良好设计的居住环境、休闲场所、服务设施，去取代拥挤混乱、破旧衰败、延绵连片的棚户地区，那么犯罪、堕落、吸毒、酗酒、家庭破裂、精神失常等问题都将会消失。

物质环境的理想不断激发起富有想象力的设计方案，邻里单元成为城市空间组织的基本要素之一，人们不断发展出一种有机理论❸——假设城市可以如同生物一样自动而持续地生长和发展。

但是，随着针对规划过程的研究不断增多，人们发现物质环境与社会行为之间并不一定存在清晰可辨的逻辑关系。原来设想中简单的一对一、因果关系明确地把住房邻里与生活福利联系到一起的思想观念，逐渐被社会、心理、经济和政治系统中内在的微妙关系替代。城市规划专业中简单的分类也逐渐趋向复杂化和综合化。规划环境和规划结果的不确定性成为人们必须接受的事实。

简·雅各布斯在于1961年出版的《美国大城市的死与生》一书中，针对第二次世界大战以来的一些规划理论提出了质疑。她最重要的问责就是认为规划师显然对他们所"工作"的城市缺乏了解，因为他们已经先入为主地相信了过分单纯的乌托邦主义观点，而不是努力地理解和研究城市现实生活中存在的问题：

"在建筑和城市设计领域，城市就是一个广阔的实验室，经历着不断反复、成功与失败的试验。在这个实验室里，城市规划本该有一个不断学习、形成和检验

---

❶ 城市规划方法。

❷ MARTIN MEYERSON. Building the Middle-range Bridge for Comprehensive Planning[M]//A.FALUDI. A Reader in Planning Theory. Oxford : Pergamon Press，1973：130.

❸ 如萨里宁的有机城市。

图6 10 纽约上西区
的公共住宅项目，原
先的旧城区被拆除后，
形成了单一、有序的
空间环境

资料来源：Henri Cartier-
Bresson/Magnum Photos

规划理论的过程。但是，这个学科（如果可以这样说的话）的实践者和教导者却忽视了对现实生活成败的研究，漠视关于非预期后果原因的探索。他们遵循的原则主要源自郊区、疗养地、市集和理想城市的行为及表象——而不是来自城市本身。" ❶（图 6-10）

雅各布斯对理想城市结构的模式化想法，其通过土地利用分区进行用途分离的规定，与之相配的以独立邻里为基础单元的模式化城市结构以及步行系统和车行系统的截然分离（即使在相当纯粹的居住区内）等都提出了批判。雅各布斯批评这些基本准则是简单地强加于人，与大家通常的期望背道而驰。

雅各布斯甚至极端地认为，城市规划及城市设计是一种伪科学，它沉迷于那种一厢情愿、轻信迷信、过程简单和数字满篇带来的快感，尚未开始迈向真实世界的冒险历程。与之相应，她提出了一个替代原则："有一个普遍存在的原则，……是我想法的核心内容。……就是城市需要一种互相交错、紧密关联的土地利用多样性，以便从经济和社会的角度可以互相支持。" ❷

随着更多专业的不断融入，规划工作程序越来越复杂，对规划师综合能力的要求也越来越高，而许多城市规划师所具有的传统才能如空间规划已成为城市综合性规划中的一个子系统。传统规划必须与其他专业相融合，成为综合性规划的一部分。任何一名城市规划师，无论多么专业化，都必须以公共利益为先导，反映社会发展目标。但是这些目标通常是变动而非静止的，是过程性而不是终极性的。

由于人类对于未来预测与想像的能力有限，因此，综合性规划比传统规划提出了更高的要求，迄今为止都不能认为人们已经获得了一个令人满意的工作程序。

❶（加拿大）简·雅各布斯. 美国大城市的死与生 [M]. 金衡山译. 南京：译林出版社，2005：23–24.
❷ 同上。

改造贫民区

1965 年在英国城市利物浦，有 1/3 的居民生活在被英国卫生部列为贫民区的地区，而在英国北部的一些较小城镇中，这个比例还要高。W. 鲍尔认为："我们的社会尽管消除了大量的贫民区，盖了很多新房，建立了许多新的学校和新的公园绿地，但至今仍然不能有效地消除一个世纪以前就已形成的这个疮疤。"❶

在美国一些大城市中的贫民区，其情况更加糟糕。在 20 世纪五六十年代，许多城市在更新过程中几乎全部清除了原先的贫民区，并将原先生活于其中的居民动迁到远离市区的地方。原来的场地重新盖起了新的高层公寓大楼。但仅仅十年过后，许多房地产业主纷纷放弃他们出租的公寓大楼，不再负责进行维修，从而大大加剧了住房的紧张情况，这在纽约等城市迅速形成了危机。1965~1968 年，由于可收到的房租太少，不足以支付昂贵的维修费用，房主们放弃了大约 10 万套公寓住房。这意味着这些房子里的设备老化得更快，结构也不安全，不能再适于居住，房客们不得不从中搬出，从而导致整个社区的严重衰退。

在许多现代城市的物质环境改造过程中，许多预想针对的社会问题并没有因为物质环境的改善而得到解决，有的甚至带来了其他意想不到的社会问题。因此，自 20 世纪 60 年代以来，城市规划理论界对单纯的物质环境提出越来越多的质疑，城市规划自此也逐渐朝向综合性的政策形式转变，力图从宏观角度来更完善地把握社会问题。

这一趋势随着时间的推移而显得越来越明显。自 20 世纪 60 年代以来，许多来自社会学领域的批判直指城市发展带来的巨大变化。刚刚新建不久的郊区独立式住宅被指责为"剥夺了一代儿童的童年乐趣，他们由精神脆弱、爱好咖啡的妈妈抚养，而被交通和事务所困扰的父亲则被排除在家庭之外"。❷城市中心的改造被指责为对低收入居民生活环境的剥夺，旧城重建摧毁了他们的社会网络，新的高层建筑群则培养了新的、贫瘠的、无文化的一代。

因此，越来越多的社会理论认为改善物质环境与解决社会问题之间并不一定存在必然的内在联系，在物质环境得到极大改善的年代中，城市中的社会问题依然十分严重。

越来越多的人认识到物质环境决定论所依据的是一个狭隘的假设。社会学理论认为，复杂的社会行为和动机并不能仅仅通过简单的物质要素进行说明，陋屋简室不一定会滋生犯罪，美楼华厦也未必造就守法公民。早期的许多思想家往往以一种

---

❶（英）W. 鲍尔. 城市的发展过程 [M]. 倪文延译. 北京：中国建筑工业出版社，1984：5.

❷ MELVIN WEBBER, Comprehensive Planning and Social Responsibility: Toward an AIP Consensus on the Profession's Role and Purposes[M]//A.FALUDI. A Reader in Planning Theory. Oxford : Pergamon Press, 1973 : 98.

中产阶级的生活模式为标准，坚信任何人只要被放入美好的住房里，置于美好的环境中，就会产生中产阶级的生活模式。在今天看来，这存在严重问题。实际上，家庭、学校、社会契约以及其他广泛的社会制度，共同规制着人类的行为。

6.3.3 现实操作的简单化

综合性规划对规划师提出了更高要求，规划师必须理解总体性的公共利益，并利用他们掌握的原理知识实施以公共利益为目标的行为，从而使规划中各种专业的每项功能得以发挥。在实践中，综合性规划要求城市规划师具有强烈的总体观念，将政府各个部门所做的发展方案综合。通过将公共和私人机构的愿望相结合，制定融合各参与者不同目标的方案，每个方案按照上一级方案制定的标准框架来制定。

复杂的现实问题常常反衬出研究方法的贫乏。很多情况下，人们难以辨清许多现实问题的具体原因，有时即使可以辨别出来，城市规划也很难形成有效的解决手段。

规划师常将用地规划视作一项技术工作，而没有认识其本质的作用，也不考虑其作用范围。它一方面以一种抽象的数据化方式表达（例如容积率、密度），另一方面则以含糊的方式来表达（如宜人性）。即使采用了严格的标准，规划的结果也不一定能真正解决问题。

在实践中，一些城市规划方法甚至走向极端。例如在城市土地分区方面，许多规划师追求纯粹的用地功能分区，而不考虑现实中不同土地使用之间的相互关系。科研性质的企业和一些小型无污染的服务性工业，以及许多办公事务所等并未作出合理安排，导致矛盾产生。

在许多人口密度的案例中，大多数规划师并不认真考虑生活现实。因此，事实上的人口密度也并不一定能够按照所希望的方式进行控制。而在规划中由于采用了许多不需要、不相关的标准和控制，工作变得比实际需要更加复杂，使得规划和被规划者之间产生很多分歧。

市场的作用力加之用地布局的机械性使很多城市中心区几乎全部成为商店和办公大楼，白天拥挤，下班后空空荡荡。市中心白天的交通问题格外紧张，而在夜晚和周末假日，人车稀少，一片荒凉。严格的用地分区本意是通过将互相干扰的居住和工业用地分开，创造良好的工作和生活环境，但却产生了意料之外的副作用。

"现代城市规划有一种明显的趋势，即寻找一种公式，然后不区别情况，普遍地推广应用。这是一种很省力的简单化方法，它无视每一个具体问题的复杂性，也否认应用原理来解决某一特殊情况时有必要保持一定的灵活性。这种过分简单化的办

法应用到社会结构方面，比应用到物质方面的更多。"❶

　　规划人员所承受的社会政治压力可能被忽视，将理性行为等同于计算性的认识会掩盖规划师在规划中承受的社会政治影响，从而导致实践困难。因此在城市规划中需要从一个更加全面的角度理解科学与理性概念的不同含义。

　　在城市规划实践中，几乎没有任何规划过程可以达到纯粹意义上的理性状态。目前为止，综合理性方法在制定规划政策的过程中只被看作适应于特殊情况才可采用，或成为帮助说明决策者在选择某种政策时的一种工具。城市规划政策的决策者经常遇到在紧急情况下需要作出决策的情况，缺乏更多的时间进行审慎考虑。因此，综合理性的规划体系在思想基础中存在很多问题。

帕鲁伊特·伊戈住区

　　帕鲁伊特·伊戈（Pruittigoe）住区被炸毁在 20 世纪 70 年代是影响深刻的事情。著名的建筑理论家 C. 詹克斯在其《后现代建筑语言》中的一段著名的论述中写道："现代建筑，1972 年 7 月 15 日下午 3 点 32 分于密苏里州圣·路易斯城死去。当时，名声很糟的帕鲁伊特·伊戈居住区，或者说它的若干座板式建筑物由黄色炸药给予了慈悲的临终一击……"❷

　　这个住区之所以被当作 20 世纪现代建筑的化身，是因为它是遵循国际现代建筑协会（CIAM）最先进的理想建成的，并于 1951 年获得美国建筑师协会（AIA）的设计金奖。住区由 33 幢雅致的 14 层板式公寓楼组成，并通过"空中街道"连接起来，体现了"阳光、空间和绿化"等现代建筑的典型理念。

　　然而，帕鲁伊特·伊戈住区在现实中的发展并未如同在专业领域那样顺利。大多数市民认为它呆板、单调、缺乏设施，设计很糟。更重要的是，作为一项公共住房项目，帕鲁伊特·伊戈住区为低收入者设计，其意图也在于促进社会融合，但是，生活状态较好的居民由于不愿继续住在这种带有标识性的住区中而纷纷离开，导致更低收入的居民不断迁入，形成了较为严重的社会治安问题。由于社会状况越来越糟，帕鲁伊特·伊戈的入住率从 1956 年的 95%，迅速下降到 1965 年的 72% 和 1970 年的 35%。1965 年，几乎所有的白人居民都迁出，超过 2/3 的居民为少数族裔，其中 38% 的居民没有职业，45% 的居民收入仅够糊口。

　　由于缺乏足够的资金，许多设施无法维修而迅速老旧，社会治安状况日益恶化，帕鲁伊特·伊戈住区已经从一个示范住区沦落为一个滋生贫穷、犯罪的地方。最终于 1972 年被炸毁（图 6-11）。

---

❶（英）W. 鲍尔. 城市的发展过程 [M]. 倪文延译. 北京：中国建筑工业出版社，1984：22.

❷（美）查尔斯·詹克斯. 后现代建筑语言 [M]. 李大夏译. 北京：中国建筑工业出版社，1986：5.

图 6-11 普鲁伊特·伊戈住宅及其炸毁情景

资料来源：（英）彼得·霍尔.明日之城：一部关于 20 世纪城市规划与设计的思想史 [M]. 童明译.
上海：同济大学出版社，2017：264.

6.4　城市政策分析的目标导向

6.4.1　政策分析成果的评价和权衡

1. 公共利益的目标导向

公共利益是现代城市公共政策的首要目标，是针对 19 世纪早期自由化工业和城市无序发展的共识。人们通常认为，一个现代政府的职责就是提供公共服务并增进公共福祉。19 世纪以来的社会变革促进了新的社会与政治机构发展，不仅造就了与现代社会相适应的新的政府形式，也造就了新的专业规划组织。作为公共利益的保护者与促进者，现代政府在公众中具有越来越高的权威性。

作为一种公共性事业，现代城市规划协助构建城市的未来发展目标，并促进与之相关的社会共识。因此，这一目标存在着两种取向——一种涉及社会事实，另一种涉及社会价值。关于社会事实，人们一般采用描述性阐述来对其进行定义和限定；而关于社会价值则经常表现为道德阐述，或者对于一种偏好、标准、目的的阐述。关于目标形成过程的分析，以及关于规划师在处理价值时的责任分析，涉及事实与价值的哲学基础。

公众所能接受的方案经常是通过各部门和社会公众介入的方法来进行检验。通过在规划过程中的调查与分析，政策的可行性和公众接受性可以获得检验。这样，在公共利益和目标得以限定后，就建立了规划的评判标准。如果公众接受了某个规划提案，并且通过协商认为这一提案切实可行，那么该项规划就是可取的。因此，在一个城市规划的制定过程中，工作的重点不仅在于制定出一个好的规划方案，并且应当实现在公众的需求和可接受性之间的适当平衡。

奥特舒勒（Alan A.Altshuler）认为，在城市规划过程中，规划师必须首先关心公共利益。斯考特（Scott）认为规划师的使命应当是："……献身于公共利益，并在

综合性规划过程中应用原理和技术。"❶

公共政策应该与公共利益而不是与私人利益（它往往被描述为狭隘、自私和贪婪）相对应,这已经成为一种共识。然而,人们对于公共利益概念的理解却含糊不清。它是大多数人的利益吗？如果是的,那么如何才能制定出大多数人在政策中真正希望得以执行的东西？它是人们"明确思考和理智行动"时希望得到的东西吗？那么又是否可以在面对大众反对的情况下,去坚持这种信念?

"必须考虑某些措施,为大众谋求人道与平等和为穷人争取福利并为富人提供财产保护和安全。"❷ 这样,公共责任就在城市规划发展过程中确立起来。由于认识到公共利益优先个人利益,国家对经济和社会行为等许多方面的控制就越来越被接受。

关于公共利益的判断并不来自于决策者的主观意见。从逻辑上讲,虽然城市公共政策的制定者在涉及价值目标的确定时具有重要作用,但不能将自己的价值观强加于公众之上。决策者对公众负有责任,因此城市公共政策的最终目标是扩大公众的目标选择范围并增加选择机会,而决策者的裁决权则应该受到控制。

2. 着眼于公共利益的分析技术

在着眼于公共利益的规划过程中,最主要也是最困难的任务就是如何权衡并选择最为优化的城市发展目标导向。在现实工作中,人们通常发现许多任务在实践中包含有相互矛盾的因素,并且经常会面临着两难的选择。例如在一项政策决定中,人们很难把保护传统环境的任务与提高居民生活空间的任务协调起来,或者把城市机动交通的通畅性的任务与保护城市历史结构的任务协调起来。不论从总体层面还是从定量化的各项指标来说,在不同比较方案之间进行选择,总是难以寻找出一条合理而简易的道路,去满足这些任务所提出的要求。

因此,不论是在制定这些任务之初,还是在评价过程中,都有必要找到衡量若干任务何者应该优先的权值（weights),指出在不同的任务之间有哪些是值得列入的。但无论怎样,在复杂的局面中作出合理的价值判断总是困难的,而且,政治因素必然对此有很大的影响。

为了使规划方案的评价更加严密,彼得·霍尔认为,大约自 1955 年以来,在规划界大约存在三种广为流传的工作方法。

（1）投资—效益分析（cost-benefit analysis）,这是采用经济权衡的方法。这种方法所假设的最好方案是相对于投资来说,能提供最大的经济效益。和通常的经济分析一样,所谓最大的经济效益是指预料中的多种盈利的可能性。实际上,当决策

---

❶ M.SCOTT. American City Planning[M]. Los Angeles : University of California Press, 1969.

❷ RUTH GLASS. The Evaluation of Planning[M]//A.FALUDI. A Reader in Planning Theory. Oxford : Pergamon Press, 1973 : 50.

人希望了解各种比较方案中哪一个具有最佳经济价值，而又不能采用通常的市场手段时，投资—效益分析的方法是有用的。私营企业的经纪人没有这种问题。他可以预测市场对其产品或服务的需求，从而计算投资的预期利润。但是政府决策人没有市场依据，他们提供的服务是不按价出售的。

（2）规划平衡表（planning balance sheet），由 N. 利奇菲尔德（Nathanial Lichfield）提出，它实际上是一种改进型的投资—效益分析，把可以用经济方法衡量的项目采用经济术语来表示，而把无法衡量的事物采用较简单的手段来解决。这一方法是专为考虑同一城市或区域系统的不同规划方案而设计的，而且曾成功地运用于城市更新和城市建设。该方法的特点在于不强求综合性，而强调各种规划方案给不同市民所带来的可能性收益或损失，这意味着决策者要不厌其烦地去研究在分析过程中所做的每一个权衡。

（3）目标效益矩阵（goals achievement matrix），由 M. 希尔教授（Morris Hill）提出的，其解决规划问题的办法是先从规划机构提出的取得一致同意的任务着手。它要求决策人对他们接触到的各项任务的权值进行专门判断，然后再以此对各个比较方案符合上述任务的程度作进一步的定量判断。和利奇菲尔德的方法一样，希尔的矩阵承认各个公众集团可能拥有的不同价值体系，因而它可能对不同任务定出相差很大的价值。这样做的前提是不求综合分析。目标效益矩阵与利奇菲尔德的方法相似，它的主要缺点是太复杂。然而，规划方案评价本来就是一个复杂且容易引起争论的过程。

由于城市中的所有事物都以千丝万缕的方式联系在一起。从而导致在城市政策评价中，不可能存在中性的立场，关于价值目标的讨论，对于政策过程中的政策评价也不可或缺。

一般来说，存在多少个价值系统，就应该有多少个评价系统。即便在诸如投资—收益这样的技术性评价过程中，如果缺乏对政策所体现的价值观的具体说明，将失去标准和效用。这也相应表明，为什么大量的物质空间规划在解决现实的社会经济问题中常缺乏效果，在政治领域中常显得软弱无力。

在政策制定过程中，通过明确政策价值和社会投资收益分析，会极大地促进政策评价。

6.4.2 公共目标的决策分析

1.公共政策目标的决定

虽然价值观不能仅仅依赖经验评判，但可通过价值体系中的其他价值观来评判。对价值的阐述，也可以使决策者更加彻底地理解其意义，使价值观得以阐述也就使得价值观可转化为行为目标的过程。解释价值观的理由及其可能带来的后果，可以使决策者在众多的选择项之间进行明智的选择。

确定价值目标的另一重点是可进行客观比较的标准。确定客观的评判标准可减少在决策过程中的主观、武断行为。如果一个规划行为是要实现某个具体目标，那么这种目标必须是可实现的。一些目标之所以实现不了，在于它们虽然是原则性的，却又是含糊、模棱两可的。虽然原则性目标在价值形成过程中很重要，但如果要给一个具体的规划行为给以方向指导，那么目标应当具有客观的衡量标准。

由于在确定政策目标过程中的价值观常常有争议性，因此不存在绝对"正确"的决策。每一个决策的做出是依据于一个价值观，而这种价值观是无法证明的。在这种情况下，决策的目标理想就是使选择具备合理性，或者与其他选择项相比是合理的。虽然规划师不具有最终决策权，但他必须清楚地标明不同决策可能带来的后果。

对长期目标来说，为了扩大业主在确定目标时的选择面，规划师应当提供潜在的目标选择，即提供在当今世界中显得不那么重要、但在今后的发展中可能会带来重大影响的选择项。因为，即使是有计划的重大社会变化也需要很长时间才能完全显现。因此，长远规划应当包括高层次的价值观，甚至那些与现实完全不同的价值观。

对于短期目标来说，由于受时间和所需行为的限制，则必须关注于在政治上能够得到确认的目标。短期规划应考虑那些在以往项目中得到批准并被应用的价值观，高效地针对现实问题。制定短期规划需要分行并明确以下目标：当前需实现的目标、与已接受目标相对应的目标以及受到强力权威支持的目标。

对于中期目标来说（如 5 年规划），可以将以上两种方案融合，对于未来的预测可能比长期规划更加精确，并确定在不同的控制之下会出现什么样的结果。那些包含于 5 年规划的目标选择项应当实施，而不仅仅是一种意图或理想。

针对这三种规划，规划师应当拥有相应的方法来选择、确定可能的价值观，包括市场分析、公共意愿投票、人类学调查、听取公众意见、与社区领导交流、时势分析、当今的和以往的法律、管理行为和预算的研究，这每一个方法及其组合都要比规划师的直觉和猜测更为有效。

2. 调查、分析与规划

1920~1960 年，人们一般遵循的城市规划专业工作方法，是由英国规划先驱格迪斯（Patrict Geddes）创立和传授的经典规划方法：调查—分析—规划。

顾名思义，城市规划工作首先是由规划师进行调查，搜集各种有关城市或区域发展方面的资料。其次，针对这些数据进行分析，尽可能地在这些数据信息的基础上推测未来，以便厘清该规划区域应当如何变化发展。最后，编制规划，提出一个充分考虑到调查和分析所揭示的各种事实的规划方案，力图根据合理的规划原则去引导和控制发展趋势。在若干年后，重复这一过程，再一次调查事物发展的最新情况，对此进行分析和检查，评估原规划的内容要做多少修改，并进一步作出相应的调整。

在早期的城市规划传统中，城市发展目标的确定往往着重强调事实的基础性。格迪斯提倡的"调查—分析—规划"的过程长期以来成为城市规划的正统模式。但是这种模式往往难以表明从事实到价值判断这种清晰的逻辑关系。它假设了事实和知识将会提供适当的目标或价值判断。但是客观事实本身不能显示什么是好的，或什么是想要的。例如对于某个地区的居住状况的事实调查，如果缺乏关于人们应当生活在什么样的居住形式下的态度，将很难形成价值判断或为其提供目标。

因此，规划师在城市公共政策制定过程中的作用并不是运用知识，从事实推导出价值，而是在不同的价值观中进行判断与选择。规划师并不是无为地、中性地确定价值目标，而更应当在这一过程中进行积极的引导。

3. 比较、选择与行动

在一个现实发展的城市环境中，规划师可能关心的是通过增长模式的建立完成一个实用并有吸引力的土地利用模式。它意味着既要避免过度密集或过度分散开发，又要避免局部开发；意味着鼓励使居民易于接近娱乐、文化、学校、购物和其他辅助设施的开发模式；意味着当交通高峰出现时不会过于拥挤且便于使用的街道模式；意味着独立不相容的土地利用活动，如从居住区中分离出高密度的商业活动。在一个现代规划的社区里，它可能意味着提供一套路径系统，使行人、自行车交通与机动车交通分离。

规划师们也关心如学校和社会服务中心等公共设施的区位问题。它既要方便居民，又要便于加强预期土地利用模式的开发。如果社区计划或希望进行有意义的工业或商业开发，规划师们将会考虑是否有足够合适的街区土地以供选择，并且这些土地要具有一定的道路和上下水管道等辅助设施。

在一个非增长或不计划增长的老社区，规划师们可能首先考虑的是对现存事物的保护和完善。因此，规划师们可能重点考虑的是保护现有房屋的质量。在许多社区，规划师们也将关心房屋成本问题，特别是如何给社区低收入居民提供住房。而在许多老社区，规划师们则致力于保护历史建筑和其他地标。如果社区关心中心区的兴旺（大多数是这样），那么规划师们可能进行包括改善道路在内的其他设计的修改，以帮助中心区商业成功对抗外围地区的建设。

一个城市会面临就业岗位不足这一严重问题，经济发展也许是规划师们的一项重要任务。大多数情况下，他们致力于创造条件以鼓励现有企业继续保持和扩张并鼓励新企业在社区内选址。

近年来，许多规划工作开始关注如何指导和管理开发才能使环境危害最小化等环境问题。例如，一名规划师可能考虑相关环境特征评价和废弃物填埋的财政成本，并将其与市政固体废弃物焚烧成本比较，然后帮助选择最佳方案。

城市公共政策目标和价值观并非客观确立，因而价值观也很难客观评价，决策者无权接受或否决公众价值观。戴维多夫认为，无论是决策者的技术能力还是智慧，都不能限定或裁决公众目标。公共决策和公共行为必须反映公众意愿，决策者或技术人员无权代表或预言公共意愿。❶因此，决策者所做的并非确立而应厘清公众价值观，并对其作出权衡。

对于政策选择的评价，布坎南指出，评价政策效率的标准是同意的一致性。❷

"同意"意味着政策当事人经过收益计算，认为一个实现资源配置的政策对他是有利的，或至少是无害的；"不同意"意味着他认为这一政策有损于它的利益。从社会角度看，至少有一方不同意的政策，比双方都同意的政策所产生的总效用要低。同意的一致性，就意味着政策达到了很高的效率。

城市规划应当作为决策辅助行为来研究，以便理清政治管理上的决策、意识形态和专业实践经验等各个范畴之间的关系。公共政策的决定往往也是一个多次权衡的过程，各种城市公共政策的决定，都应当在充分调查研究、充分获取信息的基础上，综合权衡后制定。在这一过程中，重要的工作内容主要在于：

（1）辨明主要问题：决策者所要做的第一步应当是辨明重要问题。尽管制定城市公共政策是一种政府行为，但决策者在本质上是公众的代理人，与许多项目设计者一样，是一个受雇佣的角色。在涉及干预管理和立法层次的公共政策制定中，辨明业主是相当困难的，这一点经常遭到忽视，不能确定相关的业主是许多城市更新项目面临困难的根本原因。

一般来说，规划师的工作受到业主价值观的限定，业主可能将规划师排除于价值观确定的过程之外。然而，在公众性的政策研究中，规划师的业主是抽象的，因此导致规划师在工作中遇到很多困难。规划师如何确定业主的价值观？是通过随机调查，还是将公众分类进行抽样调查？或者直接给这些类别赋予相应价值？

（2）辨析价值目标：由于公众的价值观是复杂而非自明、简单的事物，因此，决策者应当从两方面考虑业主的价值观：a. 业主内部的价值观，即业主的主观价值；b. 业主外部的价值观，即被赋予的价值。内外价值观是经常混杂在一起的，一个人的偏好结构和作用，与为他所偏好的商品、服务状态等对象是分不开的。某些价值研究的重点是放在内部的，而另一些放在外部则更有效。规划师在政策制定过程中，所面对的一般是一个价值体系，而不是单个的价值观。通过对规划整体价值系统的分析，可以形成一个价值体系；通过对这种体系结构的研究，对价值层次的限定，并掌握结构体系的知识，决策者可以确定、减轻、清除整个价值系统中的不连贯性，更好确定有效手段。

---

❶ P. DAVIDOFF. Advocacy and Pluralism in Planning[M]//A.FALUDI. A Reader in Planning Theory. Oxford : Pergamon Press, 1973 : 287.

❷ BUCHANAN, JAMES M. Public Principles of Public Debt[M]. Homewood, Ill.: Richard D. Irwin, 1958 : 65.

　　针对目标价值体系的研究，可以为特定行为或相互作用提供标准。规划师可以从三个方面来解决价值冲突，实现复杂的价值目标：

　　a. 为规划中所涉及到的众多价值目标赋予相应的权重数值，尽可能使之可以进行平等的衡量。

　　b. 确定选择项，并表达有利于在意向性目标之间进行筛选、权衡的倾向性信息。

　　c. 透彻阐明目标的意义，使之在公正的基础上得以评价。

　　（3）评价各项选择：和规划过程中的许多其他名词一样，"评价"一词需要作认真的定义。对许多外行来说，它表达一种经济判断的含义。事实上，现代的许多著名的规划广泛地运用了经济评价方法，其中有一些将在后面作概略的介绍。但是，实际上评价也包括各种优先顺序的排列。严格地说，评价不一定涉及货币价值或财力的使用问题。

　　在规划过程中按照早先制定的一些目标和任务，明确评价的用意何在？首先问题是，不论从总的方面来说，还是从定量化的各项特性指标来说，各种比较方案在何种程度上满足了这些任务的要求。通常发现许多任务在实践上含有相互矛盾的因素。例如，很难把"保护乡野"的任务和"给居民最大的自由去享受他们希望得到的私有环境"的任务协调起来，或者把"让拥有汽车的群众自由通行"的任务和"保护城市结构"的任务协调起来。因此，在某种情况下，无论是在制定这些任务之初，还是在评价过程中，规划小组都有必要找到衡量若干任务后何者应该优先的权值（weights），指出在不同的任务之间有哪些是值得列入的。这样可能会陷入一种有意识地做出使某一当事居民集团的得益多于其他集团的决定，因为各个集团的利益往往是相互矛盾的，如汽车拥有者相对于非汽车拥有者，或者原有的既得利益的乡村居民相对于暴发户。这类价值的判断是很困难的，而且，政治因素必然对此有很大的影响。

　　（4）倡导具体行动。戴维多夫提出了倡导性规划的概念。"在倡导性规划实践中，倡导成为宣称社会应当如何发展的一种职业知识手段。"[1] 这种过程的形式特征是一种复杂的政治辩论过程，即在规划过程中，至少需要包含两个相互冲突的竞争方，不管它们的价值观是否矛盾，规划过程中所涉及的各方都应有机会参与到决策过程中来。

　　作为专业人员的规划师，在这一过程中则具有一种特定的角色和作用。倡导性规划师应代表公众利益，并负责表达他们的观点。作为倡导者的规划师必须维护公众关于良好社会的观点，他不仅是信息提供者，还要分析当前的趋势，估计未来状态、落实手段。除了这些规划所必要的部分之外，他还应当是一个特定解决方案的支持者。倡导性规划师的工作不仅是建设性的，还具有教育性。倡导者应当为其他组织，包括公共机构提供环境、问题和代表集团的价值观，它应当协助公众来归类他们的思想并将之进行表述。

---

[1] P. DAVIDOFF. Advocacy and Pluralism in Planning[M]//A.FALUDI. A Reader in Planning Theory. Oxford：Pergamon Press，1973：283.

6.5　城市政策分析的考虑因素

6.5.1　城市政策分析的过程特征

如果说综合理性与渐进主义是现代城市公共政策决策模式的两个极端，那么大部分决策的模式是处于两者之间。公共政策的决定，在时间期限、参与模式、体系关系、精确程度上，都或多或少地体现出来自这两种基本模式的影响。

1. 阶段性与持久性

就制定政策的时间期限而言，布朗克（Branch）在对理性规划程式进行比较分析之后，提出了持续性规划（continous planning）的概念。持续性规划的概念是在面对复杂的环境，价值目标取向不确定的情况下，采用渐进主义的方式来逐步取代宏观总体规划的终极性概念。

持续性城市规划的分析方法与终极性规划模式相反。持续性规划不企图包括所有事务，并以此形成对未来准确的计划，它是从平实的细节开始的。在持续性规划中，城市的长期、中期和短期要素以及其他要素都得到了考虑，它的成果不是一种文件，也不是一种庞大昂贵的过程，它不强调终极性的结论。一个持续性规划始终都是针对现实问题的，它根据决策者所制定、并力图实现的目标，对现实行为进行持续性的调整 ❶。

如果一个决策行为的目标范围、要素或内容可以事先完全限定，并且可以相对精确并进行可靠的分析，那么就可以采用比较精确的方式来进行。但是许多规划是在一种充满了不确定要素的环境中进行的，城市的各个组成部分都处于不断的变化当中。而且，即使不同的功能包含了可以进行精确操作的不同的子系统，但是当它们组合到一起时就相对不精确了。

交通、住房、就业等子系统很容易单独进行规划，但如果把它们综合起来，形成协调的旧城改造政策则困难得多。同样，将污水、生活垃圾、建筑废料、污染源综合形成废物处理系统则比单独处理这些问题困难得多。如果规划中包含的子系统越多，规划就越难在整体上进行有效的把握。

同时，人们关于城市中的各个不同系统、它们可以限定的范围以及它们可能的发展趋势的理解是不同的。新技术的不断涌现，也会对物质系统和设施的预测和计划产生重要的影响。当供水系统由于循环水技术变得可行，并在心理上被接受，就可以取代原先的供水系统，或者当一个新型交通方式产生之后，一个城市公共交通系统就会遭到改变。

另外，一些相关系统得到调整是与其他城市系统的变化相关的。例如税收政策

❶ MELVILLE C. BRANCH. Continuous City Planning[M]. A Wiley–Interscience Publication 1981：56.

或金融政策，一般属于城市的经济—财政系统，但是通过土地征税等措施，它们对城市商业建筑、开敞空间总量以及居住密度产生重要影响❶。因此，众多不同的市政系统不能按照终极规划的要求统一对待。

因此，城市公共政策的制定必然是一种持续性的行为，它必须广泛地分析现实中的信息、情况，并做出决定。政策过程必须反映从历史引导而来的行为要素和预测结果，并立足于现在，持续于将来。

但是，持续的、处于动态之中的决策行为也必须在一定的总体框架中来进行，这个总体框架则是综合性的，它必须包含针对每个独立的城市要素，并将它们融合成一个整体的行动目标，用来实现城市整体性的、最高效益的计划。它在某种情况下，保持一定的稳定性和规律性；在某种情况下，它是终极性的，如城市发展的目标原则、战略步骤等，在短期内不太可能频繁变更。

但是，这种总体框架不可能为市政部门的财政、规则、程序以及社会福利等工作制定详细计划。日常决策行为与规制它们的总体框架构成了一个整体。城市总体性规划是用来综合操作、预算以及对各个市政部门的单独计划进行协调，组成一个整体。

2. 中央性与分散性

就制定公共政策的参与模式而言，存在着中央性与分散性两种情况。政府部门在制定城市公共政策过程中所担负的主导责任，是从一个宏观综合的角度来为社会行为精确定位，并保证政策的连续性和连贯性。它们在转译政府的宏观政策目标时起着主要作用。政府部门在制定和实施整个城市政策时占中央性的地位。

然而，非正式的参与者在现代城市规划过程中的比重也越来越大，现代城市规划越来越体现出自下而上的特征，政府的中央性地位逐渐减弱，它的作用有时只表现为检验地方政府规划的目标、通过规划许可、提出建议等，而不是做出中央总体性的政策。在政策制定过程中，中央性与分散性之间的关系传统而又微妙。

对于这种关系的理解，最直接地表现为有关城市土地使用行为有多少是政府性的，或者政府针对哪一些问题采取哪一些行为？例如在城市衰退地区进行再开发是一项非常重要的政府行为。由于政府在全部新投资中占有重要的一部分，城市规划工作很重要的一点就是密切关注在什么地方，什么时候采取这些政府行为，来满足公众要求。另外，城市规划必须提供政策框架，在其中，私人开发可以得以顺利进行。

社会公平的要求，使城市公共政策在制定过程中应当公开透明，并争取满足社会中存在的各种有争议的政治、社会价值观。在制定社会目标时需要民主，这

❶ 抵押贷款、信贷措施的实行，对居民购房产生重要影响，从而可能彻底改变一个城市的居住面貌。

就意味着需要适宜地控制中央性政策所施加的影响，保证各种政策参与者的基本选择权利，在掌握城市功能特征的基础上，选择用来改善城市环境的最适合的行为手段。

在中央性的综合决策中，往往由某个具体机构（这个机构一般是城市规划委员会及其部门）来制定总体政策。如果决策过程需要在社会经济和政治方面体现出民主性，那么也应当允许政策的反对方制定自己的规划。"理性"城市规划理论要求规划机构考虑不同的行为过程，也就是所有可以用来实现目标的手段都应当得到检验。然而如果只要求规划机构来考虑政策的选择项，使规划师负有构筑政治过程的责任，并负责提出他所认为的选择项，这样规划师由于面临过重的负担，而不能考虑那些最终影响到规划结果的利益集团想提出的选择项。

涉及城市公共政策制定过程中的正式组织的参与者一般有：

（1）政党。虽然很多地方政治组织极少有兴趣、能力和注意力，来为他们的社区制定发展计划，但是他们对城市公共政策的影响是重大的。

（2）代表特殊利益的组织，例如商会、房地产协会、工会、市民权利组织等。这类组织经常参与到规划当中，但极少提出自己的方案。

（3）与现行政策持反对意见的组织，他们虽然提出了规划建议，但是建议很少得到采用。他们可能反对一个城市更新规划、一个区划调整或一个公共设施选择。这些组织倾向于提出另一种规划方案，因为这种规划更能符合他们的利益。

另外，城市规划过程通常也会包含一些关心社区规划的市民组织，他们要求有"市民参与"的有效程序，并将其带入与之有关的社区规划当中。市民在城市规划中的参与行为一般更多地表现为对机构行为作出反应，而不是提出他们自己对目标和未来行为的看法。

市民组织在规划制定过程中，一般不会扮演积极的角色，其原因一方面在于决策过程过分夸大了政府在社会中的角色，另一方面在于市民政治的历史弱点。因此，许多规划理论为了避免在规划行为中的集权、武断的特征，而趋向于将多数公共问题放置于技术手段中来进行选择，从而回避复杂的价值判断与选择。

但是，"适宜的规划行为不可能从价值中立的立场中得出，因为规划的形成是建立在所向往的目标的基础上的。"❶ 价值观是任何理性决策过程所不能回避的一个要素。城市公共政策过程若要反映公共利益的要求，必须建立有效的城市民主环境，在决定公共政策的过程中，市民以及各种参与者可以积极地参与其中。戴维多夫认为，适当的政策应当是从政治辩论中得出的，真正的政策行为过程应当是一种选择，而不是由事实推导而来的。

❶ P. DAVIDOFF, Advocacy and Pluralism in Planning[M]//A.FALUDI. A Reader in Planning Theory. Oxford : Pergamon Press, 1973 : 358.

因此，城市公共政策必须在地位不断提高的中央政府控制与同样在不断加强的地方特殊要求之间保持平衡，大多数人的福利和少数人的利益都需要被考虑。在一个包含众多不同利益者的规划行为中，用什么来确定公共利益？这永远是一个有争议的问题。公平地注意和聆听、提供评价材料、交叉检验、理性选择是用来实现一个合理的决策的手段。如果一个规划过程需要促进城市政策中的民主性，那么公共政策的制定应当是吸纳而不是排斥公共参与。同时"吸纳"不仅仅是允许大众来旁听，而且还要让他们了解规划决策的目的，理解专业规划师的技术语言。

这样，政策所涉及的参与者都应当参与到决策过程中来，使决策过程走向分散化。戴维多夫认为，在各种政府中发生的政治斗争是健康的。从有效的、理性的规划角度来看，需要在城市范围的层次上开展大众参与性的规划。在早期的新城建设中，关于分权与集权的争论以及中央规划机构与邻里组织的争论对城市规划是有益的，它可以有效地使公众参与政策过程，并使大众权利与个人权利和少数人的权利结合起来。

加强规划过程的公共参与性，首先应当重视来自于不同方面的政策选择项，这些选择项应当代表参与者的基本价值。在许多城市规划实践中，不同的选择项的提供者没有得到平等的对待，而仅仅作为规划过程用来扩大选择范围的一种手段，同时，也应当充分认识到公共参与对规划过程的促进作用。因此，公共参与可以加强公共机构之间的竞争，提高工作质量和工作效率。公共参与也可以促进政府部门更为积极主动地去完善政策，而不是仅仅对受批评的部分进行局部的修改。

3. 开发性与适应性

社会是一个不断变化着的环境，流动的生活不可能等待规划师给它制定方向，规划师必须用灵活的思想工具对社会和经济过程采取措施，使社会朝向预期目标发展。

为了使城市公共政策研究在概念上更有秩序性，在这里，城市公共政策行为一方面被看作是对社会系统中的变革进行指导，另一方面也意味着一种自我调整的过程。它可以促进子系统中成分的不同发展，激励系统结构（政治、经济、社会）的变革，并在变化过程中保持系统的结构与范围。

这样，在政策过程中，应当有意图地控制预料中的情况。当预期目标得不到实现时，实施控制来实现意图，通过观察预定变化路线中的变化，然后在观察到重要变化时，不断循环这个过程。同时，城市公共政策过程也可以被看作是一个不断作出自我调整修正的系统，它可以被看作是通过干预某个决策的结构和过程，对持续性的行为网络采取合理的措施。这里所谓的干预，也就是对变化的现实进行规划。这种干预是建立在知识的基础上。实施规划，就意味着通过使用技术知识的方式和方法来实现不可能发生的社会变化。

从公共政策的自身目标来看，约翰·弗里德曼（John Friedman）认为，公共政策具有发展性（developmental planning）与适应性（adaptive planning）的两种特征 ❶。从决策过程中规划行为的相对自主性来看，发展性规划在确定目标和选择手段中有着高度的自主性，而适应性规划则高度依赖于其他外部规划系统的先决条件。

在实践中，大多数规划都是处于完全自主和完全依赖之间，而且规划系统的行为根据在两个极端之中的决策功能分布情况而变化。例如，城市政策是在城市的层次上，因而更多的是适应性的，而不是发展性的；在国家宏观政策中，公共权威可以根据其自身目标来主导控制大量的变量，这样国家比其他次级系统中的规划更具有独立性。

4. 纲要性和战略性

从决策的精确程度来看，林德布罗姆认为决策模式可以分为"纲要性"（synoptic）的决策模式和"战略性"（strategic）的决策模式 ❷。"纲要性"的决策过程要求决策者全力以赴地进行分析，准确地确定各种相关要素；而"战略性"的决策过程要求决策者通过有限的知识，适应在战略上的相对需要，在总体上进行相对完善的把握，从而避免重大的决策失误。

由于"战略性"的决策模式放弃了依靠知识来解决所有的社会问题的理想，因此需要依靠各种手段的选择来解决问题，其中包括"试错过程"（trial and error）和"拇指原理"（thumb theory），以及对各种问题范围的"习惯性反应"（routinized and habitual response）。这是依靠目的和手段之间紧密的相互作用而形成的逐渐而有序的进化过程。在这样一个战略中，决策者较少关心"正确"地解决他的问题，而更多地关心取得某些进展。他较少地关心实现预定的目标，而较多地用以往的政策，不断修补新政策中的不足之处。

如果将这两种模式运用于一项大规模道路系统规划中，纲要性方法要求将所有计划中的道路都要预先按照坐标点来严格定位，每条公路都处于与其他所有公路的不可分割的关系之中；而战略性的决策者在制定该规划时，所接受的前提是"缺乏足够的能力来预见未来 20 年的发展趋势"，因此也不可能事先确定所有交通路线之间的联系。每一条路线的安排，都取决于其他各条道路的事先安排。在这种情况下，他们首先确定某些急需的道路，分析它们带来的影响，再接着确定其他的道路。

战略性的决策模式强调有限的分析。在战略性模式中，分析过程受到它的局限性和相互作用方式的影响。

---

❶ JOHN FRIDMANN. A Conceptual Model for the Analysis of Planning Behavior[M]//A.FALUDI. A Reader in Planning Theory. Oxford：Pergamon Press，1973：356.

❷ （美）查尔斯·林德布罗姆. 政治与市场：世界的政治——经济制度 [M]. 王逸丹译. 上海：上海三联书店，上海：上海人民出版社，1991：474.

战略性模式的重要形式之一便是决策的分散化，它可以类比于市场制度代替中央分析来进行资源配置和收入分配。

采用战略性的思路的决策者还通过社会的相互作用，来取得他们无法依靠分析取得的成果，市场的相互作用、投资行为和讨价还价便是其中的一部分。

《发展规划的未来》

英国 1968 年城乡规划法的修订，与 1965 年提交的由规划顾问委员会（Planning Advisory Group，PAG）对于 1947 年规划体系的全面评估密不可分。在住房与地方政府部门的主导下，规划顾问委员会建议应当对 1947 年规划体系进行调整，将政策、战略性的决策与详细或战术性的决策进行区别。

该报告提出关于开发规划的两种不同建议，随后为 1968 年的城乡规划法所采用。该法案认为，地方规划部门需要承担在开发规划体系中的两个层次方面的职责，其中一个是宏观战略或者结构规划（structure plan），另一个是具体地区或地方规划（local plan）。

PAG 报告在针对 1947 年规划体系中的开发规划的问题分析主要体现以下三个方面：

（1）开发规划过于具体，因此缺乏弹性。基于地块的、精确规定的土地利用功能分区，导致开发规划难以适应影响土地使用和物质空间开发的不可预期的变化，以致规划很快就过时。报告认为 1947 年规划体系的"法定性条文和注释技术的采用导致了规划不断迈向具体和准确的趋势。规划由此需要明确和稳定的成果，但关于这一点容易产生误导"，建议开发规划中的土地利用布局"应该更宽松，并应避免具体区划所体现的刚性"。

报告同时进一步强调，规划不能是静态的文件，因为它解决的不是静态的问题。报告也对某些规划理论，即将城市规划及其成果与建筑等物质形态设计专业等同的想法提出了质疑。

（2）在某些方面，1947 年法案确定的城镇规划范围也缺乏弹性，"1947 年规划体系下的开发规划没有充分地解决交通以及交通与土地利用的内在关系问题……它们对人口预测、交通增长以及其他的经济和社会趋势的变化缺乏足够的思考。"这导致原先的开发规划越来越难以应对需要解决的规划问题。

因此 PAG 报告建议城市规划工作应该关注更广泛的问题，而不只是现在规划强调的集中于物质设计和美学等事务。这意味着城镇规划不能仅仅限定在物质形态和物质设计的范围内，而应更广泛地关注经济和社会外政策。与规划师界定的物质空间决定论和基于设计的城市规划概念相比，城镇规划需要逐步拓宽它的范围。

（3）PAG 报告认为，1947 年规划体系下的开发规划不够专门化，"当前的开发规划体系在某些方面过于具体，但在另外一些方面又过于抽象"。特别是对于编制高质量城市设计的规划目标来说，使用简单化的土地利用规划是一个过于生硬的手段，"开发规划没有为地方层面的详细规划提供充足的手段。尽管这些城镇规划图纸体现了相当清晰的土地利用安排，但它们没有反映出现实中土地将如何开发或再开发，以及该地区将可能会施行什么样的行动来改变土地利用或改善环境。这些规划成果对城市设计质量或环境质量而言毫无意义。"

根据 PAG 报告，1947 年规划体系下的开发规划所存在的问题是两头落空：由于发展规划的具体性，它对于长远的战略规划而言不是一个适宜手段；而由于发展规划只是一个土地利用规划，它的详细程度也不足以支撑高质量的地块规划和城市设计。

根据 PAG 报告的建议，结构性的战略规划应当针对广阔的空间尺度和长远的时间跨度，可以采用图纸或"规划"的形式，同时它也可以采用一系列的政策陈述形式，而不是以空间方案等形式来表达。这使得结构规划更富弹性，并且可以适时进行检讨和修订。

详细的地方规划则应当针对具体地区和较短时期内的开发建设活动进行编制。这与以往的用地总图规划大体相同，但报告建议，地方规划应当制定更为具体的开发指引，以确保高质量的城市设计（图 6-12）。

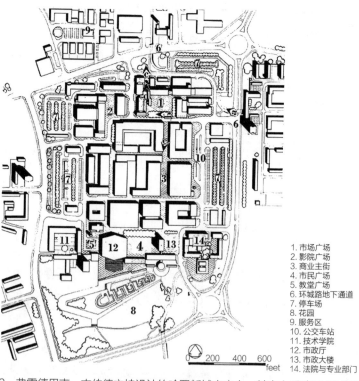

1. 市场广场
2. 影院广场
3. 商业主街
4. 市民广场
5. 教堂广场
6. 环城路地下通道
7. 停车场
8. 花园
9. 服务区
10. 公交车站
11. 技术学院
12. 市政厅
13. 市政大楼
14. 法院与专业部门

图 6-12　弗雷德里克·杰伯德主持设计的哈罗新城市中心，基本上反映了 20 世纪 50 年代城市设计的主要观念

资料来源：FREDERICK GIBBERD. Town Design[M]. London：The Architectural Press，1953.

6.5.2 城市政策导向的维护

1. 持续循环性的工作

通过系统评价各种比较方案，规划师可以选择最优的行动方向。但是，必须再一次强调，没有一劳永逸的决定。在规划过程中，建立模型、评价和选择等所有工作都是不断重复的。这样做一方面需要有监督体系，用以检查城市或区域系统对各种控制其进程的规划措施的反应，另一方面要求控制体系本身能灵活而敏感地对监督体系送来的信息作出反应。

制定一项城市规划可比于制订一次航天计划，需要许许多多不同的相关部门之间密切合作才能进行。制定一条航线，有一套校正仪器保证船只或飞机按航线航行而不偏离自动或手动的控制设施，监督体系则测试实况和为描述实况而建立的模型（或称"航图朴"）之间是否符合或基本符合。如果有不一致，那么必须作出控制行动使实际情况重新与设计模型相符合，使它更真实地描述客观世界的运动情况，或者兼而为之。

但是，制定一项城市政策却比制订航天计划要复杂很多，这里存在几种导致意外情况出现的潜在可能：

（1）实施政策目标的过程中涉及数个不同层次的部门，这些部门可能包含相互分离，带有各自观点、目标和个人责任的行为者，因而管理者有意或无意识地对政策方向产生影响。

（2）项目手段是一般性的，但在其特定领域或个人领域中的应用可能导致局部不公。如果这种不公平性质严重，将会危害整个项目。因此，在特定情况下，应该尽力维护一定的公平性，并在总体上把握平衡，使项目顺利进行。

（3）不是每一个政策结果都能预测，如果在实施过程中有意外发生，那么将对整个政策产生严重影响。在某些情况下，这些影响会导致对计划目标的修正或改变。

因此，政策分析者在实施过程中还应当具备监测者的职能，帮助决策者密切注视政策实施过程中的情况，并不断调整对应于目标的手段。如果实施过程与政策目标发生偏差，那么规划就应当立即考虑相关的目标和手段。

政策分析者的职责类似项目监察者，起回馈控制机制，信息的最终接受者是决策者，但是规划师也可能重新指导项目的方向，使之顺利进行。规划师回馈作用的另一个重要方面是贮存业主对项目的意见以及关于项目完成情况的信息。在这里，规划师起着一种规范价值观的作用，对真实世界作出反应（图6-13）。

负责实施的政府机构必须按照政策目标实施政策。实施机制的形式反过来影响政策性质及形成过程，政策制定和实施过程联系紧密。实际上，政策的实施过程在价值观的形成阶段就已开始，在目标标准上达成协议。例如在城市规划中，公布总体规划，就是提出政府基本的政策、目标和标准。总体规划无须具体的手段确定过程，

图 6-13　简·雅各布斯在纽约华盛顿广场参加市民活动
资料来源：Fred W. McDarrah, Getty Images

但它必须包含用来控制实施管理的标准。

城市公共政策应当是一种不断调整的文件，它反映了在某个时间内的政治意向，来适应在未来各种时间段落中的变化，它不仅作为一种目标，而且也是用来进行评价、监控和实施的工具。

2. 维护整体性的方法

在市场经济环境中，由于政府中央性职能明显减弱，城市建设投资渠道多元化，城市开发是在社会中各个利益集团之间进行的，政府常常只起着协调及仲裁作用，在决策中不占主导地位。因此，为使实施结果与政策目标方向保持一致，需要通过控制和引导作用使各项城市开发活动符合城市发展目标。

（1）控制

控制是在获取、加工和使用信息的基础上，使被控制的事物作出合乎目的的行为。在市场经济条件下，各集团利益的决策往往都是从自身的角度出发，较少考虑对外部环境的影响，从而对公共利益造成负面效果。控制即"借助法律、行政经济手段，将城市建设活动限定在城市规划所确定的方向和范围之内"。❶ 其意义在于为了维护公共利益，而不应当限定只能去做什么。"控制性规划首先代表了一种新的规划理念，它表明了城市规划由过去的目标实施观念走向现代的过程管理观念，由浪漫主义的规划理想走向现实的规划选择。"❷

控制是一项十分重要的行为，然而作为控制本质的价值观以及实施控制的标准却形成于规划的初始阶段，实行控制存在很多方式：有指令性的（对具体政策对象施加的影响）和自由性的（通过自由市场来运行）。指令性和自由性的控制都根据严格的规则或更具体的手段来进行。

❶ 孙施文 . 城市规划哲学 [M]. 北京：中国建筑工业出版社，1997.

❷ 陈荣 . 城市规划控制层次论 [J]. 城市规划，1997，3.

规划师应当为他的业主在不同控制状态下设置不同的标准：一种标准涉及控制的范围和性质，并决定了在什么情况下，政策的控制应当是中心化和还是分散化的；另一种标准是关于控制者和被控制者之间的关系。如果过分夸大控制权力，常常会导致政府权力的滥用，因此，控制行为本身也应当是有约束的。对于控制本身，也应当考虑以下一些因素：

a. 从控制的角度来看，应该为那些受控制者考虑什么？是否应当进行补偿？

b. 对控制的限定是否应当成为实施控制的目标？在什么情况下，目标规范着手段？

c. 个人拥有什么权利来对所实施的控制进行上诉，公众对控制权力的监控有什么措施，在什么情况下，立法和管理条例可以受到责难？

（2）引导

引导是一种弱化的控制形式，它不是作为规则来强制执行的。引导措施常常包括信誉、利益操纵、补助金、交换率政策、税收减免以及优惠政策等。"引导"可以导致决策环境的重新安排，并使得一个决策与其他可能的决策更加协调。

由于规划师在政策的实施中并不是完全权威，并受到很多方面的约束。在社会组织中，理性的和非理性的作用力共同改变着政策的实施过程，其中只有一部分受控于规划师。城市规划部门是一个多部门合作的组织，规划调节市场过程的后果并受到来自市场中各种利益集团的挑战，而且在规划过程中，规划部门与其他部门共同作用。在一个复杂的社会网络中，这些特征不可避免地限制了规划师的行为。

单纯消极的强制性控制并不能使城市发展顺应人们的理想，拉·帕罗姆巴拉（La Palombara）认为："控制的问题是很重要的，规划是'诱导性的'还是'指令性的'，或者是带有'强制性的'？如果是后者，强制性是否只有公共部门来实施，或者它是否同样适用于私人部门？如果规划是强制性的，并且是公共部门的规则，那么公共部门采用什么手段来使私人部门遵守规则？……"❶

强制性的控制意味着政策部门拥有权力来规范公众的价值观，从而使实施过程成为单纯的技术过程，而不存在价值判断。但是在现代社会的民主环境中，城市规划管理应当是顺从社会的价值准则和行为方向，而不是单方面强制性地控制，它应当使社会各要素间的新关系能够得以确立，使城市的发展更为有机合理。"作为一名倡导性规划师，应当维护他及其业主对美好社会的向往。"❷ 其意义在于"确定什么应该去做，而不是禁止什么不应该去做"，由消极控制变为积极引导。最终的标准，如何使得政策的实施不偏离于设定的目标？

---

❶ JOSEPH LAPALOMBARA. The Politics of Planning[M]. Syracuse University，1966：166.

❷ P. DAVIDOFF. Advocacy and Pluralism in Planning[M]//A.FALUDI. A Reader in Planning Theory.Oxford：Pergamon Press，1973.

6.6 城市政策分析的新范式

6.6.1 现实问题与技术因素

20世纪70年代,一些城市规划理论家开始质疑系统工程学在现实中的工作效果,基至质疑系统方法的基本原则,正如50年代规划系统论者反对总体规划论者一样。

这些原则认为系统论方法是科学的,因为世界是可以被完全理解并预测的;认为规划可以是中立的,原因是规划师可以无私地决定社会的最佳发展状态;认为规划师所规划的社会是共同利益的集合体,社会中全体人民的福利将被最大化,而不需要过多考虑分配问题;认为规划的任务就是与快速增长与变化的现实条件达成一致(实践中其实是规划对现实的适应)。这些想法被证明及时适应了两种解决20世纪60年代主要问题的规划的需要,即应付汽车拥有量爆炸性增长的交通规划,以及应对人口增长压力和分散化趋势的次区域规划。

尽管系统论方法在具体技术手段方面陆续遭到批评,但毋庸置疑的是,在上述领域,以及20世纪70年代早期的结构规划,系统论方法对老的刚性规划方式进行了重大改进。然而在发展缓慢、趋于停滞的70年代,系统论方法的概念和技术手段逐渐失去一些。

系统论规划方法之所以遭到质疑,是因为规划过程中出现了公众参与的需求。

社区行动(community action)的概念产生于美国,在20世纪60年代末发展过程中迅速传播到英国,当时这两个国家都非常关注内城的社会贫困问题。这个理念从一开始就趋于对社会进行根本批判,并且极大地受当时马克思主义思潮的影响,尤其在英国。顾名思义,社区行动是建立在"地方人民必须组织起来"这种理念基础上,而不能依靠官僚作风严重的机构来实现,那些立志充当这个角色的人必须相信他们肩负着增强人们自觉意识的根本使命。

1972~1977年,在官方资助的社区发展项目中,项目组与当地委员会之间不久便产生了冲突,于是宣告了这个试验的失败。然而在其他地方,开始以各种方式产生各式各样的半官方和非官方组织,参与到不同项目中去,他们代表着从自由主义到马克思主义的广泛的政治观点。许多组织在内城发挥了重要作用,1977年以后政府开始向这些组织提供资金支持和下放计划的权力。

1969年,"史格芬顿报告"(Skeffington Report)得到官方认可,提出了将公众参与正式列入规划程序的法定要求,这冲击了系统规划的根本信念,即规划师是优秀的、科学的专家。

从这点出发,人们逐渐认识到,规划中的官方参与只不过是个象征性的行动,目的是通过这种徒有其表的方式进一步操纵公众。这样看来,只采用公众咨询这种方式是远远不够的,应该让全体市民实质性地参与到制定他们自己的规划中。这是

图 6-14 社会参与性讨论

资料来源：ANTHONY J. CATANESE，JAMES C. SNYDER. Introduction to Urban Planning[M].New York：McGraw-Hill Book Company，1979：122.

最引人入胜的，但显然也是最困难的，尤其在一些贫乏的城市地区，那里的人们对此漠不关心，也很少能获知他们面临的机会（图 6-14）。

1. 勇于面对现实问题

在理想中，城市规划是一种综合的、理性的过程。但是在实践中它是否或者在什么程度上体现了这种特征？由于在社会以及在人们的观念中，存在相互冲突的利益和愿望，由于社会不同层面同时并存，必然会产生价值观念的分歧。它们大多数是复杂的，而且不可能得到客观评价。

在规划过程中不存在可以完善地把握问题的各个方面、预期各种政策后果的超人，来制定包容各个方面的详细政策，管理过程必然存在着复杂的价值冲突，而且经常是不可调和的。因此，规划含义中所包容的总体性和综合性只能是一种理想。这样，在学术研究中应当进一步反思、探究规划政策和过程的原理和规律，探求规划的本质。

现代城市规划专业已经经历了一个多世纪的发展，并产生了多重的基础思想前提。这些前提如果不充分暴露在现实冲突面前，在学科中就不会取得意见一致的结论。由于规划的大部分决策是通过这种充满政治色彩的决策过程来决定的，那么这些现实前提就必须接受。

2. 重新认识技术因素

20 世纪 80 年代以后，许多国家的城市规划体系更加注重现实中的问题，并重新注重适用的技术手段，但这是建立在新的认识基础上的。一方面，技术性的提高可以使规划更有作为；另一方面，对于城市规划的作用做出更加本质的判断，来确定技术手段所应用的领域。如果拥有预测可能产生的结果、评估可能获得收益的能力，规划师就可以在制定城市规划过程中，成为更有效的政府顾问。

高效信息系统将有助于规划师可以持续监控城市中各种人口、经济、市政、植物以及其他各方面的要素变化，描述和解释城市生活和城市发展过程，使我们更加明确认识到用来实现特定目标的公共政策要点。

完善的信息系统可以增强公共和私人机构中不断增长的预测行为，它将提供不断扩大的信息资源，使之成为对可能的未来发展和可得到的选择进行判断的基础。新近发展的决策模型（它依赖于数据、新理论以及政治家和规划师的目标假设）使我们能够模拟如果采用某项政策将要发生什么的后果，以此来保证用来实现既定目标的手段的有效性。

6.6.2 全面综合地面对复杂形势

由于规划是针对未来的行为，必须对未来趋势作出判断，如果要对变化过程做出控制，那么就要做出必要的信息选择。目前在城市规划制定中所面临的最主要的问题是在处于动态之中复杂的社会预测、价值判断和决策过程之间，建立一种更为直接有效的联系。

随着新技术的不断涌现，规划师可以运用技术能力来完成综合性的政策规划，可以系统性地预测各种公共项目所产生的成本—收益的类型、大小和分布情况，可以更有效地将各种机构行为组成能集合行为。如果在价值目标方面取得一致意见，那么规划师就可以更成功地实现规划目标。

但是，所有这一切都是建立在对社会价值观认同的基础上。如同社会科学一样，规划师们经常假设了一个以社会为目标的强有力的公共权威，公共利益可以通过政府权威实施公共政策来限定并实现。

事实上，公共利益是复杂的，是一个充满了矛盾与冲突的领域。在充满冲突的现实环境中，我们应当重新检验城市规划机构的作用：实施城市规划的目的是什么？它们可以以什么方式来制定？它对城市的物质方面的效果如何？

"理想地解决问题，完全掌握可能发生的结果，毫无差错地评估其他行动选项是不可能的。我们永远缺乏完美的知识，成熟的判断永远是稀少的，而人类智力的有限性使得充分掌握城市系统复杂性是不可能的，我们永远不会得到最佳结果，只可能获得较好的结果。" [1]

同时，城市规划在专业的基础思想方面也尚未形成统一、完整的认识，缺乏明确的判断选择。在思想观念方面存在着一个岔路口：一条路是由精英的技术控制，

---

[1] MELVIN WEBBER. Comprehensive Planning and Social Responsibility: Toward an AIP Consensus on the Profession's Role and Purposes[M]//A. FALUDI. A Reader in Planning Theory. Oxford : Pergamon Press, 1973 : 108.

另一条路是个人自由的扩展。在"艺术"和"科学",或"直觉"与"逻辑"之间常常存有分歧。

6.6.3 城市政策分析的新范式

如果城市规划侧重于专业特征,那么城市政策的含义就意味着城市规划在本质上是一种社会行为,因为它涉及众多的参与者。

城市规划涉及社会科学和环境设计,以及与土地利用、城市交通、生态环境和其他规划专业相关的专业知识。规划方法在很大程度上依赖于定量化的研究,但也涉及许多定性化的思考。除了必要的设计、分析技能外,规划人员还需要具备口头、书面和视觉沟通技巧以及与人合作的能力。

大型地方政府或者规划部门可能拥有数十名甚至数百名受过专业训练的规划人员。甚至大多数中小城市现在都有专业、稳定的城市规划师团队,用来制定某种明确的未来发展计划。除了受到过正规专业化教育的城市规划师之外,规划人员还可能包括建筑师、城市设计师、地理学家、经济学家、土木工程师、交通专家、环境专业人员、计算机专家以及接受过谈判和其他交流计划培训的成员。受过专业教育的城市规划师除了在各级政府、规划设计单位工作外,也可能在私营设计单位和非营利部门或地方社区中工作。

城市规划的基础是针对当地条件的分析,发展城市未来的愿景。同时也需要融合来自政府、社区、部门、企业等各方面人士的价值目标取向,反映城市地区的文化和历史,尊重当地的规划和建筑。因此现代的城市规划在方法、内容等方面都比以往更加复杂而综合,时间跨度和结构形式方面差异很大。

因此,规划师在参与规划政策制定的过程中,不可能是以一种实验室的方式,在封闭的环境中进行,必然要考虑到社会政治环境的影响,也必然要与同样参与到决策过程中的众多参与者发生或和谐或冲突的相互作用。

从现代城市规划发展趋势来看,城市系统不再是可以由个人或某种机构进行主观行为的对象。为了保证规划的公平性,应当由许多决策者共同对城市发展过程中所出现的问题做出政策判定。而规划师与政府官员在其中担当领导角色,但侧重点却大不相同。规划不再发生在象牙塔中。随着规划变得越来越重要,它也变得更加矛盾。

然而在某些方面,现代城市规划常常反映出一种植根很深的社会理想,它们常常是浪漫而乐观的,并隐含于各种各样的城市规划及政策中。同样,于20世纪50年代兴起的系统规划,同样将这项工作置于相对封闭而静态的状态之中。

在许多现实场合中,涉及城市政策过程的决策者和利益相关者可能并不关心在城市规划专业内部发展的关于城市的理想化的蓝图设计或乌托邦愿景,因为这些内容决策并不直接影响到人们的工作与生活。从这一角度而言,城市规划工作也需要与大众流行观念相吻合，特别是隐含在各种城市规划体系中的社会管理及控制的思想，它要求社会应当按照某种轨迹来发展，反映大众对于现代社会的那种无序、失控的发展表现出深深的担忧。

约翰·弗罗斯特（John Forester）、保罗·戴维多夫（Paul Davidoff）曾经描述了城市规划中相互矛盾的价值观，并提出了承认多元化和冲突的方法。他们认为辨别并整理这些隐含在各种城市规划中的社会思想是一件十分困难的工作，因为这些要素并不是显露在外，而且无法用一条清晰的线索使之联系起来。

L. 莱西斯曼（Leonard Recissman）提出"社会运动"（social movement）的概念，"社会运动"在这里是作为它的社会学意义而提出的，用来辨别支持某种价值在某个团体中的集中反应。通过它，公众可表达对政府行为的期望，要求政府去干预或不干预某件事情。社会运动并不要求一种组织化的行动，社会运动的参与者并不一定意识到他们是某项运动的一部分。换句话说，社会运动并不总是明确、清晰、有组织的。它可能适用于个人的、独立的，有意识或无意识地采用缺乏目的的步骤去实现某个目标或某个过程。❶

如果放大视角，城市规划实际上是一项难以界定边界的工作。伴随着城市自身的兴衰过程，城市规划也需要做出不断的调整。因此对于一个现实性的城市规划而言，它往往会面对这样的情形：

（1）没有不变的目标；

（2）没有定型的方法；

（3）没有终极的结束。

城市规划的社会理想隐含或表现在城市土地规划中。现代城市规划中的各种概念都具有一定的社会思考和乌托邦渊源，它们有的是 19 世纪改良家的理想，有的是激进主义。他们常以一种黑白关系看待社会状态和社会关系，并以一种直线关系看待事物发展。他们坚信物质环境直接决定人类的品德和社会结构，因此他们为环境改良所开的药方（如工业村和花园城市）具有普遍效力，并保证那里的人民永远幸福生活。他们坚信理性的力量是社会进步的必然源泉。

随着现代社会变得更加复杂，社会发展的前景也变得越来越模糊，人们对问题的看法及观念也发生了根本性改变。但是，一些旧的理想却保留下来，或表现或隐含于现今的城市政策中，并且至今仍然保持着浓厚的乌托邦理想色彩。

大卫·韦斯特（Robert J. Waste）认为，各种城市之间既存有巨大的差异性，也存有大量的相似性，而这两者对于具体的政策决定而言都非常重要。

从相似性角度而言，所有的政策角度都遵从于同样一种周期（life cycle），也就

❶ LEONARD REISSMAN. The New VIsionary: Planner for Urban Utopia[M]//MELVILLE C. BRANCH. Urban Planning Theory. Stroudsburg. PA : Dowden Hutchingon & Ross, Inc. 1975 : 25.

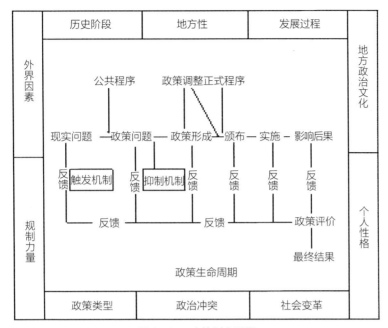

图 6-15　政策制定周期

资料来源：ROBERT J. WASTE. The Ecology of City Policymaking[M]. Oxford ：Oxford University Press，1989 ：5.

是从政策问题，到政策分析、政策制定、政策颁布、政策实施以及政策后果评估等一系列的过程（图 6-15）。另外，每一项政策决定，都面临着相应的、特定的外部环境，这一外部环境可以称为政策生态环境（policy ecology），其中包含以下几方面的因素：

（1）历史阶段（age），不同的城市以及每座城市中不同的地区所处的发展阶段都是有差别的，并且有时这种阶段的差异性还非常大，需要在制定相关政策时进行考虑；

（2）地方性（local），也就是不同的地区所处的区位条件、地理特征和文化脉络特征；

（3）发展过程及发展速度（the growth process and rate of growth）；

（4）地方政治文化（the local political culture）；

（5）个人性格（the personality of key policymakers），负责或参与到城市政策制定过程中的主要人物的个人性格；

（6）政治问题及改革力度（the presence or absence of political scandals or reform efforts），这往往取决于决策者的相应性格，以及来自于所涉地区问题的严重程度；

（7）政策矛盾冲突的类型（the types of policy conflict）；

（8）政策类型（the types of policies）；

（9）城市规制力度（the presence and strength of regulatory）；

（10）外界因素（exogenous factors）。

社会思想对于城市政策的影响

英美国家和欧洲大陆国家由于文化背景方面存在的差异性，导致在城市发展理念方面也存在着细微的差异性。英美的城市热衷于开发独立住宅，在农村地区新建新城，是因为人们更加偏好小型社区，并且期望拥有带花园的单户住宅，即使是工薪阶层，也倾向生活在自己的小住宅内；然而欧洲大陆的城市则与城市中心的公寓式生活联系在一起。许多市民习惯于居住在小型公寓房内，这导致每幢建筑的居住人数和居住区的人口密度、居住面积密度都高于典型的英美城市。

因此，当欧洲大陆的城市在考虑城市规划时，自然倾向选择在城市内部开发高密度的公寓式住宅楼。而英美城市对小型社区的偏好反映在城市规划中，常常表现为较低居住密度、较小城市规模，控制城市向乡村扩张，采用绿带环绕城市周围，以控制城市人口规模。

在英美等国，关于大城市的看法深受早期规划思想的影响，带有强烈的反社会化的倾向，特别是诸如邻里单位和花园城市这样的理想模型，包含了怀旧情结和对小尺度的、自动平衡的以及自给自足的社会的偏好。改良主义的思想家们认为环境变化可以预防许多他们所担心的社会变化。他们认为将大城市分解，并使之向乡村流动，可以有利于社会的安定。

这种理想中的社区生活，并不是简单地回归传统村落的生活方式。从美国城市规划中发展而来的邻里单元概念，如同新城一样，那些对大城市持反对态度的人们认为它具有亲和力，并反过来进一步激发他们主张建设较小的社会单元，而不是营造大型的城市结构。

因此，这种城市发展的总体趋势与现实中存在的文化倾向性以及社会认同性密不可分。城市规划不断为城市发展与城市生活提出目标，而这些目标也需要获得社会思想的支持并受其指导。这些目标在多大程度上得到公众的赞同，则反过来影响城市规划的思想及其方法。

第 7 章

政策视角下的
城市规划制度

7.1 现代城市规划的计划性与控制性

7.1.1 现代城市规划的传统

"如果我们要为城市生活奠定新的基础，我们就必须明了城市的历史性质，把城市原有的功能，即它已经表现出来的功能同它将来可能发挥的功能区别开来。如果没有长远眼光，我们在自己的思想观念中便会缺乏必要的动力，不敢向未来勇敢跃进。" ❶

在大多数城市规划历史和理论研究中，城市规划是作为具有明确思想和科学精神的事业进行描述的，而其发展则体现出一条与人类社会发展有着同样脉络的清晰历程：从资本主义初期解放出社会经济动力，极大推动社会变革和物质生产，到知识经济时代新技术领域的发展，城市逐渐从前工业时期走向成熟的现代社会。

然而在现实世界中，关于城市规划思想及方法的探讨无疑是复杂的，往往涉及规划师为掌握城市未来而进行的谋划，也涉及许多新思想和新方法的发展和针对城市的控制和管理，尽管这些内容或许与城市规划并无直接关联。

即使在同一个城市规划项目中，也可能包含着交织在一起的多种思想，它们之间既可能互补，也可能竞争，甚至在某种程度上相互冲突。它们或以单独方式发挥作用，或以多种方式混合体现。在某些情况下，早期的一些思想仍然可能支配现今的城市规划实践。城市规划及其所要探讨的问题总是与城市的经济、社会和政治领

---

❶ （美）刘易斯·芒福德. 城市发展史——起源、演变和前景 [M]. 倪文彦，宋俊岭译。北京：中国建筑
工业出版社，1989：1.

域交织在一起，在各种关系之间，既不存在终点，也没有边界。因此，很难以一条单一明确的线索去勾勒现代城市规划的发展。

于是，在抽象的层面上，很难评判某一项城市规划策略的正确与否，并且也很难辨明某一项城市规划方法是先进的或者落后的，因为当今所采取的城市规划方法或策略，可能在很早以前就已经得以采用，而目前刚刚发展的解决现实问题的新型分析工具，也不见得优于传统的规划方法。

但这并不意味着在各类错综复杂的城市规划思想与方法中，就不存在某些具有共性的因素。我们可以把这些具有共性的因素称为传统，它们可以有助于在具体的城市政策分析中，形成尽量清晰化的判断和结论。

总体而言，各类城市规划的思想与方法在基本层面上可归纳为两类：计划性传统与控制性传统。

7.1.2 城市规划中的计划性传统

1. 计划性的理性主义传统

从其本意而言，城市规划是一种计划（planning）：合理地制定一个目标，并通过有效的手段来实现。

计划性意味着条理、逻辑以及合理。同时，计划性也意味着控制和制约，从而进一步形成必要的干预或介入。

莫里斯·博恩斯坦（Maurice Bernstein）曾经给计划下过一个非常精炼的定义："计划是未来行动的方案。"❶ 这其中包含三个主要特征：

（1）它必须与未来有关；

（2）它必须与行动有关；

（3）它必须由某个机构来负责促进这种未来行动。

制订一项计划，意味着深入细致地分析各种社会目标和用以实现这些目标的现有资源，然后制定出一个详细的资源分配方案，最大限度实现这些目标。同时，计划也是一种精英型的政治观念，即社会需要通过一群具有智慧和远见的杰出人物进行管理，并通过对社会经济生活进行广泛的指导，以谋求为社会赢得最好的结果。

2. 计划传统与理性规划思想

在 1955 年全美规划师协会大会上，美国总统哈里·杜鲁门曾说："你们的责任，就是协助给未来制订一个计划，无论需要克服多么巨大的困难，如果规划是正确的，这些困难就能够得到克服。不管别人怎么认为，你们必须认真对待所提出的规划，

---

❶ （美）莫里斯·博恩斯坦．东西方的经济计划 [M]. 朱毅等译．商务印书馆，1995：14.

如果它们是正确的,它们就会得到实现。"❶ 在其中,可以清楚地看到一种强烈的理性主义思想的影响和作用。

"计划"传统的兴起与启蒙运动以来的理性主义思想密切相关。随着人类在物质、经济、知识和思维方面的能力增长,人类控制自然的能力将得到极大增强。在城市领域,人们控制、引导城市未来发展的能力也会极大增强,市民参政的程度相应提高,政府也会变得更加合理、有效和民主,社会变得更加完满和幸福。随着这些因素相互促进、不断完善,人类社会就会拥有一个更为广阔的前景。

理性主义思想为人类社会带来了一个乐观的愿景,人类可以通过自身的努力,不断引导社会走向更加美好的未来。于是,合理地制定未来发展目标,并使之获得实现,就成为城市规划的核心任务。它将超越人类既有社会中的那些主观、随意性的行为特征,去遵从那些不以个人意志为转移的客观规律。

为了达成这一目标,就意味着城市规划需要在两个方面进行提高:

(1)在本质层面上针对城市系统作出认识,形成知识,掌握规律;

(2)根据所掌握的规律与知识来指导行为实践。

随着19世纪现代城市的迅速发展,城市的社会结构日益复杂化。工业革命产生的巨大财富引发了更为广泛的社会问题与冲突。为了形成对于社会复杂性的理解,社会科学和政治经济学常常诉求于自然科学方法,将对于复杂问题的理解掌握植根于数学—物理方法,而不是形而上学的概念。理性主义致力于发展一种在永恒规律指导下的行为程序,通过对城市运动发展规律进行认知和掌握,可以对城市做出最为合理的计划。

因此,近代科学发展不仅给城市规划带来新的技术手段,也带来新的思想观念,并对城市规划学科日后的发展产生深远影响。❷

现代城市发展的复杂性使规划人员需要掌握能够理解这种变化的理论和技术,使规划过程清晰化。这催生了综合社会科学、经济学、统计学、数学以及系统工程学等许多领域的研究,并出现了着重针对形成城市实体空间形态的社会经济过程的综合理性方法。

---

❶ W. G. ROESELER. American Successful Planning[M]. Lexington D. C. Heath and Company, 1982 : 13.

❷ 溯其根源,现代城市规划中的理性主义有两个方面的影响:一方面,18世纪人类在自然科学领域尤其在数学、物理学上取得了巨大成就,坚信世界建立在一个理想(ideal)的基础上,只要对问题给予足够思考,任何关于事物的规律都能被揭示出来,即"理性时代"(Age of Reason)的到来。虽然这些观念产生于诸如牛顿力学的科学体系中,但是对人文科学、社会科学也产生了深远影响。19世纪迅猛发展的科学技术使这种观念得到进一步强化,许多社会学家试图从自然科学的角度研究他们所面临的问题。20世纪初,在经济学领域首先引入了数学方法,以量化技术解决经济领域问题,取得了丰硕成果。直到第二次世界大战前,这种在社会科学中强调运用自然科学方法的思潮仍在持续。另一方面,现代城市社会日益复杂,使得城市规划的制定和实施常遇到不可预见的结果和影响,无力适应新变化。同时,规划人员逐步认识到城市的实体空间形态是内在的社会经济过程的结果,不得不考虑比实体环境更深远的内容。

3. 合理性决策的目标

所谓的决策行为，即需要在众多价值目标中选择其一，并且选择合适的方式去实现它。

随着城市规划学科的不断发展，人们越来越将城市规划看成一种与实践紧密结合的决策分析过程。在社会科学中，规划是一个关于行为过程的决定，而制定一项规划就是理性选择行为的过程。从理性主义方法的角度来看，规划行为是理性的，必须考虑到每个可能的行为过程以及可能产生的结果，从而选择出最佳的行为手段实现最佳目标。

面对复杂的城市系统，理性选择规划的价值目标以及行为手段需要一个简化的框架，包括：

（1）决策者列出所有可能的目标以及可采取的行为；

（2）辨明所有行为可能产生的结果；

（3）选择可以取得最佳结果的行为。

但完全意义上的理性选择是难以实现的。因为，完全理性的前提下，决策者将会面临无数的行为选择和目标判断，而知识和时间是有限的，不可能支撑决策者完成所有的分析评价过程。

因此，所谓的合理性过程，代表的是一种系统结构性思想，它并不强调从某种唯一方法中去获得某种最优结果，而是提倡决策者在实践中理性充分地考虑到其他可能的结果，从而使行为更具有合理性成分。在这种思想的指导下，理性的规划就成了一种理性地选择行为手段的过程，主要包含以下几个阶段：

（1）分析规划形势：规划师列举出所有可以用来实现目标的手段，但是这种列举需要限定于某种环境之中，考虑可以获得的资源（包括资金、信息、时间、技术、手段、权威性等）以及在行为过程中可能遇到的障碍，而且各种可能的行为不能受到别的因素的制约。

（2）价值目标的圈定与评价：目标是针对行为活动要达到的未来状态的想像。合理的目标必须是明晰、可解释的，并且可以实现。同时，确定一个目标既要考虑到积极的一面，也要考虑到该目标有可能对其他事物的消极影响。

（3）行为程序的设定：行为程序应当具有一定的全局概念。从总体上看，行为程序包括着一个主导行为，它会成为其他具体行为的前提。在实践中，具体行为的选择可能与主导行为有冲突。在某种情况下，具体行为经过反复比较后得出，而主导行为的选择却是十分武断和随意的，从而导致整个行为缺乏合理性。

（4）结果的比较评价：如果一个规划是理性的，那么它所产生的后果也应得到考虑。从广义的角度看，一个好的城市规划是在完成目标时取得预料之中的结果。同时，结果的评估必须以具体的形式来完成。如果所有的价值目标可以用一种通用的标准来衡量，例如价格和分值，那么评价的过程就比较简单。

综合理性方法以科学理性为思想基础，对规划中的目标评价和行为进行选择，进一步加强规划决策过程中的理性，在决策者面临多重价值目标选择的情况下，提供更多有效的信息，通过尽量清晰地排列出各种价值目标以及形成的规划可能产生的各种影响，从而辅助决策过程。

20世纪60年代末是综合理性思潮盛行的年代，人们认为只要通过运用适当的技术手段，规划就可以成为一个纯理性的过程（图7-1）。

4. 综合理性规划的实践特征

综合性城市规划的主要任务在于制定、组织和实施城市发展与更新的战略政策。在综合的理论和方法的指导下，规划师依赖于个人经验和直觉进行判断的传统已经遭到摒弃。由于规划专业范围的扩大，规划师必须跟上城市规划理论和规划方法的发展，否则他从事指导规划的地位就会被其他专业人员所取代。城市规划师不能只限于空间形态和城市设计等感性内容，而需要在更加宏观的社会政治经济层面上把握全局。一个完善、合理的城市规划必须是经济可行的，它在促进公共利益的同时，

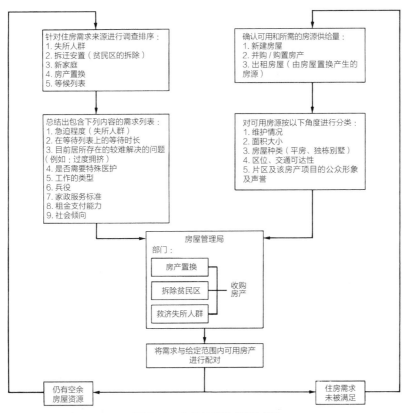

图7-1　公共住宅的分配过程

资料来源：PAUL KNOX. Urban Social Geography: An Introduction 2nd Edition[M]. New York：John Wiley & Sons Inc., 2002：242.

也能够维护市民的权利和利益。

　　于是，计划性传统下的城市规划在研究方法上，通常采用许多从经济学领域引入的理论，以量化方式来研究城市、区域经济行为，并结合计量地理学来描述城市结构形态，从交通工程学中引入运动模型方法研究城市交通，城市规划在各种技术领域中找到了新的立足点。

　　规划师所寻求的规划过程的综合性可通过研制科学决策城市模型实现，主要内容表现为：

　　（1）制定可以用来指导专业规划分工的总体规划；

　　（2）在总体层面和原则上评估各类专业规划的发展目标；

　　（3）协调专业规划机构来保证它们的目标相互支持，并以此提高公共利益。

　　对此，人们一般认为，在综合性规划中，社会各种目标可以归纳于同一目标体系中。如果投入足够的精力来详细规划未来所有重要的经济与社会发展变化，并能有足够的技术能力来规定行为过程，实现这些目标，那么，综合性规划就会有效（图7-2）。

　　5. 计划性传统的缺陷

　　以干预、介入等措施主导的计划性传统，主要着眼点在自由市场机制所存在的

图7-2　埃德蒙·培根为费城中心区所设计的空间构想，并无考虑各类阶层在其中的行为特征
资料来源：EDMUND BACON. Design of Cities[M]. New York：Penguin Books，1976.

缺陷。由于市场机制在一些涉及全局性、理想性以及其他一些有益的事物方面常常是失败的，由此引发政府干预，政府通过系统性的规划，规制并弥补市场的缺陷。

虽然计划性措施可在某些方面有效地完成市场制度，并能获得更加满意的结果，但通过计划而不是市场机制来组织的社会事务，是决策者把个人和组织的成本收益同整个社会的成本效益进行整体计算，往往缺少注重经济效率的运行机制，在某些情况下也可能导致臃肿笨拙或缺乏效率的结果。

在总体层面上，计划性传统主要表现在以下几方面：

（1）政府部门在操作环节中的有限性，经常使得简单的现实问题变得复杂化。在市场环境中，消费者、生产者以及交易者一般专注于是否较多或较少购买某种商品和劳务去作出判断，而不需要任何权威来确定优先权，或者依据其他不相关的因素作出判断，市场机制的作用在于把复杂的决策问题变为简单的个人决策问题。相较而言，政府机制经常较为复杂，人们经常面对应当生产哪些产品，这些产品将会带来什么其他效应等一些复杂而又难以判断的问题算计不清，从而导致失去最好的决策时机。

（2）在计划性体制较常见的问题中，其中一个比较重要的就是信息传递失灵❶。由于决策者不可能完全了解每个局部的具体情况，于是只好从现实中并不存在的立足点出发。换言之，如果信息是详细的，那么对于任何一个决策者来说，又会导致信息负荷过重而来不及解读，这对于决策而言同样也缺乏帮助。由于计划性措施经常通过使用较为烦冗的方式来进行思考，而其结果既难达到又难预测，导致公共政策的结果远离目标。

例如英国在第二次世界大战后实施新城计划时，力图解决大城市内部的拥挤、就业等问题，但由于对社会现实正在发生的变化缺乏敏感性，没有预料到内城衰退和社会隔离等问题实际上已经达到了较为严重的程度。❷

（3）在计划性体制中经常存在着投资—收益关系的分离，这意味着资源错配的可能性会增加。市场与政府之间的基本区别在于，基于市场的决策一般取决于出售商品的价格，购买者依此决定他们要买什么和是否要买。无论市场机制如何不完善，它都与生产成本和引导收入的活动联系在一起。联系是由价格决定的，这种价格取决于市场产出以及消费者的支付意愿。

然而，维持政府事务的资金来自于政府的税收、收费或者其他非价格性收入，由于缺乏投资—收益之间的直接关系，使得政府的收益与支出成本分隔开来计算，从而意味着资源的错置的可能性大大增加。这种情况在很多市政投资、基础设施建

---

❶ 一位前苏联作者指出，计划性管理的基本缺陷是，每一个细节都是由中央决定的。

❷ （英）彼得·霍尔. 城市和区域规划 [M]. 邹德慈，李浩，陈熳莎译. 北京：中国建筑工业出版社，2008.

设的决策失误中可以见到。由于缺少了价格机制的直接性调节，计划性措施的结果可能导致人们热衷于无限扩大项目，而不是将其限定在合理范围之内，其结果，即使某些计划性项目是必需的，但也可能导致其产出超出实际所需要的水平，从而供大于求。

（4）政府官员的任期因素也使得许多计划性项目实际上缺乏针对长远效益的考虑。由于针对计划性项目进行监督的不一定是产品的消费者，因此无论是有意的受益者还是无意的受损者，都不会对计划性项目实施任何约束。因此，那些来自于竞争对手和扩大效益的压力也就不存在了，计划性项目的实施标准往往倾向于成本支出的合理性而不是减少成本。由于缺乏把利润作为推动和评估其行为的标准，这种特征常常导致政府预算的盲目增长。

（5）由于计划性传统中的人为因素，增加了公共干预的不确定性。例如，制订计划的政府人员经常面临任期和紧迫的升迁压力，因此这些因素，通常导致计划制定者需要在较短的行政任期与长远的公共利益之间产生明显的脱节。另外，政府组织中生产者的动机常常是满足其自身特殊利益，而不是为公众领域中所要达到的最终目标进行努力。这种内在性的和私人目标，经常使政策远离公共利益的方向。❶

从市场的缺陷中，我们可以看到公共政策干预的必要性，但从政府的缺陷中，我们也可看到计划性传统的有限性。对于这两方面的理解，是合理制定公共政策的前提，同时，也使我们更加有必要来理解现代公共政策的本质。

7.1.3　城市规划中的控制性传统

1. 控制论与城市规划方法

计划性传统长期以来成为城市规划的正统理论，但是城市公共政策的另一面却常常遭到忽视，这就是政府的控制性传统。

20 世纪 50 年代末和 60 年代，在哈佛大学的 N. 维纳（Norbert Wiener）教授的推动下，诞生了控制论这门新的学科。这门学科的迅速发展，对于管理学科的研究

---

❶ 所谓搭便车是指某些人或某些团体在不付出任何代价（成本）的情况下从别人和社会获得好处（收益）的行为。

经济意义上的租金是由于某种物品的自然稀缺而产生的，租金使该物品的占有者可以在不付出努力的情况下获利。而寻租则是指通过人为设置障碍，使某项物品或服务的价格与其真实的成本之间存在差额，产生租金，设置障碍的人则可以从中获利，而不用付出劳动。

由于政府部门的某些成员拥有追求个人经济利益的动机，便会将本来用于保证基本社会福利的租金，部分或全部地转向给予他们回报的寻租者，自己作为供应者而与寻租者共享从这些物品和服务中产生的额外好处。在寻租活动中，个人目的是价值极大化，是行为的目的，它所导致的结果是社会浪费而不是社会收益。

由于政府行为的责任通常交由某个具体的公共机构来执行，既然政府活动被赋予独占的"特许权"，寻租活动在这种环境中就可能出现。

与教育产生了深刻影响，也对城市规划领域带来了非常重要的观念变革。如果把人类进行的计划安排视为复杂而有内在联系的系统，那就可以在计算机中建立对应的类似系统，用以监督发展并给予适当调整。

控制论的观点使人们摒弃了把规划当作编制某一地区未来理想蓝图的概念，而转向把规划当作对某一地区的发展施加一系列连续管理和控制的新概念，借助寻求模拟发展过程的手段，使得这种管理和控制得以实施。这就引起了规划师工作程序的彻底变化（图7-3）。

基于控制论观点的城市规划则调整了以往城市规划的工作流程，体现出一种基于控制论的规划方法（cybemated planning）。这种规划顺序难以用文字表达，因为它是不断循环的，通常用流程图来表示。

首先，规划师罗列出规划相关地区的发展目标和任务，这些目标与任务应该在规划的循环过程中不断地修订。针对这种情况，规划师研制了一种信息系统，它可以随着区域的发展和变化而不断调整。利用这种信息系统，还可以编制今后不同时期不同政策形成的各种区域状态的比较或模拟方案，以便使得这个过程尽量灵活多变，从而有可能考察该区域增长和变化的各种途径。

其次，按照从目标和任务引申出来的准则对各方案进行比较和评价，以便产生被推荐的策略性控制系统，每当对目标和信息系统进行复核而证实有新的发展时，这个被推荐的控制系统要做相应的修改。尽管很难像描述旧的规划顺序那样用一串

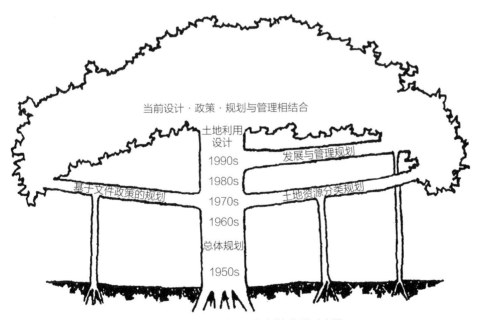

图7-3 城市土地利用规划的发展时序图

资料来源：RICHARD LEGATES AND FREDRIC STOUT. The City Reader sixth edition[M]. London：Routledge，2016：449.

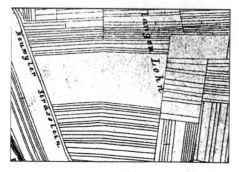

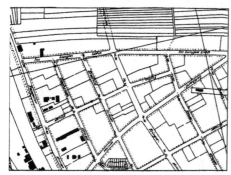

图 7-4　城市都是从非城市用地中发展过来的。在这一过程中，土地的不断细分过程，决定了未来城市发展的形态，同时也受制于其中所涉及的社会经济关系

资料来源：（意）阿尔多·罗西．城市建筑学 [M]．黄土钧译．北京：中国建筑工业出版社，2006：153.

文字来说明新的规划顺序，但仍然可以简洁地表示为目标—连续的信息—各种有关未来的比较方案的预测和模拟—评价—选择—连续的监控。

2. 城市规划控制性体系

在正统的计划性体制下，一个城市只有通过多年持续不断的规划与实施，才能形成预先设想的形态。然而事实上，除了新城和一些大型城市扩张中的城市新区，大多数现代城市并不是为了实现一个预定形状或目标而建造的。现实中，众多私人开发者的个人行为在很大程度上决定了城市空间的布局，政府仅在提供基础设施工程和规划管理原则上进行指导（图 7-4）。

由于城市在发展过程中所受的影响和作用来自很多方面，要对其未来做出准确预测几乎不可能。在现代经济社会，通过计划指导城市朝向特定的城市形态进行发展已经很难有效。因此，现代城市规划的另一种传统控制性的传统，在这样一种情境中就显得特别重要。❶

与计划性传统一样，城市规划的控制性传统也经历了很长的发展历程，针对城市发展中出现的无序混乱的症状，在一定目标原则的指引下进行控制和引导。所采用的方式往往是通过法律、规则的形式进行，而其中主要用来进行控制的要素，则是城市中的土地及其利用方式。其主要原理在于：

（1）土地是一切城市行为活动的载体，且作为一种空间资源，它是独特、唯一且不可再生的。

（2）关于土地使用的权利可以拥有坚实的法律基础，并且也是最容易进行政府管治的一种城市要素，城市中任何土地开发行为都必须获得政府部门许可才能进行。

---

❶ 控制的概念最早出现于柏拉图时代，意为"对社会（城堡）的驾驭（统治）"。

土地利用规划不仅设定了制约土地业主使用自己土地的自由权力，而且也提供了公共干预的机制。通过规制土地使用，可以形成所期待的未来使用状态。

（3）通过土地利用进行管理和控制，可提供一种较为灵活的操作方式：它可以根据各种因素同意或否决一个申请，如用地中房屋的使用性质、建筑的外观、地形、建筑布局以及周围需要保护的历史因素，也可以在同意申请的条件下附加许多开发条件。土地可以承载多元性的利用方式，同样一块土地，既可以用来办公，也可以用来居住，土地可以兼容城市未来发展的各种潜力。

（4）针对土地的管理相对具体、可行。作为一个普遍原则，任何开发行为都必须事先从规划管理部门获得批准。规划管理机构在决定是否准许申请时，则需要依据规划制定的法规，并结合考虑实际情况。

（5）通过土地利用，城市规划可以与城市中其他的因素和内容关联起来。这个系统极其复杂，并通过难以用文字进行描述的政治机制进行，而且还涉及无数的政策决定、规划条例、开发规划和其他原则。

总体而言，控制体系是作为一种防制系统（preventative system）来进行操作的，它对土地使用提出了很多控制措施。它不仅针对"实施性"开发（如建筑、市政等工程），也针对土地使用性质的变化（例如建筑物的使用从居住转变为商业，即使其中没有发生开发行为）。

3. 基于城市用地的开发控制

现代城市问题产生的一个主要原因在于城市土地的稀缺性而导致的土地使用矛盾。如果城市土地资源充足，那么任何可能存在相互矛盾的土地利用都可以通过足够的距离来避免或解决。

长期以来，为解决各种土地利用之间的矛盾，人们自发地形成一些土地使用规则。即使在许多缺乏正规的城市规划管理体系的村镇，我们也可以看到乡规民约，甚至是风水观念在解决邻里用地纠纷中所起的作用。

在现代城市发展的早期阶段，以契约方式制定的私人合同成为保护房产业主免受相邻物业，尤其相邻土地使用所带来的恶劣影响的主要方法。然而，工业化和城市化的迅速发展使现代社会变得复杂，技术领域革命性的变革使原有用以维护私人产权利益的民间契约方式不再适用，旧有用以保护私人产权的法规体系不再有效。因此政府部门和有关房地产环境的地方政府逐步对该领域担负起重要的职责，进行公共干预。这里首先关心的是土地使用本身，尤其是当一个土地使用与另一个土地使用之间产生了不协调的行为时，就产生了建筑物后退，高度、体量以及其他方面的控制行为（图7-5）。

从历史上看，正式的城市土地开发控制始于20世纪初。1909年，英国政府颁布了《住房、城市规划法》（*The Housing, Town Planning, ect, Act.*）。这是第一部用于控制城镇土地开发的国家性法律文件，促成了全国范围的城市土地开发控制。

在此之前，土地所有者的开发活动只要按照传统法律体系，不对其邻近的土地使用造成影响、干扰，就可以自由地处置其土地使用的权力。但是，开发控制改变了这一情况，这种控制的主要特征之一就是城市中的任何开发行为都必须向有关政府部门提交申请，政府部门根据有关法规及一些具体情况作出同意或否决的判决。如果开发者不服从判决，可以向更高一级的政府部门上诉。

在 20 世纪初，城市人口的急剧增长使土地资源出现严重短缺，在不同土地使用间出现了许多矛盾与冲突，形成许多民间的区划规则体系，同时法院也开始介入。

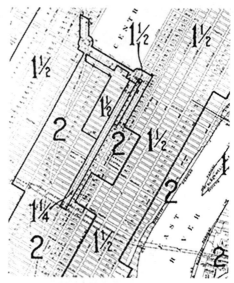

图 7-5　纽约曼哈顿 1916 年的区划图例，图中数字是建筑物控制宽度与街道宽度的倍数

资料来源：约翰·M. 利维. 现代城市规划 [M]. 孙景秋等译. 北京：中国人民大学出版社，2003：73.

在这种情况下，法院只能遵从公共法的传统和实践中的具体情况调解土地使用中的纠纷，执行类似的判决。然而由于缺乏法规先例和技术支持，问题常常变得复杂。

在很多情况下，许多私人房产业主相互协商并同意为了相互利益而限制他们的房地产权的使用，制定相应的契约。这些契约后来逐渐形成公共法规，规制来自公共的或私人的、影响其他房地产业主的有损行为。

但是，这种非正规的方式越来越不能适应日益复杂的城市发展。因此，需要一个公共部门（一般是与业主权利无关的市政部门）对私人产业实行土地使用限制，并控制随意的开发行为。这种控制是通过对这些行为可能产生的未来问题进行预测，在这些行为发生之前就制止它。这样，不仅产生了独立于公共法条例之外的市政部门，而且也产生了整个规划管理体系。

土地开发控制的本质作用

从区划条例产生的历史过程来看，区划在本质上是在市场环境中，针对城市土地使用的一种公共规则，并将引导与控制两种手段结合起来，以促进城市发展的目标。

早期区划条例的制定目的是通过防止火灾的扩散来保护单个家庭街区，通过在一定范围内限定房屋的数量来保护公共健康。尽管随后区划又有了许多调整，这种目标仍然是最主要的。但是这种本质作用在许多规划研究中很少受到重视，而且常常没有被看作是公共行为的理论基础❶。

---

❶ 理论研究经常是过多地将计划性行为看作是公共行为的基础。

在一些传统的区划理论中，区划的任务主要是为城市制定一个理想的区划图。这个图表达了每个产权使用的价格，并使所有土地价值总和最大化。在具体操作中，区划过程一般有三个主要内容：

1. 将使用性质不相容的用地隔离开来，因为它们相互之间产生了负的外部效应。

2. 将使用性质相容的用地安排在一起，因为它们相互之间产生了正的外部效应。

3. 在适当的地方由政府部门安排公共物品，如道路、基础设施、城市开敞空间等。

区划条例通过禁止建造"不良物"（niusances）来实现这个目的，它重视某种行为对其他财产造成的损害，甚于该行为对社会整体福利的贡献。因此，对于大多数房地产商以及一些土地经济学家、律师和法官来说，区划是一种财产价值最大化的手段。这样，区划可以分为两个步骤：

1. 将土地使用性质按照"居住""工业""商业"等性质进行归类。

2. 将这些用地进行合理性的安排。

在规划过程中，规划师可以通过使用缓冲带或不通过缓冲带来隔离不相容的生产或消费行为；通过混合土地使用来融合相容的生产或消费行为；通过开发控制措施，如规划条例、开发利益、环境监控标准等手段来鼓励土地使用中正的外部效应，限制负的外部效应。对于区划的评价则可通过在一定时间、地点，对每一种土地的使用效率和质量，以及对于区域空间安排的合理性来衡量。

威斯康星大学的 R. 莱特克里夫（Richard Ratcliff）教授认为，"在完全市场状态下，自然的区划将产生。"❶ 但是，一些过分崇尚自由市场作用力的理论常常否认区划的作用，在这些理论中，土地产权的使用是由市场作用力所决定的，而不应受到人为的控制。丹佛的律师乔治·克里默（Geoge Creamer）认为："一个社区的动力，在与经济毫无关系的时候，决定了土地的使用性质，而与区划无关。区划作为一种制动机制是误用的，而且从历史上看是无用的。"❷

对于市场环境中的商人来说，理想的城市应该设计得可以最迅速地分成可以买和卖的标准的货币单位，这类可以买卖的基本单位不是邻里或社区，而是一块一块的建筑地块，它的价值可以按沿街英尺数来定，而它的使用性质则应按照价值最大化来确定。

尽管这些理论的基础是对自由市场力量的迷信，但它对区划的作用作出了实质性的说明。这种理论认为，针对房地产权的"有效"区划应当遵循自由市场作用力，也就是说，土地使用的每个价格都应该按照它的最大价值来标定，并且不引起其他房地产权价值的减少。

---

❶ RICHARD BABCOCK. The purpose of Zoning, Melville C. Branch，Urban Planning Theory[M]. Stroudsburg, PA：Dowden Hutchingon & Ross, Inc. 1975：79.

❷ LAWRENCE LAI WAI CHUNG. The economics of land-use zoning—A literature review and analysis of the work of Coase[J]. TPR，1994，1：86.

4. 作为控制性技术的区划条例

在现代城市规划的具体形式中，区划条例（zoning ordinance）可以说是控制性传统的典型。在几乎所有国家的城市规划体系中，不论采取何种名称形式，类似于区划作用、针对城市土地开发行为进行控制、管理的内容都是不可或缺的。❶

政府部门针对城市物质空间环境的管理包含强烈的技术特征，在这里，区划是控制性传统领域里的一种典型技术。同时，区划也具备有关环境政策和法规的责任。许多针对环境问题的公共措施是针对私人行为的，并与房地产权益紧密相连。

为什么在现代社会中会产生出土地开发与管理的区划体系？理查德·F. 巴布库克（Richard F. Bubcock）认为区划产生的主要原因在于：

（1）促使城市中的私人土地使用顺应于"公共利益"的要求，并调解在土地开发使用过程中出现的各种纠纷。土地开发控制的本质是在市场起主导作用的环境中，通过公共管理、控制行为，对市场中的自由作用力进行规范控制，使之顺应公共利益。

（2）创造特定质量的场所环境，以此来实现更广泛的社会、经济和环境目标，维护社会公平。❷

区划的作用在于通过对城市土地使用进行修补调整，来改变自然市场的作用，使之发挥更大作用。区划主要关心的是将市场从自然的需求与供给的"缺陷"中保护下来。拉特克里夫教授认为："我们对社区土地使用进行安排，是根据社会的偏好来进行的。抛开房地产市场的缺陷，应当看到，市场中的需求与供给作用力产生了如此有组织的城市。因此，我们应当将城市规划视作是用于释放这种基本动力的方式，而不是去禁止它们。"❸

对于规划师的角色，杜纳姆教授认为："城市规划师可以干预和监控针对私人开发者的土地使用，他只在一种土地使用对其他土地使用产生影响时，且只有当私人开发者的土地使用对他人产生不利影响时，才能采取干预措施。"❹

市政部门对私人土地使用的控制是受市政部门目标修正的。除非它对相邻土地使用产生不良影响，否则市政部门不能无补偿地对某个土地使用进行禁止或规划。如果一个开发行为将其行为产生的副作用转嫁给他人，那么市政部门可以不进行补偿而制止其进行土地开发。但是如果公共行为不是因为公共健康而仅是出于公众偏

---

❶ 区划体系普遍被认为起源于美国，但实质上来自于欧洲大陆，尤其是法国和德国。自 17 世纪以来，斯图加特、柏林、伦敦、爱丁堡等城市的扩展是按照此类模式进行的。而在美国，除了波士顿、纽约等地原先的居民区外，其他城市并没有这种规划形式。（美）刘易斯·芒福德. 城市发展史——起源、演变和前景. 倪文彦，宋俊岭译. 北京：中国建筑工业出版社，1989：314.

❷ RICHARD BABCOCK. The purpose of Zoning, Melville C. Branch, Urban Planning Theory[M]. Strodsburg, PA : Dowden Hutchingon & Ross, Inc. 1975，p79.

❸ 同上。

❹ 同上，第 78 页。

好的某种生活方式，那么市政部门就不得不为了限制某种开发行为而进行补偿。❶

5.控制性传统的缺陷

市场的缺陷往往来自市场化制度的缺陷。按照市场化制度的理想，在一个完全自由化的社会中，由于任何个人能够通过交换来满足自己的需求，人与人之间可以无损害地进行互有优势的交换，自由市场能够获得社会的最佳状态。但是，现实中的市场制度存有很大的缺陷，使这种理想状况几乎无法实现，也就是不可能实现一种任何人都毫无损害的最佳状态。

从经济学角度而言，市场的缺陷常常表现为宏观的不稳定和微观的无效率，以及社会的不公平。这也成为政府进行干预的一个主要原因。加尔布雷思（John Galbraith）认为，政府的干预对于经济稳定、提高效率和维持社会公平是必不可少的。一个信息灵通、高效和人道的政府能够认识并修正市场缺陷❷。

一般来说，市场主要存在以下问题：

（1）资源配置问题：市场在社会资源配置的过程中，所起的作用有时也是非常有限的。在某些市场环境中，价格、信息和流动性等特征可能会严重地背离实际市场中的特性。由于这样或那样的原因，价格和利率不能指向相对不足和机会成本❸的地方，在消费者方面，没有适当的渠道，使他们获得有关产品和市场信息；在生产者方面，生产要素没有能力根据信息的反应流向需要的地方，这样市场配置是低效的，经济生产将低于它的能力。由于没有一个消费者有能力掌握他的购买物品的全部情况，而生产者也不可能了解每个潜在消费者的具体情况，因此，理想中的交换是不存在的。

（2）外部性问题。例如，当一个开发商所建造的高层建筑遮挡住其他建筑的采光通风时，并没有考虑其他建筑因此所付出的成本（因阳光的遮挡而导致房价的降低）。因此，该开发商之所以能够盈利，很大程度上是由于没有将全部成本计算在内。他的某些成本被转嫁到别人那里。因此，除非采取政府行为，依靠政府干预，才能将未统计的因素计入成本。

外部性的存在是政府进行干预的一个重要理由，它可以通过津贴或直接采用公共部门生产，为市场发展填平补齐。

（3）公共物品的供给：保罗·萨缪尔森将公共物品定义为："每个人对该产品的消费不会造成其他人消费的减少。"这意味着，公共物品就是人人都可以使用的一种物品，并且任何人对于公共物品的消费，都不会有损其他任何人的消费。❹

---

❶ RICHARD BABCOCK. The purpose of Zoning, Melville C. Branch, Urban Planning Theory[M]. Strodsburg, PA：Dowden Hutchingon & Ross, Inc. 1975：78.

❷ （美）查尔斯·沃尔夫. 谢旭译. 市场或政府或者——权衡两种不完善的选择 / 兰德公司的一项研究 [M]. 北京：中国发展出版社，1994：2.

❸ 机会成本指在可能选择另一个更有利的产品时，将资源投到生产某个产品中所失去的收益。

❹ （美）保罗·A.萨缪尔森，威廉·D.诺德豪斯.经济学 [M]. 杜月升等译. 北京：中国发展出版社，1992：1182.

单纯的市场机制之所以很难保证公共物品的供给，是因为私营公司生产物品的主要目的在于营利，并且追求总收入与总成本之差最大化。当一个私人公司要在成本和收入都不相同的两个或两个以上产品间进行选择时，公司会选择利润最大的产品。对于无论在短期或长期来看都难以赢利的公共物品，私营公司由于无法计算其成本—收益关系，因此很难做出投资决定。仅仅通过控制，就无法弥补市场中存在的这些缺陷。

7.1.4 两种传统之间的差异性

在城市规划的历史中，计划性传统与控制性传统经常并存，共同维护着公共利益，很难严格区分。但如果仔细辨别，这两种传统之间也存在着不少差异。

1. 形成环境不同

尽管计划性传统与控制性传统都内在于政府行为之中，但两者行为的环境不同。计划性传统所依托的是中央计划性的政策体系，而控制性传统所依托的是自由市场性的政策体系。

在计划性传统中，用来制定、实施政策的资源是与高度集中、等级分明的社会权力体系相适应。而在控制性传统中，首先需要承认资源使用的分散性，对于资源的高度集中一旦出现误用，后果是不堪设想的；而且，资源分散有利于更加高效的使用。因此，在控制性的传统中，社会权力结构也相对分散、相互制约。

2. 思想基础不同

对于计划性传统而言，以严格的方式制定公共政策可以是高度合理的。即使对于复杂的社会问题，只要必需的资料能够取得，并予以适当处理，所制定出来的方案能够经过详细的检查，政策的每一个潜在后果能够予以探究，选择的标准能够予以规定，那么，所制定出来的规划政策就是合理的。这是一种理性、乐观的思想状态。即使政府及其他部门必须在有限时间、有限财力和人员的条件下工作，这些目标是能够予以实现的。

而强调控制性传统的一些学者和专家认为，即使是最优决策，也很难接近上述描述。他们认为，对于复杂问题，人们不可能充分了解以求得在分析方面有充足根据的解决办法。而且，为了解决极为复杂的问题，准备充分的资料经常是分量太多，谁也不可能完全熟知，也不可能对所得到的资料全部进行处理。有限的时间、人员和财力不仅妨碍了对每一种可能的选择的后果进行详尽研究，也妨碍了对一切可供选择的方案进行详细检查。由于社会价值标准的复杂性，"准确"的选择标准是难以实现的。

3. 组织方式不同

在计划性传统中，对于公共部门的权力要求是高度集中的，并且是一种典型的自上而下的过程。在最高层次中，常常是由几个极具智慧能力的精英，通过了解社会各部分的相互联系，设计的制度和政策，他们对有关社会组织和社会变革的问题具有一种综合性的总体看法。为了进行社会协调，需要有一个集中统一的控制。

在控制性的传统中，没有人能够对社会的各个方面有一个总体权威性的看法，各类政策制定者只能针对局部问题，通过局部解决方法行使责任，因而权力是分散在他们之间的。此外，政策的形成，并非通过审慎决定，而是通过广泛分配于整个社会相互倾轧的权力作用的结果，是在各利益集团之间的政治磋商和权力平衡中形成的，或者说，是在决定资源分配的市场体系中形成的，其特征是权力的分散化。

4. 过程顺序不同

在计划性传统中，规划制定过程的经典顺序是：调查—分析—规划方案。顾名思义，首先规划师进行调查，以搜集各种有关城市或区域发展方面的资料，然后分析资料、推测未来，理解地区发展原因，编制一个充分考虑调查和分析结果的规划方案，根据合理的规划原则诱导和控制发展趋势。这一过程在若干年后重复，再一次调查事物发展的新情况，分析和检查原规划的内容，并进一步做出相应的调整。

而控制性传统则难以整理出一种规范的行为过程，它的行为方式是被动的。一般来说，它并不主动地为社会规定某种发展目标，而是社会的某种发展与所确定的目标不一致时，才进行必要的干预。这样，控制性传统更加需要一个有效的信息系统，以便随着区域的发展和变化而不断调整目标和任务。

7.1.5 两种传统之间的关联性

将城市规划的思想传统划分为两种——计划性与控制性，需要注意两者之间的关联性，因为两者都内在于政府的概念之中，具体界限并不十分明确，而且常常被看作同一个过程中的有机整体：计划性与目标的确立有关，而控制性与目标的实现有关。

计划性传统与控制性传统两者之间存在着千丝万缕的联系，许多理论认为，它们是同一个过程中的两个阶段，一个负责目标的制定，一个保障目标的实施。而且大多数国家的城市规划体系也是按照这种方式组织的。例如英国城市规划体系中最主要的组成部分为开发规划（development planning）和开发控制（development control）。

休·波门里奥（Hugh Pomenroy）认为，综合性规划：

（1）为所有立法机构在城市区内决定合理用地的定位提供规则。

（2）为立法机构所决定的使用强度提供规则。

（3）立法机构必须同意的定点。这就是机械性的概念。

除此之外，规划应当为社区制定发展目标。"如果对于发展目标没有足够完善的解释说明，就不能认为与地区规则不同，实现这些目标就会违反综合性规划的要求。"❶

在综合性规划的目标得以确定之后，规划师应当通过一些手段"实施"该规划，

---

❶ MELVILLE C. BRANCH. Urban Planning Theory[M]. Strodsburg，PA：Dowden Hutchingon & Ross，Inc. 1975：78.

其内容通常包括：社会发展计划、控制法规以及区划条例等。因此，区划条例常常被看作实施总体城市规划的一个手段。

作为实施工具，人们通常认为区划必须植根于总体规划，遵从对公共健康、公共安全等的认识，任何规划步骤及其对私有产权的控制都应当处于政策权威的合理范围内。而且，这种权威性必须植根于对科学原理的认识，而不是任何个人的主观判断、价值偏好。

这就需要对城市发展趋势进行预测，并在彼此的关系中分析问题，规划目标必须得到公众认可，通过指定的规划部门来实施。该部门应当是公共利益的代表，而且不受来自于立法机构中的政治压力的干扰。

区划在对私人土地使用实施控制之前，需要法律支持。如果区划缺乏针对某个社区的分析就制定了发展目标，那么在执法过程中就会因缺乏信服力而难以取得预期效果。只有当区划措施向公众提出并阐明它的目标和愿望时，法律仲裁者才能衡量解决土地使用纠纷实施条例的合理性。

哈尔（Haar）教授认为："对于职业规划师而言，区划对规划的依赖简单而清楚。城市总体规划是城市发展的长期总体轮廓，区划只是众多实施规划的手段之一，两者不能混为一谈。"❶ 当一个城市开始实施通过国家法律认可的土地管理条例时，首先应当制定一个总体规划使土地管理条例有立足之本。"区划条例不仅应当与既定过程的机构标准相一致，也应当与总体规划特定标准一致。"❷ 土地管理条例必须建立在规划的基础上。

土地使用控制法规的合理性应当只能通过它与总体规划之间的一致性来衡量，法规控制与城市规划之间必须保持一致性，必须具备强烈的技术特征来衡量法规控制的有效性，并随时进行纠正。确定城市目标是第一步，根据这种目标，在城市中的各种土地使用行为才能得到判定，法规控制在这个意义上应当作为一种在社会大众中带有持续性和公正性的管理措施。

但是，如果换一个角度，政府的管理控制常常是主观随意的，大量的日常性事务仅凭借着政府官员的主观、武断的行为决定。同时，在人们的印象中，政府行为也与许多不良事务联系在一起。在城市开发项目中的行贿、受贿事件近年来越来越引起人们广泛的注视，在城市开发与管理行为中的欺诈和道德腐败已被看作是一种常事。那么，城市规划的实施在现实中就不能够以一种公正、高效的方式来执行。

城市规划的综合性与法规控制同样有时也可能会以武断和不负责任的方式来做出。如果城市规划仅反映管理者与规划师的意愿，而忽视市政部门对于城市居民、土地所

❶ MELVILLE C. BRANCH, Urban Planning Theory[M]. Strodsburg, PA：Dowden Hutchingon & Ross, Inc. 1975：78.

❷ 同上，第 79 页。

有者、纳税人的责任，则可能导致加重其他公共机构和规划对象（无论是居民还是土地所有者）的负担，根据这样的规划制定的没有规划基础的法规控制也是同样脆弱的。

法规控制是规制城市社会行为最普遍使用的立法工具，任何对它的误用都会比较为狭隘的土地使用控制机制所带来的影响大。巴伯库克（R. Babcock）认为：法规控制的权力应当是分散性的，对它的误用应力求避免带来严重的后果。但是综合性规划的制定，也应当是一项十分审慎的行为，综合性规划中的任何失误，后果都是极其严重的。❶

城市规划不仅是城市政府所采取的针对土地使用的具体措施，也是政府主动满足城市居民需求的重要手段，它不仅用来实现物质环境的宜人性，也用来实现隐含的一些社会和政治目标。因此，在这个意义上，法规控制远远不只是一种"被动工具"，而是用来实现城市目标的一种积极力量。

7.2　现代城市规划的决策分析

7.2.1　合理性决策的考虑因素

1. 考虑因素一：效率

所谓社会产出"有效率"，是指不能用更低的成本取得与已获得的总利润相等的利润，换而言之，在相同的水平成本下，不能获得更大的利润。❷

达成效率目标需要在不同方法间做比较：假如市场能够较其他机制在较低成本下完成这项工作，或能够在相同成本的情况下做得更好，那么市场就是相对有效率的；反之，如果其他机制能够在较低成本下完成这项工作，或者能够在相同成本下做得更好，那么在这种情况下，市场就是相对低效率的。

在现实世界中，资源稀缺是普遍的。保护资源并使之得到有效使用是现代城市规划的根本任务。城市规划致力于减少资源浪费（尤其是土地资源）并进行最有效生产。由于在不同社会环境中的利益集团有着不同偏好，其对资源使用效率的不同认识形成效率评判的不同标准。因此，社会不存在一个绝对的效率标准。

效率可以分为动态效率和静态效率。静态效率是指投入—产出的一种比较关系。动态效率则着重某个组织产生和维持自身发展的能力（即长期维持较高的经济增长率），可通过发展新技术、降低成本、改善产品质量，或创造新的有市场前途的产品获得。❸

---

❶ MELVILLE C. BRANCH. Urban Planning Theory[M]. Strodsburg，PA：Dowden Hutchingon & Ross，Inc. 1975：81.

❷ （美）查尔斯·沃尔夫. 市场或政府或者——权衡两种不完善的选择 / 兰德公司的一项研究 [M]. 谢旭译. 北京：中国发展出版社，1994：15.

❸ 动态效率又可以表现为技术效率和 X 效率。技术效率是指组织寻找和使用那种目前可能是最好的、能够使产出成本降低或质量提高的技术的能力。而 X 效率着重于在任何给定的技术条件下，通过组织管理，降低成本，来提高生产力的能力。

从静态效率和动态效率两方看，市场作为一种主要的资源配置机制，起到了比政府更好的作用。在短期内，市场机制使资源的利用更加有效，而长期来看，它也更具有创新力、更广泛和更有活力。❶

2. 考虑因素二：公平

大多数的公共政策与公平问题（即谁得到利益，以及由谁来负责代价）而非效率问题（即收益和成本的权衡）有关。

对公平的追求一般集中于两个从属目标：

（1）减少绝对贫困，减少处于某一具体规定的物质生活最低水平之下的人口比例；

（2）减少相对不平等，减少居民群体相互间收入与财产的差别。

自 20 世纪 70 年代初以来，许多国家的公共政策目标从早期过分强调效率因素，转变到效率与公平并重的方向上来。

从公平或公正的立场来看，虽然市场机制在机会均等意义上也具有一定的公平特征，但无法保持普遍公平。由于市场能体现那种非人为的、相对客观的过程，对于具有不同条件的人们，在面临市场无情的筛选过程中，具有不同起点和天赋，以及不同的运气和机会，于是就形成了关于公平性的问题。

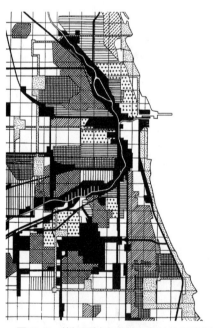

图 7-6 芝加哥城市空间发展结构示意图

资料来源：ALDO ROSSI. The Architecture of the city [M]. Cambridge, Massachusetts, and London, England, The MIT Press, 1982, 1976 : 67.

在纠正市场不公平的过程中，虽然政府干预也经常产生不同类型和范围的不公平性，但是，政府干预在一定程度上，对减轻由于无约束市场力量所带来的机会与结果方面的不公平性是必须的。在许多公共政策中，分配问题通常较效率问题对于政府干预的成功与失败的判断产生更大影响。

然而，观点偏激的人常常认为，市场可能既不会产生经济上令人满意的效率，也不会产生社会上理想的公平性结果；而持另一种观点的人也会认为，政府在解决市场问题，实现这两个目标时，常常也是无力的，有时甚至起反作用。总言之，任何公共政策都是在这两个目标之间的平衡，绝对的效率和绝对的公平都是可望而不可及的（图 7-6）。

❶ 沃尔夫认为，总体而言，从效率角度来看，政府干预的缺陷的类型和来源要比市场多。

7.2.2 政策干预目标及因素

1.进行城市政策干预的必要性

按照古典经济学的观点，在一个完全开放、竞争、有效的市场经济的社会环境中，公共干预进行介入的意义并不很大。完全的市场意味着卖方和买方了解他们所寻求或拥有的买卖物品和服务价值，以及他们的选择范围。这种市场要求参与者能够自由进入，而且每个参与者都不受来自政治上对市场进行垄断性操纵的干扰。

由于现实中不存在这样一个完全性的市场环境，就有必要进行规划或计划。城市政策的目标是通过以土地为主的资源分配完善市场，使社会花费较少代价实现目标。从这个角度来看，城市规划是市场的补充手段，是一种价格与分配全新的、精确的控制系统。

在这个目标中，城市政策的作用常表现为在进行合理决策时收集、分析和公布信息（如预测和对投入—收益的评估）。这种作用的思想基础包括两方面：一方面将城市规划作用看作是促使市场更加有效，而不是指导市场变化的机构，它为市场提供现实性的基础，使各方面的价值选择组合到一起；另一方面则将城市规划看作是市场的替代，认为规划应当指导市场变化，因为它将产生理性的秩序。这样，规划师的职责不仅包括检验不同价值选择项，而且包括制定具体的行为过程。

2.城市政策干预的目标

简言之，社会产出效率和社会分配公平是政府是否进行干预以及采用何种方式进行干预的原则。城市规划师负责指导城市用地空间安排，就是这两方面类型行为的具体体现。因此，城市规划师的责任就是寻求那些能够有效提高土地使用效率，增强各地区可达性以提高社会产出；同时，通过空间安排，解决各种土地使用过程中的纠纷，实现最广泛的社会公平。

在城市现代化的发展过程中，市场体制在给现代社会带来整体繁荣的同时，也带来一些负面作用。现代城市规划作为一种公共政策的干预行为，源于对市场失灵的修正。

现代城市是市场机制普及并完善的一种结果。无数土地交易买卖促使土地按照价值最大化进行安排，城市社区在由市场编织并不断扩大的社会关系网中散落开来。接触频繁的供需关系扩大了市场规模，激发新技术不断产生，造就了与传统城市完全不同的现代城市及城市群落。

英国经济学家亨利·西格维克（Herry Siegwick）曾在 19 世纪就指出："并非在任何时候，自由放任的不足都是能够由政府干涉来弥补的，因为在任何特定的情况中，后者的弊端都可能比私人企业的缺点更加糟糕。" ❶

---

❶（美）查尔斯·沃尔夫.市场或政府或者——权衡两种不完善的选择/兰德公司的一项研究 [M].谢旭译.北京：中国发展出版社，1994：15.

因此,采用公共政策对市场行为进行干预并不是一件简单或仅是正确与否的事情。从公共政策在实践中经常体现出来的复杂性与矛盾性来看,如果要对城市公共政策进行深入研究,需要将其置于更广泛的背景下考察,从更深层次的社会组织理论中进行理解。然而,对于公共政策或政府干预来说,这种理由仅是必要而非充分条件。

制定公共政策首先需要认识市场可能存在的缺陷,同时认识到政府干预可能存在的问题,将两者进行比较。对市场缺陷作出诊断,可以为政府进行治疗提供有益帮助;而对于政府干预中可能存在问题的认识与理解,则有助于在制定政策时更具现实性。

7.2.3 政策干预的意义、权衡与途径

现代城市公共政策的产生与发展同现代社会基础结构的变革分不开。现代社会发展的本质是现代城市规划产生并发展的基础背景,可以据此说明现代城市与传统城市的根本区别,同时也进一步辨析了现代城市公共政策行为所针对的社会环境,从而能够对它的本质作用进行探讨。

1. 政策干预意义

现代城市规划体系由法律规则、制度和管理结构组成,实现并保障社会的最大产出。对于城市公共政策本质的理解有利于我们在实践工作中更有效地运用公共政策。

为什么社会需要政策干预这种的公共措施?

为什么需要通过城市政策的形式,针对城市中众多的个体行为实行干预?

基本原因在于:政府采取的公共措施的优势在于它是一个高度集约化的行为,例如铁路、邮电、公路、城市给水排水等等基础设施建设,它相对于个人行为或私人部门而言是高效率的。

如果把城市管理中的各种制度也看作是政府的产出,它同样也具有高效特征。因为如果城市中各个土地使用者之间通过私下结成契约,单独通过武力或诉诸法律的手段保障土地使用利益,那么是不可能达到一种规模效应的。实施城市区划等各种制度费用和代价,必定少于每个土地使用者单独保障其土地使用利益的成本总和。政府在建立规则、保护公民权利方面具有优势。如果没有政府主动制定规则,那么社会用于维护秩序的费用将会更高。

由此看来,公共政策常常被认为是计划性的代名词。但事实上,现代公共政策可分为两类:(1)侧重于计划的管理性政策体系;(2)侧重于市场的制度性政策体系。

2. 权衡性政策分析

在一项公共政策的决定过程中,市场和政府间的权衡是考虑的重点。

政策性制度安排应当有益于在社会范围内对个人积极的行为进行许可和引导。

这种行为包含两个方面："制度性政策"和"程序性政策"❶。它们一个是关于建立和维护法律基础的政策目标，另一个是关于政府干预目的的政策目标。政府可以通过界定产权制度结构影响社会的净产出，也可以通过直接提供如基础设施建设一类的公共产品实现这一目标。

许多早期经济学家注重于制度政策，亚当·斯密和其他经济学家注重于根据自由市场机制建立和维护一个根本的制度安排。哈奇森认为，直到20世纪早期，"广泛系统的程序政策才开始得以发展。"❷这表现于政府直接制定公共目标，采用公共项目来对社会发展进行干预。

一般来说，制度性的公共政策的作用形式主要在：

（1）提高经济生产效率的政策；

（2）有目的地改变收入分配的政策；

（3）重新配置经济机会的政策；

（4）重新分配经济优势的政策。

由此可见，政策分析的主要意图在于审视一项政策是否提高了生产效率、改变了收入分配、重新配置了经济机会（并提高了社会效率）或经济优势。

同时，公共政策还有两个方面的任务：

（1）一是制定社会可接受的制度安排，这些制度安排既限制又解放在操作层次上的个人行动；二是确定个人决策与集体决策角色之间的界限。第一个任务决定了人们希望生活在其中的社会环境。

（2）针对不同的、可供选择的制度结构进行权衡，确定公共行为的界限。也就是，政府应当做什么，而对另外一些事务则采取不干预的态度。

政策分析的一个重点是预测在何时，在何种条件下市场与非市场过程之间的边界会发生转变。在这种情况下，制度就是界定个人行为的规则和准则，因为市场与非市场过程边界的转变，就是个人互相影响方式的变化。

7.2.4 政策干预的主要作用

作为一项公共政策，现代城市规划存在的重要作用之一就是确保公共利益不受损。具体体现在为公众提供公共物品、防止公地悲剧、改变或扩大个人选择范围并妥善解决外部性问题。

1. 提供公共物品

当今世界，纯粹的公共物品几乎都由政府提供。在大多数情况下，公共部门主

---

❶（美）丹尼尔·W. 布罗姆利. 经济利益与经济制度——公共政策的理论基础 [M]. 陈郁，郭宇峰，汪春译. 上海：上海三联书店，上海：上海人民出版社，1996：267.

❷ 同上。

要负责提供诸如国防、教育、社会福利、公共安全、交通、环保、娱乐和能源保护等公共和准公共物品。

由于公共物品（如城市道路、环境整治、基础设施的建设），投资者与受益者是分离的，或者说投资、收益的边界难以界定，在市场条件下，不太可能存在私人投资使公众受益的情况。因此，这就需要政府作为公众的代理人，向使用者征收费用，否则公共物品在自由市场环境中将无人生产。❶

由政府提供公共物品并不表明政府提供公共品的效率高，而是因为如果由私人提供，则无法收费，最终导致无法组织生产公共物品。因此，在城市中，公共物品的供给不得不由政府来完成（图7-7）。

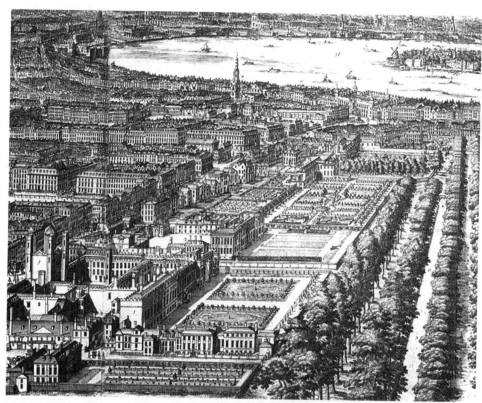

图7-7　伦敦，蓓尔美尔宽林荫街和圣詹姆斯公园中的宽林荫道；18世纪早期约翰尼斯·季普 (Johannes Kip) 所作的铜版画的局部。这条宽林荫道由铁圈球运动场发展而来，是现在伦敦最主要的一条纪念和游行大街。它是1660年伟大的法国景观设计师勒诺特为查尔斯二世所做的圣詹姆斯公园规划的部分。虽然一个世纪后，铁圈球已经过时，但这条宽林荫街一直是朝臣、商人和时尚女子们 (priestesses of Venus) 最喜爱的漫步场所。查尔斯一世时期建造的那个较早的铁圈球运动场平行位于其左侧，后来成为一条高尚的居住街道

资料来源：（美）斯皮罗·科斯托夫.城市的形成——历史进程中的城市模式和城市意义 [M]. 单皓译.
北京：中国建筑工业出版社，2005：252.

---

❶ 在市场经济国家，一些公共物品的提供，是通过政府收费（收税），然后把这些公共物品的生产承包给私营企业，或从私营企业那里购买，再将公共物品提供给个人。

2. 防止公地悲剧

政府进行社会治理，主要解决公共领域权利的配置以及管理问题。

1968 年，英国科学家加雷特·哈丁（Garrett Hardin）在美国著名的《科学》杂志上发表了《公地的悲剧》一文，在其中，哈丁设想一个"向一切人开放"的牧场，然后他从理性的牧羊人的视角考察了这个公共开放牧场的结构。由于每个牧羊人都期望从他的畜牧中获得直接利益，并且当其他的牧羊人也持同样想法时，随着羊群规模日益扩大，就会造成草原过度放牧的情况，那么就会导致牧场的迅速衰竭。

如果以此来假设一块公有土地，任何人都可以在上面建房的情况，那么每个人必然都会极力建造最大面积的住房，而不顾对别人的影响。其结果不仅导致了整体环境质量的急剧下降，而且也造成了复杂、紧张的人际关系（20 世纪六七十年代在我国许多地方出现的大杂院就是这样一种景象）。

因此，一些理论认为，"公地问题"可以用来针对森林资源的耗竭、滥捕滥杀、空气污染、世界人口爆炸、地表水匮乏、放牧过度以及滥砍滥伐等问题进行解释。

政府采取公共干预行为时，必然会产生公共领域，这种特征也是产生政府众多缺陷的重要原因之一。亚里士多德很久以前就认为："最多的人共用的东西得到的照料最少，每个人只想到自己的利益，几乎不考虑公共利益。"❶ 如果产权不清晰，公共区域太大，人们会发现扩大公共领域的范围可以比去进行生产活动更有利可图。由于政府对经济活动干预和介入很容易形成公共区域，从而导致产权的模糊乃至于失灵。因此，这常常成为许多理论反对政府干预的主要理由。

如前所述，当许多人共同使用一种稀缺资源的任何时候，都会导致这种资源的迅速衰竭。针对这一问题，一般来说存在以下两种途径。

一种理论认为，社会制度的发展方向应当是朝向完全私有财产方向演进。其理由在于公共财产注定被滥用，而私有产权代表了一种有效率的财产制度。根据这一观点，社会制度变迁的唯一有效率的形式是走向私有财产。R. 史密斯（R. Smith）认为："公共财产资源的经济分析和哈丁对公用地两难处境的处理，避免有关自然资源和野生动物的公用地灾难的唯一办法，是通过建立私人产权制度来结束公共财产制度。"❷

另一种理论认为，强大的中央政府或一个强大的统治者是解决问题的根本办法，

❶ （古希腊）亚里士多德. 政治学 [M]. 吴寿彭译. 北京：商务印书馆，1996.

❷ （美）V. 奥斯特罗姆. 制度安排和公用地困难 // V. 奥斯特罗姆，D. 菲尼，H. 皮希特编. 制度分析与发展——问题与抉择 [M]. 北京：商务印书馆，1996：89. 事实上，私有产权制度可能同样会被不当使用，几乎所有的国家都不能实行完全的私有化，不能离开政府的干预行为。首先，如果要求作为原子式的财富最大化主体的个人起作用，在就是要求所有的资源在同一水平上是可分割的和可控制的，要求所有权的范围必须与有关的决策单位的范围相一致。从而，原子式的决策者有权控制原子式的资源，与此是一个意思。但事实上，并不是所有资源都是可以分割、明确化的。其次，要求市场起作用，这就要求所有的资源具有完全的流动性，以及由彻底的私有化促成的流动性。最后，由于社会发展寻求的是交易费用最小化，完全原子化的产权安排就应当减少与所有生产者之间进行合作和协商的必要，但这几点在现实中是不可能完全做到的。

该理论假定了这个统治者是"一个聪明的并且在生态意识上的利他主义者"。❶威廉姆斯·奥富尔斯（W.Ophuls）认为："因为公用地的灾难和环境问题，不可能借助合作途径解决……具有主要强制权力的政府的原则是不可阻挡的。"他最后得出结论说："即使我们避免了公用地灾难，也只能求助于极权主义国家的悲剧性的必然。"❷

哈丁认为解决公用地两难处境的选择，一方面是他所谓的私人企业制度，另一方面是社会主义。"如果在拥挤不堪的世界上，要避免毁灭，人们必须响应个人精神之外的强制力量。"

这两种途径的选择，并不存在一种定式，而是需要在相互权衡的基础上做出。经济学家道格拉斯·诺斯指出："如果有明确的政治规则来规制政治当事人的活动，使政治的交易成本很低，有效产权就会产生。反之，就会出现无效产权。如果人们把大量资源投入政治交易活动中，那么生产活动就会受到压抑。因此，有效的政治规则可以降低政治的交易成本，从而使有效产权产生，进而约束政府官员和有关人员到非生产领域中去寻租。"❸

划分公用地，建立个人产权，这在许多情况下可以增进效率。同样，通过中央政府机构管理某些资源，也可能避免资源在某种情况下的过度使用。中央政府管理或私人产权都可以作为避免公共领域问题的两种途径，因此，这也成为公共政策的两种表现（图7-8）。

3. 应对外部性问题

在任何一种经济事务中，都有可能出现外部性现象。所谓外部性，是指"当一个行为个体的行动不是通过影响价格而影响到另一个行为个体的环境时，就存在着外部性"。❹或者是指"某个人或某些人将可察觉的损失（或利益）强加于另外一些人，而这些人并没有完全参与或赞同该行为的决定"。❺

例如，当一个开发商所建造的高层建筑遮挡其他建筑的采光通风时，并没有考虑其他建筑因此所付出的成本（因阳光的遮挡而导致房价的降低）。因此，该开发商之所以能够盈利，很大程度上是由于没有将全部成本计算在内。他的某些成本被转嫁了。这就需要依靠政府权威采取措施，将未统计的因素计入成本。比如通过征税，使工厂承担污染空气和河流的代价，使高层板楼承担遮挡阳光所带来的损失。

当某个人的行动所引起的个人成本不等于社会成本，个人收益不等于社会收益

---

❶ P. STILLMAN. The Tragedy of the Commons[M]// V. 奥斯特罗姆，D. 菲尼，H. 皮希特 . 制度分析与发展——问题与抉择 . 北京：商务印书馆，1996：89.

❷ （美）V. 奥斯特罗姆，D. 菲尼，H. 皮希特编，制度分析与发展——问题与抉择 [M]. 北京：商务印书馆，1996：88.

❸ 卢现祥 . 西方新制度经济学 [M]. 北京：中国发展出版社，1996：25.

❹ VARIAN，HAL R. Microeconomic Analysis，2nd ed. [M]. W.W. Norton & Company，1984：259.

❺ MEADE，JEMES E. The Theory of Economic Externalities[J]. Institute Universitaire De Hautes Etudes Internationales，1973：15.

图 7-8　小汽车导向发展的城市，促进了一种个人化的思考情景，同时也带来了一种对于城市公共环境的漠视。图中的文字："为什么这些笨蛋们不去乘坐公共交通？"
资料来源：https://medium.com/engineer-quant/tragedy-of-the-commons-25b0348ba0b5

时，就存在外部性，导致市场缺乏效率❶。如果存在外部性问题，一个人的行动所引起的成本或收益就不完全由他自己承担；反过来，他也可能在不行动时，承担他人的行动引起的成本或收益。外部性是政府干预的一个重要理由，它可以通过津贴或直接采用公共部门生产，为市场发展填平补齐。

　　在城市规划领域，外部性问题更具典型意义。在城市的日常控制管理过程中，阳光遮挡、相互污染、行为干扰等现象，实质上都是外部性问题的具体表现。因此，探讨公共干预的本质，必然要对外部性问题的本质进行把握。❷

---

❶ 工业活动所造成的对环境污染，是一种消极的外部性，它对环境污染的成本并未计入其生产成本之内。而另一种类型的外部性则可能是积极的。这是因为生产者的利益并未完全由生产者获得，其他一些人与生产者共享了这些利益，但无须为此付出成本。例如许多知识产权问题就是这样一种典型，创新的技术遭到别人的无偿使用，创新者并没有获得由创新带来的所有回报，这样将导致创新者积极性的降低。

❷ 关于外部性问题的解决，在经济学界存在两种类型的观点：第一种观点来自于福利经济学家庇古（Pigou）。庇古理论主要针对市场的外部性问题。在现代福利经济学中，外部性是一种市场失败，它是一方所承担的费用，由另一方在无赔偿的情况下附加。例如，某房地产开发由于无限制地提高容积率而获得高额利润，将阴影、通风不畅的成本转嫁给相邻房屋。庇古理论认为，市场仅仅对个人的投入—收益起作用，但它不能平衡边际成本和收益，这是帕累托最优（Pareto officiency）效率所要求的。这样就需要政府干预来纠正这种无效率。庇古理论是干预主义的，体现于政府或国家在土地市场中的积极干预态度。政府干预的解决办法要求在两个相关的行为者之外，设置一个权力机构，对交易行为过程中出现的各种纠纷进行裁决。以庇古为首的福利经济学家认为，对于负的外部性问题应该采取的原则是：谁造成了损害，谁就应该负责赔偿，或对其征税。这样，庇古的解决办法需要一个无所不知的中心控制者，它能够把社会看成一个大一统的整体，可以对其制定出把技术性外部性准确地转变为税收和补贴方案。第二种观点的代表是科斯，科斯理论对庇古的理论体系提出反对意见，认为庇古理论忽略了政策形成以及实施过程中的交易费用，它把政策过程视为可以自动地、自然地进行。科斯认为外部性问题存在相互性质，即避免对乙的损害同时会使甲遭受损害。这里必须解决的真正问题是，是允许甲损害乙还是乙损害甲？这种两难的问题仅仅依靠政府通过行使权威来进行裁决，是不可能完全解决的。

外部性作为市场失灵的典型现象，是以私人成本和收益，与社会成本和收益的背离为特点的。在解决外部性问题上主要存在两种观点：

（1）针对侵害行为依法征收费用，这个费用相当于行为者对他人和社会造成的损失，这样使其成本内在化；

（2）为两种竞争的行为提供一个机制，来决定谁来承担公共费用。❶

7.2.5　政策干预的决策难点

政策干预的决策难点在于如何在现实中界定公共利益。

许多人认为，给公共利益下一个客观的、得到普遍接受的定义几乎不可能。甚至有人认为，围绕政策问题发生政治斗争的结果便是公共利益。倘若所有的团体和个人都有平等的机会去从事这种竞争，这种结果就会接近于公共利益这一概念。

有时公共利益被描述为一种神话。在这一神话中，不管政策是多么独特，都会被认为是符合公共利益的理性化的结果，因而就更容易被公众所接受。同时，这些要素使人们在对政策进行评价时，不仅需要指出政策所要实现的目标，而且还要指出这种目标是否值得去实现。

尽管公共利益是一个十分抽象而又含混的概念，但在制定城市公共政策时，公共利益通常包括以下含义：

（1）在由许多相互冲突的利益集团存在的政策领域中，尽管其中某一利益集团可能会占主导，并被当作公共利益接受，但由于还存在其他个人或集团参与到冲突中来，他们只是间接地被政策问题所涉及，因而常常被看作是公共利益。他们的"公共利益"虽然没有为参与决策的集团所代表，但决策者可能会对其做出反应，并由此影响政策结果。

（2）公共利益是指那种普遍而又持续不断地为人们所共同分享的利益。人们在世界和平、义务教育、清洁空气、避免严重通货膨胀及某种合理的交通控制系统这类事务上所获得的利益便是这种类型。很显然在大城市中，建立能促进行人和交通安全、有秩序及顺利运行的交通控制系统，是符合公共利益的。

但这种公共利益是有限制的。在此范围内，这种利益是为其成员所共有的。例如保持粮食价格是农民可以得到的公共利益，但对其他消费者则不一定有利。范围的确立是一项十分困难的工作，没有一种方法可以精确确定在多大范围内的共同利益才是公共利益。

（3）公共利益的第三个方面是平衡利益、解决问题，在政策形成中实现妥协，并将公共政策付诸实施。此处的重点是过程而非政策内容。正如沃尔特·李普曼曾

---

❶（美）丹尼尔·W. 布罗姆利. 经济利益与经济制度——公共政策的理论基础 [M]. 陈郁，郭宇峰，汪春译. 上海：上海三联书店，上海：上海人民出版社，1996：72.

经指出的那样：“公众对之感兴趣的是法学的法律，而不是具体的法律，是法律的方法而非法律的内容，是契约的神圣性，而非某一特定的契约，是习惯基础上的理解，而非这一或那一习惯。在这些事务中将发现某种生活方式，它的意义在于可用的原则，这一原则将确定和预见人们的行为，这样他们便能做判断。” ❶

7.3 现代城市政策的制度性因素及本质

7.3.1 现代城市政策中的制度性因素

现代城市是现代社会的产物，这其中，现代性制度发挥了重要作用，如现代城市规划制度。

在现实中及历史上的组织性制度可以分为两种类型：一种在自由放任经济环境中，人们在生产交易过程中所形成的各种组织形式，一种在人类自由交换生产的基础上，存在着一套约束经济交易主体选择行为的规则和规则制定的制度。与前一种有所不同的是，这些规则和制度对人类组织生产活动有间接作用，即影响和约束的作用。

布罗姆利认为，制度有两种表现形式：一种是意见统一的安排或一致同意构成行为准则的行为方式，另一种是界定个人和集体选择界限的规则和所有权 ❷。社会组织运行正是从这些规则和准则中能够结构化而得以运行。

1. 作为行为准则的制度

“制度是社会或组织的规则。这种规则通过帮助人们在与别人交往过程中形成合理的预期，对人际关系进行协调。它反映了在不同社会中，有关人们自己的行为和他人的行为的个人和集体行为演化出的行为准则。在经济关系领域中，如在经济活动中使用资源的权利，如分割由经济活动产生的收入流，这些规则的建立起着十分关键的作用。制度提供了对于别人行动的保证，并在经济关系这一复杂和不确定的世界中给予预期、秩序和稳定性。” ❸

行为准则是人类行为的规则，它给人们相互关系带来了秩序和可预测性。行为准则是人类行为中的一种规律性，每个人在预期所有其他人都遵守这种规则的同时，也心甘情愿地遵守它。一个行为准则是关于行为的一套有体系的预期，也是一套有体系的实际行为。

肖特尔将社会制度定义为一种规则，这种规则“存在于社会全体成员都认可的社会行为中，界定在特定重复出现的情况下的行为，而且它或者是自我监督的、或

❶ WALTER LIPPMAN. The Phantom Public，转引自（美）詹姆斯·E. 安德森. 公共决策 [M]. 唐亮译. 北京：华夏出版社，1990：222.

❷ （美）丹尼尔·W. 布罗姆利. 经济利益与经济制度——公共政策的理论基础 [M]. 陈郁，郭宇峰，汪春译. 上海：上海三联书店，上海：上海人民出版社，1996：51.

❸ 同上，第23页。

者是由外部权威监督的"。

例如在区划法规所提供的环境中，每个房产开发行为都会预期别的开发行为也会遵守区划法规，因而也会心甘情愿地遵守。这样就可能在城市开发过程中，把某个开发行为对其他土地使用造成的影响降至最低，避免不必要的纷争，带来社会总体收益的提高。

2. 作为规则和所有权的制度

行为准则可以理解为行为者之间达成的一种公共契约，它所针对的是一种社会协作问题。而另一种类型的制度则是强制性的，需要外部权威（如国家）来实施。社会中每个人都希望通过法律规则来保护自己的权益，但有时也会偏离法律和秩序，对他人造成危害。这时就需要一种外部权威来对这种现象进行控制。

康芒斯（John Commons）将制度定义为"限制、解放和扩张个人行为的集体行动"。他认为规则指的是：个体必须和必须不做的事（强制和义务），他们可以做、而别的个体不会来干涉的事（准许和自由），他们在集体力量帮助下能够做的事（能力和权力），以及他们不能够预期集体力量为他们利益而做的事。❶ 施奈德（Cunter Schmitt）则将制度定义为"人们之间有秩序的关系集，它定义了他们的权利，对别人的权利的特权和责任"。❷

从某种意义上来讲，政策制度是社会中每一个人得到社会承认和批准的预期集。这些预期集是关于事实上的法律关系，而这些法律关系决定了相对于其他人选择集的个人选择集。❸

由此而言，一个合理而稳定的城市规划，在某种意义上构成了一种社会公认接受的制度，当城市中每一项开发行为都能够对它进行遵守的情况下，社会空间使用效率就可能朝向最优的方式发展。

7.3.2 制度性因素的本质及作用

在古典经济学理论的假设中，每一个体都是追求效用最大化的理性者。亚当·斯密认为，在一个充分竞争的市场，有一只看不见的手可以把个人的合理性，也就是一种自私自利转化为社会福利。

然而这样一种"看不见的手"相应意味着一种在千万个偶然性中所形成的必然

---

❶ （美）丹尼尔·W. 布罗姆利. 经济利益与经济制度——公共政策的理论基础 [M]. 陈郁，郭宇峰，汪春译. 上海：上海三联书店，上海：上海人民出版社，1996：54.

❷ 同上，第 54 页。

❸ 实施产权意味着排除其他人使用有关稀有资源。排他性所有权意味着要消耗一定成本去度量和描述资产耗费相应成本来保证实现所有权利。排他性所有权的价值依赖于行使权利的成本，既最终依靠强制力量来排除其他人来使用该权利。现实中常常由个人和国家来保证执行排他性权利，国家强制实施所有权，会提高个人所有的资产价值，这种国家行为构成了市场交换的一个基石。

性，但这不大可能平白地在一个现实性的社会环境里出现。❶

而在新制度经济学看来，个人追求效用最大化的合理性是在一定制约条件下形成。这些约制条件是社会发明和创造的一系列制度、规则、规范等。如果没有制度性的制约，那么人人追求效用最大化的结果，只能是社会经济生活的混乱或者低效。

布罗姆利教授认为："制度决定了个人的选择集，个人的最大化行为仅仅是在被界定的选择集中的一种最大化选择，效率是在一定的制度安排假定下的一种人为的东西。"❷

如果将城市规划的成果视为一种用于规范城市土地利用的制度，那么可以认为它存在以下几方面的作用：

1. 降低交易成本

在市场环境中，存在着多种因素影响交易的顺利进行，其中包括不确定性和潜在交易对手的数量，以及人类所具有的有限理性和投机取巧等特征。有效的制度能降低市场中的不确定性、抑制人的机会主义行为倾向，从而降低交易成本。

人们在多次交换中会发现，遵从某种合作制度要比通过欺诈自作聪明地获得少数几次不义之财更为有利，这时制度便会自发地产生。制度的作用在于它能使交易行为更加顺利地进行。

2. 减少不确定性

时间价值和信息费用也是交易费用的组成部分。时间和信息与自然资源一样，具有稀缺性，理性人需要合理、有效率地分配时间，把时间更多地用于能给自己带来最大满足和效用的活动。而要保证这一切，就需要具备消除不确定性的信息或知识。

由于信息或知识同样稀缺，因此，人们必须投入时间和精力，花费开支，甚至冒险，人们必须搜寻、等待和加工信息。而良好的制度环境则会为人们节省因搜寻信息而投入的精力，通过帮助人与人交往形成合理的预期来对人际关系进行协调。

3. 创造合作条件

传统经济学强调经济当事人之间的竞争，却忽略合作。如果说竞争能够给人们带来活力与效率，那么合作则能给人们带来和谐与效率。亚当·斯密在强调分工能够给人们带来效率的时候，忽略了分工的协调成本问题。

在这个意义上，制度就是人们在社会分工与协作过程中经过多次博弈而达成的一系列契约的总和。制度为人们在广泛社会分工中的合作提供了一个基本框架。所以，制度的基本作用就是规范人们之间的相互关系，减少信息成本和不确定性，将阻碍合作得以进行的因素减小到最低限度。

---

❶ 萨缪尔森语，转引自卢现祥.西方新制度经济学 [M].北京：中国发展出版社，1996：38.

❷ （美）丹尼尔·W. 布罗姆利.经济利益与经济制度——公共政策的理论基础 [M].陈郁，郭宇峰，汪春译.上海：上海三联书店，上海：上海人民出版社，1996：54.

4. 提供激励机制

任何一种制度体系的基本任务是对个人行为形成激励机制，鼓励发明、创新和勤奋以及对别人的信赖，并与别人进行合作。通过这些激励，每个人都将受到鼓舞而去从事那些对他们是良有益处的经济活动，但更重要的是，这些活动对社会整体有益。

尽管不同的政治体制会选择不同方式方法来设置这些激励机制，但基本问题是一样的，即没有一个社会能够在缺乏个人发明创造的激励机制下持续存在。

如果能找到办法鼓励个人勤奋工作，从事生产性活动，并长期保持清醒的头脑进行决策，那么社会利益就可能因此增加。同样，如果能有一种方式促进城市开发中的所有部门和个人积极努力参与城市建设并审慎对待自己的每一项决定，那么城市发展的盲目性也会大大降低。反之，个人和部门也希望通过集体行为产生的制度安排帮助他们实现自己的利益。

第8章

合理政策造就美好城市

8.1　基础观念的转型

"怎样能够造就一个美好的城市？"

在《城市形态》（*A Good City Form*）一书的开篇，凯文·林奇以这样的一个问题作为开始，并随即认为这基本上也是一个缺乏意义的问题，因为，"现代城市如此复杂，已经远远超出人们所能控制的范围，而且影响到太多的人，这些人又有太多不同的文化背景，所以，这个问题根本就没有一个合理的答案。" ❶

现代城市规划体系产生的根源是在现代城市发展过程中所存在的种种弊端，它与传统城市规划有着本质性区别。在这一过程中，尽管不同城市采取的方法多种多样，所要实现的目标也是各自相异，但是就用来实现目标的基础思想而言，各种类型的城市规划方法却显示出一定的相似性，也就是按照一定的理想，沿用技术理性的思路，针对人类社会进行调整和改善。

在早期阶段，这一思路体现为对"蓝图"目标的探讨，规划师关心的是如何可以"准确"地设计出远景未来，并且努力使之实现。第二次世界大战后，城市规划则逐渐体现出综合性的特征，力求从更为广泛的视角来全面解决社会问题。然而这时所运用的方法已逐渐从"蓝图"设计转向"程序"设计，期望采用"准确"的程式来实现"正确"的目标。

然而，不论是早期的"蓝图"设计，还是后来的"程序"设计，单纯以理性技

---

❶ （美）凯文·林奇. 城市形态 [M]. 林庆怡等译. 北京：华夏出版社，2001：2.

术为基础的技术路线在现实中解决社会问题时，往往难以获得预期的效果。这使得近年来，越来越多的理论研究针对这种基础思想进行深刻地反思，并且逐渐超越了原有专业的范畴，从更为广泛的角度来看待城市规划，针对城市规划的本质和作用进行解读和分析。而这种新的研究角度，也在不断地融入来自于社会学、经济学等领域的理论观点。

另外，自 20 世纪 70 年代末以来，世界各国的政府陆续开始了社会治理变革的进程。从宏观方面而言，这一变革包括政府职能的市场化、政府行为的法治化、政府决策的民主化和政府权力的多中心化。这一变革进程不仅发生在美国、日本、英国以及其他一些发达国家，而且也扩展至许多前计划经济国家和发展中国家。尽管各个国家所采取的具体措施和路径各有差异，但在发展方向上大体一致，并均已取得了非凡的成就。❶

随着这一不同以往的社会经济格局的启动和发展，有关公共政策研究中的制度分析传统逐渐成为显学。进入 20 世纪 90 年代以来，人们开始致力于解释不同国家为什么在人力资本和物质资本的积累方面快慢不一，其目的就是在面对复杂而多变的现实面前，如何寻求稳健而有力的公共政策，因为运用适当的政策很重要，它可以促使人们更有积极性地去选择适当的操作方法，去实现发展目标。在这一方面，城市规划也作出了积极的回应，因为规划是关于未来的思考与设想，规划师的职责就是能够将这些思考与设想付诸实践。

从公共政策的角度来重新看待城市规划，也就意味着将城市规划作为一种政策决定行为，其目标并不完全为了得出一张关于未来的精美蓝图，也不是完全为了构造一种实现蓝图的良好程序，同时也不在于确立一种绝对的规范标准，指明一种形成良好规划结果的过程。相应地，城市规划的有效性，以及它对于社会事务的影响力，往往取决于它是否可以有效而清晰地表明自身的观点，并且促使实际肩负社会责任的人们达成一致意见，并进行合作（图 8–1）。

8.2 城市空间与社会的辩证关系

规划是针对未来的一种预见性的决策行为，但是在城市规划领域，人们对于这项工作所起的作用常常有两种不太一样的理解：一种看法认为规划是一种针对具体问题的行为，通过研究城市形成科学知识，进行具体运用；另一种看法则不完全注重于某一特定的结果，而是着眼于长远的发展趋势，不断地从事观察分析，制定并调整政策，同时关注现实中的实施过程。

❶（美）V. 奥斯特罗姆，D. 菲尼，H. 皮希特. 制度分析与发展——问题与抉择 [M]. 北京：商务印书馆，1996.

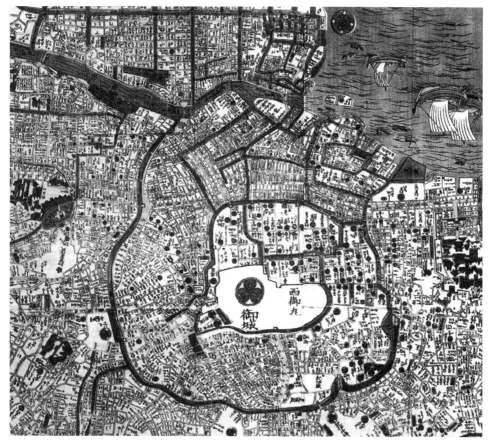

图 8-1 "大名"江户城（东京），木刻图的局部。东京是在 12 世纪晚期围绕着武藏省（Musashi）地方长官（Edo Shigenaga）的城堡建立起来的。相对于平城京清晰的几何性而言，江户城是按照一种虽然不规则但却极具目的性的模式发展起来的，表现出武士城堡城市特有的系统特征。在 17 世纪初之前，这里是日本封建政府的所在地，人口超过 100 万，可能是当时世界上最大的城市

资料来源：（美）斯皮罗·科斯托夫. 城市的形成——历史进程中的城市模式和城市意义 [M]. 单皓译. 北京：中国建筑工业出版社，2005：180.

现代城市规划之所以越来越朝向公共政策的属性进行转型，是因为越来越复杂的城市环境使得人们面临诸多难以解决的政策问题。每一座城市都面临着各自不同的问题和挑战。虽然这些问题可能获得"对待"或"处理"，但是它们常常并不具有明晰而正确的解答。

这种充满不确定性的现实环境，其根源在于人类社会与城市环境之间存在着的一个动态的双向过程：一方面，人们通过城市规划与城市设计，将自己的思想、价值、态度、规则与制度体系落实到生活的城市空间中；另一方面，当人们在创造和改变城市空间的同时，又被他们所居住和工作的空间以各种方式所影响。各个地区在不同时期中的城市化进程中，构成了不断变化着的背景，在这些变化中，经济、人口、社会和文化力量在城市空间中不断地相互作用，这些相互作用关系，也形成了我们关于人类社会与城市环境之间的辩证性关系。

保罗·诺克斯（Paul Knox）认为：城市环境并不是社会、经济和政治过程简单的附属产物，而是人类社会的各种生活关系的一种表达，它本身对于城市发展的模式以及城市内部不同社会群体之间关系的实质十分重要。● 因此在社会与空间之间，存在着一种动态的辩证关系：

（1）城市社会中的各种关系和纽带是通过空间而形成的，就像位置特征影响着居住环境布局一样；

（2）城市社会中的事件受到实际空间的制约，比如由于废弃的建筑环境所产生的惯性，或者物质环境便利或阻碍人们行动的程度；

（3）人们可以通过空间操作来调解城市社会中的相关事务，可以通过城市规划、城市设计来解决城市环境中的相关问题，促使包括日常生活方式在内的各种社会活动的发展。●

在表象性的现实世界背后，存在着大量看不见的因素，它们同样对于城市生活起着决定性作用。例如，一座城市的经济地位往往取决于它的区位条件；一个地区的宜居与繁华往往取决于它的经济能力；一片社区的品质与完善往往取决于它的教育质量；即使是通过建立法律意义上的行政边界，空间布局与划分也代表了一个重要的空间特性，这个特性直接影响到城市生活的各个领域。

以宏观的视角来看，城市政策研究关注人类、自然以及社会环境之间的相互关系，这一视角则为城市政策研究与分析提供了学理性基础。

在一个现实导向、讲求实效的社会中，各方面的利益主体往往会从自身利益的角度出发，并导致经由自身利益价值判断而来的较为片面性的决定，从而使得以公共利益为导向的城市规划偏离预定目标，这也就相应需要城市规划更加密切地关注公共性的价值观念。

对于政策选择的评价，布坎南指出，评价政策效率的标准是同意的一致性。"同意"意味着政策当事人经过收益计算，认为一个实现资源配置的政策对他是有利的，或至少是无害的；"不同意"意味着他认为这一政策有损于他的利益。从社会角度看，至少有一方不同意的政策，比双方都同意的政策所产生的总效用要低。同意的一致性，就意味着政策达到了很高的效率。

公共政策的决定往往就是一个多次权衡的过程，各种城市公共政策的决定，都应当在充分调查研究、充分获取信息的基础上，进行综合性权衡后制定。在这样一种思维框架下，制定某一政策行为作出精确的判断，确定各种不同策略、手段在政策制定中的精确比例是不现实的，即使在静态状况下，在不同策略、手段之间进行

---

❶ （美）保罗·诺克斯，史蒂文·平奇. 城市社会地理学导论 [M]. 柴彦威，张景秋等译. 北京：商务印书馆，2004：7.

❷ 同上。

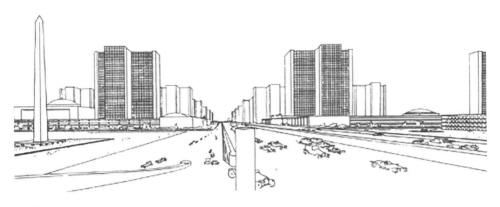

图 8-2 巴黎，从夏尔·戴高乐大街（Avenue Charles De Gaulle）看到的拉德方斯区——勒·柯布西耶的预言在现代的实现。位于远处焦点位置上的建筑物是 1988 年 J.O. 冯·斯布里克森（J.O.Von Spreckelsen）设计的名为"大拱门"的办公建筑

资料来源：（美）斯皮罗·科斯托夫. 城市的形成——历史进程中的城市模式和城市意义 [M]. 单皓译. 北京：中国建筑工业出版社，2005：332.

比较、抉择也是非常复杂的，更不用说在一种动态状况下，现实性的情况会变得更加复杂（图 8-2）。

但这并不意味着进行城市政策分析是缺乏意义的，因为在政策分析的过程中，将会存有大量的比较、权衡判断的行为，尽管这些措施并不能保证政府的干预措施总是有效，但是公共政策的制定，首先就是在面临不同的选择面前，合理性地进行判断和选择，以确定公共政策的行为边界。

8.3 专业领域的愿景

1. 拓展狭隘思想框架的范畴

城市是一个包含着无数的、相互联系着的要素的系统。越来越趋向于综合性的城市规划行为，对于它所包含的理论知识体系要求越来越高。

长期以来，城市规划被认为是一种技术性的专业行为，城市规划师的主要职责就是在政府部门的指导下，对城市的物质环境和区位特征作出安排。这种观点一方面来自于物质环境决定论的思想，另一方面来自于对社会发展永恒价值观的理解，并在某种程度上造成了城市规划仅仅作为一种技术行为，而与社会政治环境脱节的问题。该问题已经引起越来越多规划理论家的关注与思考。

传统城市规划关注于物质环境，使它的视野常常限定于物质结构和土地使用上。如果要从根本上解决城市中的社会问题，必须要认识到，这些要素只是众多社会问题的表面因素。物质环境和空间关系如果失去与现实中社会环境的关系，就会失去意义和标准。

在现代城市规划的早期阶段，由于所要处理的事务相对简单，城市规划工作通常与政府行为有所区分。作为一种专业性行为，城市规划似乎可以"超脱"于政策决定的过程之上，可以更多专注于构想性的工作，而相关的政府职能就是将其付诸实施。

但是在现代社会中，城市规划由于过于专业而很难被纳入于拟定公共政策的过程中，因而反倒经常被排除于重要的社会政治议程之外。城市规划本身并没有单独能力去影响公共资金的调拨、公共资源的分配、法律法规的制定等过程，所从事的任务基本上就是遵照已经决定好的政策意图，并将其呈现出来。

专业中狭隘的视野会导致在实践中显露出来的问题。造成传统城市规划存在的原因在于对城市规划行为的简单判断，似乎城市的物质环境可以独立于在物质环境中所发生的社会行为和实践，城市中众多复杂的要素可以被简化成单纯的物质空间设计与安排。

在现实中，几乎人人都认识到物质环境与社会、政治要素之间有着密切的联系，城市更新与住房项目的选择涉及到各种社会复杂关系。许多城市规划师即使认识到其中的复杂关系，理论视野的狭隘性导致他们常常缺乏动力来理解并解决社会经济的本质问题，探求它们的起因和解决方法。

因此，传统城市规划专业观念亟待深层次的变革。从政策分析的角度来看待现代城市规划，也就是以一种"政策"概念来替代规划中的"计划""设计"等概念，其目的在于从社会政治的角度来理解这项工作的本质[1]。

刘易斯·芒福德认为："我们现在已经开始将历史自省与科学知识融入社会，来改造一个新的城市形式，成为共同变革我们时代的工具和目标。深层次的变革，将影响人口的分布和增长，影响工业的效率以及西方文化的质量。这种变革现在已经

---

[1] （美）刘易斯·芒福德. 城市文化 [M]. 宋俊岭等译. 北京：中国建筑工业出版社，2009：10.

开始显现了。形成对这种新趋势的准确判断并把它的发展方向纳入到社会福利的轨道中来，则是当前城市研究人员的主要工作。最后，这种研究、预测和想像必须直接针对我们时代中每个公民的生活。"❶

"什么时候？什么地方？谁得到了什么？如何得到？"这是每一个公共配置资源行为所需要考虑的基本问题。对城市的管理需要制定有目的的城市未来发展规划，如果规划缺乏指导能力和理性基础，那么它就不能真正的有效。

城市规划的理论研究方向，应当更广泛地从政府行为的角度来研究城市规划行为。作为一项政治性的工作，城市公共政策的本质不在于制定一种标准蓝图，或一种标准程序，这里的首要问题是对政府本身及其工作性质的理解。在一个现代的民主社会中，政府是公众的代理人，因此，公共政策应当关注的是公共领域中的问题，而不是从某个集团的利益或兴趣出发。但是正是这一点又注定了公共政策内在的矛盾性与复杂性：公共利益如何确定？政府在控制城市发展过程中的作用应当是什么？政府的目标应当是什么？它的职责是什么？

对于这些问题的理解与回答，应当放置于一个更为广阔的社会、政治、经济背景中。由于对城市规划工作的效率评价，在不同的评价体系中是不同的，这种相对性必须得到认识。因此，城市规划理论研究的重点并不在于创造一个新的方法论体系，而是在一种新的思想基础上，对以往城市规划的理论体系、实践方法进行反思与解释，在社会政治的基础上定位城市规划工作的本质，从而在立足于现实的前提下，为日常工作提供行为的思想基础（图 8-3）。

2. 加强针对社会基础的研究

进入 21 世纪以来，伴随着全球化进程不断地推进，人类社会也正面临着前所未有的更多、更复杂的严峻挑战。例如来自环境、人口、健康、能源、交通、教育、贫困、犯罪等多方面的问题，各种城市政府都在面临着越来越沉重的压力。

如何选择有效对策？如何提高政策质量？如何优化决策过程？社会发展对公共政策分析提出了越来越高的要求。尽管政策分析是一门新兴学科，但是广泛的社会需求和政府决策的需求，使得它在过去的几十年间飞速的发展。在各国的政府预算

图 8-3　环境模拟实验室，加利福尼亚大学伯克利分校

资料来源：（美）斯皮罗·科斯托夫. 城市的形成——历史进程中的城市模式和城市意义 [M]. 单皓译. 北京：中国建筑工业出版社，2005：291.

❶　（美）刘易斯·芒福德. 城市文化 [M]. 宋俊岭等译. 北京：中国建筑工业出版社，2009：23.

中，用于从事政策分析的费用所占的比重越来越高，参与或涉及政策分析工作的部门和人员也越来越多。公共政策分析已经成为当代社会科学中发展速度最快、最富有研究活力的学科之一，并且形成了一整套日趋完善的理论和方法体系。

另外，经过长期发展，现代城市规划也已逐步形成了较为成熟的方法体系，并且对各种城市的现实发展产生了深远影响。在过去大约 50 年间，人们对现代城市规划的理念与方法已经达成了较为广泛的共识，这一点特别表现在各个国家的城市规划工作所面临的挑战，这些挑战不仅来自于前所未有的现实发展，也来自于思想观念的基础。

由此，有关公共政策分析的研究已经从一系列单个的社会科学学科转变成为一种多元学科的综合，而有关城市规划的研究，也逐渐跨越原有的专业范围，向多元操作主义、多元方法研究、多元分析综合、多变量分析、多元利益相关者分析、多角度分析以及多媒介交流等方向发展。

然而不论怎样复杂，在现代社会中，为了协调微观行为和宏观结果，各国政府在制定公共政策的过程中，采用过中央计划经济和分权市场经济这两种完全不同的解决方法，但是更多的是介乎于二者之间的方法。

传统的城市规划观念是与传统社会结构相适应的，中央性、集权式的设计是与一种独裁、专制的政治体系相联系的，以此反映统治者的意志和力量。而在现代社会中，这一切都发生了本质的变化。

现代社会与传统社会之间存在着结构性的差异。现代化过程是一个深刻的社会变迁过程。回顾世界范围的现代化历程，机器的整合与社会的分散是同步进行的。现代化的起因来自于个体的解放所导致的有效激励机制的建立，社会分工带来了生产效率的提高，以及技术革新的巨大动力。但同时个体的解放又导致了社会的无序与混乱，以及相应的低效与衰退❶。

现代政府的起因是对这种个体的无序进行管理控制，以提高社会整体福利水平的提高，这是一种充满理性主义色彩的行为。但是，以科学理性为基础思想的行为，在现代社会的环境中，存在着本质性的障碍。

现代化的发展，导致了众多的社会变革。就业的专业化、家庭的解体、城市内部功能的转变、健康环境的向往、新技术的发展，是造成现代城市与规划的结构性变化的原因。人类社会的生态形式逐渐从一种稳定的结构和静态的范围散落为一种动态的结构和无边界的空间范围。而现代城市规划的目标，是力图控制这种现代社会无法驾驭的力量。因此，这导致在诸多社会要素之间，存在本质上难以调和的矛盾。

---

❶ 利益和权力的分化与冲突是现代社会的基本结构，在此分化的社会实在结构中，占据着一个确定位置的社会个体、群体、阶层、国家或民主，就分配资源、权威、财富的公平原则，不可能达成共识性裁定标准和机构。

这也就是造成许多难以解决的现代城市问题的根源。

因此，针对现代城市公共政策的基础理论研究，应当立足于对现代社会结构的基础的理解之上。立足于社会现实基础上的城市公共政策，必须植根于社会基础的深刻思考。不同的社会基础，所表现及所要求的社会管理方式是不同的。

现代城市不可能按照以往的"蓝图设计"的方式来进行，是因为社会的构成发生了本质性的变化。现代公共政策的基础是建立在对个人的充分承认与尊重的前提上的，因此，产权、制度、公共参与等方面针对作为政府行为的现代城市规划进行分析研究，就是基于这种基本理解之上的。

3. 实现一种均衡思想的理解

如果将现代城市规划的发展历程置于现代社会发展的背景中来观察，就很好理解城市规划难以解决的问题，同时也可以使我们对城市规划的作用本质，有一个更清楚的认识。

支撑着现代城市规划体系的建立与完善的思想基础，来自于科学理性的传统。随着人类在自然科学领域中不断取得重大突破，人们有理由去相信，他们在人类社会自身的领域中，也会取得控制权，使之按照一种理想中的、既定的模式来发展。城市的含义兼具物质环境与社会组织这两种概念。城市规划在极大地改变着城市的物质环境时，也期望着给人类社会带来更好的明天。

然而，也许正是现代社会自身所包含的内在矛盾性，也许是人类对社会有限的理解力、判断力以及方法手段上还很不完善，这种远大的目标仍然不能完全实现，并在其本质上经受着越来越多的质疑。

因此，城市规划专业在其发展历程中，在理想与现实之间始终都存在着矛盾。这种矛盾是本质性的，而且正越来越动摇着城市规划赖以存在的科学理性的思想基础。我们是否可以通过一种预订计划来控制城市的未来发展？城市中的一切问题是否可以通过一种有序的方法来全部加以解决？

自然科学的一些法则告诉我们，自然法则或自然规律之所以可能在任何地方始终有效，是因为物质世界受着在整个空间和时间之内不变的物质统一体的支配。然而，社会学规律，或社会规律则随着不同的地点和时间有所不同。社会中的规律性不同于物质世界规律那种永恒不变的性质，它们取决于历史，取决于文化上的差异，取决于特定的历史境况。

思想基础的变革，导致了越来越多的理论对城市规划的设计模式进行评判。这种观念的改变事实上也就是怀疑了由规划师、政府官员等"精英决策者"为社会发展设计未来蓝图的方式，"公共参与""决策分散""渐进主义"等思想逐渐强化。许多人常常将这些决策模式融合在一起，或者混为一谈，实际上，它们之间在哲学基础上存在着根本性的差别。

　　从城市规划职业演进的历史过程来看，由于在基础思想方面存在着不可调和的矛盾，因此，关于城市规划的本质、使命、作用、方法等概念还远未达成共识。如果从严格的立场上来说，这对于学科的发展与完善是不利的。

　　因此，这就需要对现代城市规划的思想基础进行深入地辨析。这里并不是寻求针对这种现象的解决方案，而是强调从实证的角度出发，研究不同的思想起因及其可能带来的后果，从而能够在不同的环境中，对可供选择的政策、目标、手段进行权衡选择。

　　现代社会现实的基础及其内在的不可调和的矛盾、社会发展及行为的不确定性，是造成我们在制定城市公共政策，进行政策干预时，所遇到困难的根本原因。同时也促使我们对进行公共干预的思想基础进行深刻的反思，首先针对的就是公共干预的前提。

　　在市场行为与政府干预之间进行权衡，不可能前置性地获得一个明确的答案。但是，尽管没有确定、完善的答案，或者甚至根本没有答案，进行这种权衡的意义在于：在特定的政策过程中能提出这些问题，并进行系统性的分析。对每一个政策选择来说，都不可能避免这样一些问题：由谁来做？做什么？何时做？怎么做？这样能够对在政策研究中所忽视的，以及造成许多政策执行中失误的各个方面，都能够给予充分的注意。

　　为什么要进行政策干预，以及在何种情况下进行政策干预？这是在进行正统的政策过程之前（也就是如何使政策更加有效），首先在干预与不干预，也就是在政府与市场之间作出必要的判断与权衡。政府采取公共行为，对市场进行干预，是因为市场运行存在着大量的缺陷，同时，政府干预同样也会带来有缺陷的后果，有时甚至比不干预更加严重。是否需要进行公共干预，是建立在对干预的本质的认识上的 ❶。

　　这种基本的权衡关系决定了现代城市规划过程中其他要素的权衡关系，如计划性与控制性，中央性与分散性，长期性与短期性，综合性与渐进性……这种权衡的行为模式。这使我们对城市规划研究的目标发生了根本性的转变，即从"做完了之后会有多么好"转变为"对做完了之后实际会发生什么情况的估计"，以此来对特定政策进行评价和调整，在实施政策过程中，对成本与效益分析持续地调整。

　　因此，在制定城市公共政策，决定是否干预之前，需要权衡实际的社会问题与实行公共干预修正时潜在的不足。把将要修正的市场缺陷，与可以预见的、由于修正这种缺陷所产生的公共干预缺陷相比，这会在政策研究中形成客观的评价。这种比较可以与在市场环境下，假设一种很少或根本没有公共干预的情况，与采取政府措施来纠正市场存在的不足所带来的缺陷进行权衡比较，并据此来决定是否干预以及如何干预。

---

❶ （美）詹姆斯·E.安德森.公共决策[M].唐亮译.北京：华夏出版社，1990：118.

参考文献

[1] （美）詹姆斯·E. 安德森. 公共决策 [M]. 唐亮译. 北京：华夏出版社，1990.

[2] （美）查尔斯·E. 林布隆. 政策制定过程 [M]. 朱国斌译. 北京：华夏出版社，1988.

[3] （美）戴维·伊斯顿. 政治生活的系统分析 [M]. 王浦劬等译. 北京：华夏出版社，1999.

[4] （美）保罗·A. 萨巴蒂尔. 政策过程理论 [M]. 彭宗超等译. 北京：生活读书新知三联书店，2003.

[5] 陈振明. 公共政策分析 [M]. 北京：中国人民大学出版社，2003.

[6] （美）卡尔·帕顿，大卫·沙维奇. 政策分析和规划的初步方法（二）[M]. 孙芝兰等译. 北京：华夏出版社，2001.

[7] （美）威廉·N. 邓恩. 公共政策分析导论 [M]. 谢明等译. 北京：中国人民大学出版社，2002.

[8] （美）丹尼尔·W. 布罗姆利. 经济利益与经济制度——公共政策的理论基础 [M]. 陈郁等译. 上海：上海三联出版社，1996.

[9] （美）V. 奥斯特罗姆，D. 菲尼，H. 皮希特. 制度分析与发展——问题与抉择 [M]. 王俲等译. 北京：商务印书馆，1996.

[10] 卢现祥. 西方新制度经济学 [M]. 北京：中国发展出版社，1996.

[11] 汪翔，钱南. 公共选择理论导论 [M]. 上海：上海人民出版社，1993.

[12] WILLIAM H.NEWMAN. Administrative Action[M]. NewYork：Pitman Publishing Corp，1958.

[13] ANDREAS FALUDI. A Reader in Planning Theory[M]. Oxford：Pergamon Press，1973.

[14] PATSY HEALEY. Collaborative planning in a stakeholder society[J]. TPR，1998，1.

[15] PETER HALL. Cities in Civilization[M]. New York：Patheon Books，1998.

[16] PAUL KNOX. Urban Social Geography：An Introduction 2nd Edition[M]. New York：John Wiley&Sons Inc.，2002.

[17] ANTHONY J. CATANESE，JAMES C. SNYDER. Introduction to Urban Planning[M]. NewYork：McGraw-Hill Book Company，1979.

[18] RICHARD T. LEGATES，FREDERIC STOUT. The City Reader Fifth Edition[M]. London：Routledge，1996.

[19] 赵燕菁，庄淑婷. 基于税收制度的政府行为解释 [J]. 城市规划，2008：4.

[20] 孙施文. 城市规划哲学 [M]. 北京：中国建筑工业出版社，1997.

[21] （美）保罗·A. 萨缪尔森，威廉·D. 诺德豪斯. 经济学 [M]. 杜月升等译. 北京：中国发展出版社，1992.

[22] （美）约翰·M. 利维. 现代城市规划 [M]. 孙景秋等译. 北京：中国人民大学出版社，

2003.

[23]（法）让·保罗·拉卡兹. 城市规划方法 [M]. 高煜译. 北京：商务印书馆，1996.

[24]（英）彼得·霍尔. 城市和区域规划 [M]. 邹德慈，李浩，陈熳莎译. 北京：中国建筑工业出版社，2008.

[25]（英）彼得·霍尔. 明日之城：一部关于 20 世纪城市规划与设计的思想史 [M]. 童明译. 上海：同济大学出版社，2017.

[26] 郝娟. 西欧城市规划理论与实践 [M]. 天津：天津大学出版社，1997.

[27]（美）西里尔·E·布莱克. 比较现代化 [M]. 杨豫，陈祖州译. 上海：上海译文出版社，1996.

[28]（美）肯尼斯·弗兰姆普顿. 现代城市——一部批判的历史 [M]. 张钦楠译. 北京：中国建筑工业出版社，2004.

[29]（美）刘易斯·芒福德. 城市发展史——起源、演变和前景 [M]. 倪文彦，宋俊岭译. 北京：中国建筑工业出版社，1989.

[30]（美）R.E. 帕克等. 城市社会学 [M]. 宋俊岭等译. 北京：华夏出版社，1987.

[31]（美）T. 帕森斯. 现代社会的结构与过程 [M]. 梁向阳译. 北京：光明日报出版社，1985.

[32]（美）查尔斯·沃尔夫. 市场或政府——权衡两种不完善的选择 [M]. 谢旭译. 北京：中国发展出版社，1994.

[33]（美）斯皮罗·科斯托夫. 城市的形成——历史进程中的城市模式和城市意义 [M]. 单皓译. 北京：中国建筑工业出版社，2005.

[34]（美）斯皮罗·科斯托夫. 城市的组合——历史进程中的城市形态的元素 [M]. 邓东译. 北京：中国建筑工业出版社，2008.

[35]（美）凯文·林奇. 城市形态 [M]. 林庆怡等译. 北京：华夏出版社，2001.

[36]（意）阿尔多·罗西. 城市建筑学 [M]. 黄士均译. 北京：中国建筑工业出版社，2006.

[37]（加拿大）简·雅各布斯. 美国大城市的死与生 [M]. 金衡山译. 南京：译林出版社，2005.

[38]（奥地利）卡米诺·西特. 城市建筑艺术——遵循艺术原则进行城市建设 [M]. 仲德崑译. 南京：东南大学出版社，1990.

[39]（美）爱德华·W. 苏贾. 后现代地理学 [M]. 王文斌译. 北京：商务印书馆，2004.

[40]（意）L. 贝纳沃罗. 世界城市史 [M]. 薛钟灵等译. 北京：科学出版社，2000.